秋水掬珠

花甲老人恒秋的人生感悟

王恒秋◎著

中国商业出版社

图书在版编目（CIP）数据

秋水掬珠 ：花甲老人恒秋的人生感悟 / 王恒秋著
. -- 北京 ：中国商业出版社，2023.12
ISBN 978-7-5208-2733-1

Ⅰ. ①秋… Ⅱ. ①王… Ⅲ. ①人生哲学—通俗读物
Ⅳ. ①B821-49

中国国家版本馆CIP数据核字(2023)第229708号

责任编辑：朱丽丽

中国商业出版社出版发行
（www.zgsycb.com　100053 北京广安门内报国寺1号）
总编室：010-63180647　编辑室：010-63033100
发行部：010-83120835/8286
新华书店经销
潍坊鑫意达印业有限公司印刷
*
787毫米×1092毫米　16开　17.75印张　300千字
2023年12月第1版　2023年12月第1次印刷
定价：168.00元
* * * *
（如有印装质量问题可更换）

前言

本书是一部格言体的言论文集，是作者在日常生活中，所见所闻感悟思考而成的。从2012年开始，12年来坚持每天积累一两篇短文，内容涉及文史哲学、经济生活、立身处世等多个方面。2022年春天，经过沉淀整理、补充完善，最终形成近30万字的文集。作品多为言论，但微词大意，有些语句、篇章幽默风趣，让人思考，给人启迪。语言文字力求简练、浅近易懂，而用意深远。希望读者读后，能够受到教育和启发，更好地生活和工作，为人类做出贡献。

全书分为治学、修身、齐家、做事、处世五个章节。传播正能量，以爱党、爱国、爱家、创业为原则进行编写，能帮助年轻人树立正确的价值观、人生观，敢于担当，善于做事，爱心为人。

目录

第一章　治　学

【人生有四门必修课】

一是善良。做人不一定要轰轰烈烈、顶天立地，但一定要善良真诚！二是快乐。世上没有绝对幸福的人，只有不肯快乐的心。三是踏实。踏踏实实做人，实实在在办事，多一些努力就多一些成功的机会。四是正直。为人要正直，做事要正派，坐得端、走得直、行得正，堂堂正正才是立世之基。

一个喜欢读书的人，品格不会坏到哪去；一个品格好的人，一生的运气不会差到哪去。要提升自己的品格，就要减少堕落的时间，多留出一些读书的时间。当前读书的厚度，决定未来远行的长度。忙累了容易迷失，不如停下来，读一本书，品一杯茶，留给自己一段静心的灵魂修炼的时光。

人生像一本厚重的书，扉页是我们的梦想，目录是我们的脚印，内容是我们的精彩，后记是我们的回望。让我们一直努力，把这本人生之书，写得精彩纷呈，完美无缺。

人生中最大的运气，不是捡钱，也不是中奖，而是有人可以带你走向更高的平台。其实限制人们发展的，不是智商学历，而是你所处的生活圈子、工作圈子。所谓贵人，就是开阔你的眼界，带你进入新的世界的人。明天是否辉煌，取决于你今天的选择和行动！

21世纪是团队进位的时代。1+1=2叫数学，1+1=11叫经济学，一根筷子能折断，十根筷子能抱团折不断。过期的食品不能吃，过期的观念也不能用。21世纪的成功学，不是你赢过多少人，而是你帮过多少人，能团结多少人。

【是什么遮住了你的眼界，让你迷茫】

读书少，所见所得就少。书是通往智慧的直线，让你看得见自己，看得见别人，看得到未来。

交往少，越停留在自己的小圈子里，就越孤陋寡闻，久而久之，就没有自信和优秀的人交往。

不旅行，读书不如旅行，走出去才知道什么是伟大和渺小。

所以，趁年轻，多读书，多交往，多旅行。

【贵人、团队、事业】

你一生中，一定会遇到某个人：

能打破你的思维定式，

改变你的习惯，

成就你的未来

——称之为贵人。

你一生中，一定会遇到一群人：

能会点燃你的激情；

觉醒你的自尊；

支持你的全部

——称之为团队。

你一生中，庆幸遇到一件事：

能唤醒你的责任，

赋予你使命，

成就你的梦想

——称之为事业。

【四项高回报的投资】

读书，去别人的灵魂里偷窥。

旅行，去陌生的环境里感悟。

电影，去银屏里感受别人的生活历程。

冥想，去自己内心的秘境里探寻。

【文化到底是什么】

常常听人说：“没文化，真可怕！”可“文化”到底是什么呢？

是学历？是经历？是阅历？

今日看到了一个很靠谱的解释，说文化可以用这四句话表达。

1. 根植于内心的修养。
2. 无须提醒的自觉。
3. 以约束为前提的自由。
4. 为别人着想的善良！

【人生如书】

你身处什么样的圈子，
你就会遇到什么样的人；
你处在什么位置，
站在什么高度，
决定了你有怎样的视野；
内心有多大的格局，
你就可以看到多大的天空。

除非你改变了交往的人和阅读的书，

否则，

你几年之后和现在完全一样！

一生辗转千万里，莫问成败重几许，得之坦然，失之淡然，与其在别人的辉煌里仰望，不如亲手点亮自己的心灯，扬帆远航。面向太阳吧，不问春暖花开，只求快乐面对。

把读书跟成功结合到一起，是一种极其功利主义的思想。读书的目的，不在于让你取得多么伟大而卓越的成就，而在于，当你被生活打回原形，陷入泥潭备受挫折的时候，给你一种内在的力量，让你安静从容地去面对。读书如此，信仰亦是如此。

读万卷书，不如行万里路；行万里路，不如阅人无数；阅人无数，不如名师指路；名师指路，不如跟随成功者的脚步！虽然未必每一个教练都能教出冠军，但每一个冠军都有教练！

【不要拒绝学习】

不要拒绝学习，富不学习富不长、穷不学习穷不尽！学习与不学习的人，每天来看没有任何区别；每月来看差异也微乎其微；每年来看差距虽然明显，但好像也没什么了不起的。但五年之后来看，那就是观念的巨大差别。等到了十年之后再来看，也许就是一种人生对另一种人生不可企及的鸿沟。所以，再忙，别忘了给自己充电！

学习才有希望，不学就会跟不上，要想改变口袋，先要改变脑袋！

再好的手机都要充电，再好的电脑系统也要更新，如果一个人的思想观念不改变，其将会被这个社会淘汰！

人生在世，最愚蠢的事是拿自己的时间去见证别人的梦想成真；最悲哀的事是自己不敢尝试还嘲笑别人为梦想奔跑！莫不承认，最大的失败不是跌倒了再爬起来，而是没为自己的梦想去奔跑；不是因为什么都敢去做而后悔，而是因为什么都没去做才后悔终生。智者须记，不是因为业绩暴涨而学习，而是因为学习后才业绩暴涨！

你的气质里，藏着你曾读过的书。一个喜欢读文学类书籍的人，必定会对文学的世界充满想象力；一个喜欢读财经类书籍的人，必定有着经济人的思维。博览群书的人，他们的谈吐、气质，都会有一些微妙的差别。而这种气质，也必定会在与别人的交流中散发出来，所谓“胸有文墨怀若谷，腹有诗书气自华”，说的就是这个意思。

当你能念书时，你念书就是；当你能做事时，你做事就是；当你能恋爱时，你再去恋爱；当你能结婚时，你再去结婚。环境不许可时，强求不来；时机来临时，放弃不得。这便是一个人应有的生活哲学了。

【人生三界】

眼界：读万卷书，行万里路，主要是为了开阔眼界。站在不同的位置，风景亦不同。眼光有多远，思想就有多远；思想有多远，成就才可能有多大。

境界：融入社会，人情练达；融入自然，物我皆忘。修炼决定心境，心境决定境界。

交界：为人做事都有底线，越轨的瞬间即是痛苦的开始。距离产生美，凡事过犹不及。

孔子发现了糊涂，取名中庸；

老子发现了糊涂，取名无为；

如来发现了糊涂，取名忘我。

世间万事糊涂最难。

有些事，问得清楚便是无趣，难得糊涂才是上道。

天，无非阴晴；人，不过聚散；地，只是高低。

沧海桑田，我心不惊，安稳自然。

随缘自在，不悲不喜，便是晴天。

【读书是为明理，而非谋生】

（一）

人为什么要读书？因为很多东西，眼睛看不到，读书可以；很多地方，脚步不能丈量，读书可以；很多地方，身体无法抵达，读书也可以。爱读书的人都有更为丰富的精神世界，即使深陷泥泞，也依然可以仰望星空。趁着大好时光，一起读书吧。读书是为明理，而非谋生。学校教育也能够改变一个人，但一个了不起的孩子，即便你不给他读书，给他摁在泥巴里头，他也会站起来，成为一个有用的人。孩子成长要靠自己，不要过分要求，让他自由发展。教育他不在于他将来成功不成功，先希望他长大做个好人。

走路与不走路的人，隔一天看，没有任何区别；隔一个月看，差异甚微；隔一年看，差距明显，但似乎也没有实质区别；隔五年看，就是身体和精神状态上的巨大差别；等到十年之后再看，也许就是两种不同的人生。走路锻炼的效果如此，读书的效果也是这样。毛竹用了4年时间，仅仅长了3厘米，但从第5年开始，以每天30厘米的速度疯狂地生长，仅用6周，就长到了15米。其实，在前面的 4 年，毛竹将根在土壤里延伸了数百平方米。做人做事亦是如此，不要担心付出得不到回报，因为这些付出都是为了扎根，等到时机成熟，你会登上别人遥不可及的巅峰。

“学历”与“成就”似乎成正比，但事实不完全是这样的。真正有效的教育是自我教育。文凭是为了混饭吃，跟艺术没什么关系。单位用人要看文凭，文凭是平庸的保证。

（二）

一个人能走多远，取决于他脚下书垫的厚度！人每天在阅读有字之书，阅读无字之书，你我的人生都是在阅读一本厚厚的大书。一个人身价的高低，是由他周围的朋友决定的。朋友越优秀，意味着你的价值越高，对你的事业帮助越大。所以，读书和交友是你一生不可或缺的宝贵财富。

在人生的道路上，你停步不前，但有人却在拼命赶路，到时候需要你来追赶他了。所以，你不能停步，你要不断向前，不断超越。成功与安逸是不可兼得的，选择了其一，就必定放弃另一个。哈佛大学告诉它的学生：“学习时的痛苦是暂时的，不学习不努力，痛苦是终生的。”

（三）

读书的目的不是学会一堆知识，而是学会一种思维！但愿有子如此，读书破万不迷。有些路，走下去，会很苦很累，但是不走，会后悔。没有哪件事，不动手就可以实现。只有坚持这一阵子，才不会辛苦一辈子。因为世界上最可怕的两个词，一个叫执着，一个叫认真，认真的人改变自己，执着的人改变命运。

我们不再年轻了，读的书、走的路、见的人、经的事越多，才越容易发觉自己知道得太少，而一个人只有知道自己无知之后，才能从骨子里谦和起来，不再孤芳自赏，不再咄咄逼人，不再恃才傲物，因而也不会再去强迫别人接受自己的观点。你让我，我让你，就忘了自己！

（四）

读书，才是最简单的美容之法。读书的时候，常常会会心一笑，那些智慧和精彩，那些英明与穿透，让我们在惊叹的同时拈页展颜。微笑是最好的敷粉和装点，微笑可以传达比所有的语言更丰富的善意与温暖。

感慨时光的飞逝，焦虑未来的迷茫，闲暇时却依旧玩手机打游戏。其实，读书才是你应对时间的最好方式。脚步不能丈量的地方，读书可以；眼睛到达不了的地方，文字可以。不停地看书，不停地学习，你的生活才会朝气蓬勃。生活里没有“容易”二字。可能你一时犯了懒，觉得舒服惬意，久了你就会发现，偷懒只会让你越来越累；也许你此刻怕麻烦，不愿走出舒适区，等到麻烦找上门来，你只能手忙脚乱。当下多一些付出，不要老了再努力，时不我待，一万年太久，只争朝夕！

读书很苦，苦十几年；不读书更苦，苦一辈子，你要哪种？读书，它决定了你的高度，决定了你的社交圈子，决定了你有什么样的人生！父母总是劝诫孩子多用功读书，但很多孩子不理解，觉得读书的日子真是太苦了！其实孩子们不知：世间唯有读书不会辜负你的辛苦！

读书是最美的装扮，慎独是最好的修行，善良是最高的尊贵。读书能使人聪慧灵秀，充满书香的人，会自然地流露出高贵的气质。君子慎独，不欺暗室，具备了内外兼修的品行，才能使人敬重。善良是做人最尊贵的品行，与人为善，人缘广阔，乐善好施，福报自来，善良是通行证，到哪都受欢迎。

【学习与人生】

一个真正成功的人，一定是学会了读书和独处的人，保持内心的平静才能够冷静思考。如果身边的一切太浮躁了，那么你就试着远离那些不好的人或者那些酒场、歌吧。优秀的人，不会去纸醉金迷的地方消磨时光。你要懂得，社交是充满选择性的，低质量的社交，不如高质量的独处。

一个人的气质，藏着你走过的路、读过的书和爱过的人。人生就是这样，不是得到，就是学到。所以来到你身边的人和事，不是来陪伴你的，就是来激励你的，总之都是来成全你的，珍惜每一天的相遇，珍惜身边的每一个人。

即使家世不好，我们一样可以高贵。对于出身寒门的年轻人来说，有一条路，是通往高贵最低的门槛。这条路，无论你贫富贵贱，都公平地摆在你面前，那就是读书。多读书，自然胸中有丘壑，可以开阔眼界，沉淀思想，提升涵养和气质，让灵魂充满香气。

事情发生的大小不重要，而你的想法看法很重要。事情本身不伤害人，而你的想法会伤害你。百折不挠、千锤百炼，这两个词好！没有危机就是最大的危机，满足现状就是最大的陷阱。人一定要在得意时给自己找退路，不要等失意时再找出路。计较眼前会失去未来，计较小钱会失去大钱。没有远见，必寻短见。全世界最好的投资、最没有风险的投资就是学习，学习可以让人有远见，学习才知道未来的趋势。

【自我增值的方法】

每天读书；

学习新的语言；

战胜你的恐惧；

升级你的技能；

承认自己的缺点；

向你佩服的人学习；

减少在网络上闲聊的时间；

培养一个新的习惯；

好好休息；

帮助他人；

让过去的过去；

从现在开始。

【学习是只赚不赔的投资】

世上只有一种投资只赚不赔，那就是学习。莫言曾经说过：当你的才华还撑不起你的野心的时候，你就应该静下心来学习；当你的能力还驾驭不了你的目标时，就应该沉下心来历练；从来没有人因为学习而倾家荡产，但一定有人因为不学习而一贫如洗；从来没有人因为学习而越学越贫穷，但一定有人因为学习而家财万贯。

在这个世界上，你想学任何东西都可以学到，任何东西都会有人教你，但所有的东西都不是被别人教会的，而是你自己学会的！

有些人悟性高，看一下就知道了；有些人很聪明，听一下就明白了；有些人很愚钝，要反复经历才行。

生活是最好的老师，每个人都在尘世中修行，只要开始，永远不晚，只要用心，就有可能！

在你还足够强大、足够优秀之前，先别花太多宝贵的时间去社交，多花点时间去读书、提高专业技能。放弃那些无用的社交，提升自己，你的世界才能更大！

【浮躁与境界】

浮躁的人有两个特点：第一，很多人看不到做成一件事前期的很多功课积累，只看到对方迅速成功了，就觉得自己也一样可以；第二，他们低估了坚持的难度，耐不住重复和枯燥，想直达。智者言：古今之成大事业、大学问者，必经过三种之境界："昨夜西风凋碧树，独上高楼，望尽天涯路。"此第一境也。"衣带渐宽终不悔，为伊消得人憔悴。"此第二境也。"众里寻他千百度，蓦然回首，那人却在灯火阑珊处。"此第三境也。

读书随处是净土，闭门即可游深山。读书苦，不读书更苦。好好读书，用书本的厚度，去丰富自己的生活，垫高自己的人生。生活里没有书籍，就像大地没有阳光；智慧里没有书籍，就像鸟儿没有翅膀。读书是驱赶迷茫和对抗平庸，最简单也最实用的方法。

一个人，如果没有充分的知识储备，不会独立思考，没有逻辑思维，即使行了十万八千里的路，也不过是一个邮差而已。人的认知能力和智商、学识、阅历、见识成正比。

读书吧！读书是一种高级的独处，它是实现人生意念提升的捷径，可以改变人的精神气质。经典名著是作者生命的体验，蕴含广阔的历史和丰富的时空，能扩展生命的长度与宽度，打开人生格局与境界。但不能成为书呆子。

【不要拒绝读有价值的书】

读自己喜欢的书，但不要拒绝读有价值的书，否则你的认知水平很难提升，也容易变得狭隘而无趣。读喜欢的书，固然是一种享受；读不喜欢而有价值的书，才能拓宽视野，加速成长。

读书和聊天都是在学习，用别人的经验，长自己的智慧，何乐而不为？把读书和与高人聊天变成一种习惯，你的思想见解就会丰富。既能医愚，也会长久保持你的魅力！

【学习改变命运】

书，生命中的盐，不可或缺；书，生命中的水，滋润生命于无声；书，生命中的阳光，照亮生命中的每一个角落。幼时读书开启蒙，少年读书定人生，青年读书明心智，中年读书可飞腾，老年读书不糊涂，终身读书登高峰，好好读书读好书，一路风清持永恒。

人生没有捷径，只有学习才能改变命运。人生道路千千万，但是读书绝对是最简单的那一条。孩子，别抱怨读书苦，那是你走向成功的阶梯。吃不了读书苦的人，都要吃社会的苦，那时才知道读书是多大的福气。

【师徒各分三乘】

师者上，传以至道；

师者中，传以艺；

师者下，传以名利。

徒者上，尊其师，重其道；

徒者中，或信或疑；

徒者下，假师之名之势以为靠山。

师父是领航员，是向导灯，是扶力杖。师徒是缘分一生。若能遇到明师，不会再迷茫；若是遇到圣贤为师，那是万幸，可成大事。

第二章　修　身

【记住别人的好，温暖自己的心】

总要记得别人的好，哪怕很少，只有点点；总要忘却别人的不好，哪怕很多，即使很深。

感恩是一种美好，代表着一种品行；忘记是一种善心，代表着一种宽容。

生活中，忘记别人对我们有过的不好，记住他人的好处，就能推心置腹地相处。

任何时候，多感恩，能宽容，都是善心美好！

【远处是风景，近处才是人生】

欲望是个奇怪的东西，很多时候，我们渴望得到一些东西，得到后却又很快失去兴致；我们手中明明握着别人羡慕的东西，却又总在羡慕别人手里的。我们向往远方，但远方又是另一些人厌倦的地方。或许，只有历尽世事，才会明白，我们眼前拥有的，才是真正应该珍惜的。

花开一季，人活一世，乐天随缘一些，就会轻松自在一些。冲动来自激情，平静来自坦然，让大自然的美好洗涤自己。外境好坏并不是苦乐的根源，却能美化我们的心。修炼，就是借完善自己抵达幸福的彼岸；靠欣赏提高品位和层次。有些人，有些事，看懂了，看清了就好！接受能接受的，改变能改变的，美总是在最静的心里。青山绿水，植一方桃源，掬一捧澄澈，涂一抹晶莹，让如玉的心扉安然。笑看花开，静观花落，悲喜从容，人生得失总归于零，淡，是最美的色彩！学会感叹到不再感叹，坦然以对，淡然一笑，从容走过！

【国学与人生】

孔子论人生：成德之教，为己之说；
老子论人生：行大道，无为无不为；
墨子论人生：不失本色，兼爱世人；
孟子论人生：浩然正气，贵真求善；
庄子论人生：高洁旷达，逍遥自在；
荀子论人生：人定胜天，积极进取；
韩非论人生：治国安邦，法治第一；
管子论人生：知天得道，以民为本；
孙子论人生：大智大愚，谋略为上；
鬼谷论人生：纵横捭阖，应变有术；
贤者论人生：大度能容，坚韧不拔；
《易经》论人生：宇宙万象，哲理之源。

【知故纳新】

知思虑以销神，故怡情而内守；
知语烦以侵气，故缄口而寡言；
知悲哀以损寿，故抑之而不有；
知情欲以穷命，故忍之而不为。

【脾气永远不要大于本事】

好脾气都是磨出来的，坏毛病都是惯出来的，治得了你脾气的是你爱的人，受得了你脾气的是爱你的人。如果你是对的，你没必要发脾气；如果你是错的，你没资格发脾气。请记住：脾气永远不要大于本事。

【学会欣赏自己】

不管在什么时候，都要学会欣赏自己，相信自己，肯定自己，鼓励自己，这样，你就会发现，你的生命将焕发新的生机，在生命的每一天，都做一个全新的自己、一个敢于挑战的自己、一个生命飞扬的自己。每一个人都与众不同，有着自己独特的美丽。生活原本如此美好，天空原本如此晴朗，需要改变的，不是身边的环境，而是我们的心态。

不把自己看得太重，其实是一种修养，是一种风度，是一种高尚的境界，是一种达观的处世姿态，是心态上的一种成熟，是心志上的一种淡泊。用这种心态做人，可以使自己更健康、更大度；用这种心态做事，可以使生活更轻松、更踏实；用这种心态处世，可以让身边的人更喜欢与你相处。重阳节快乐！

【舒、舍、予】

一个“舒”字由“舍”和“予”组成，这就是告诉我们：人要想活得舒服，就得学会“舍”和“予”。“舍”就是舍得放下。“予”就是给予、付出。我们大度地付出，就是在制造爱、光明、温暖，就是用自己的力量来对抗世界的不完美，付出了才有回报，为别人付出就是给自己路走，善待别人就是善待自己。

【学会独处】

学会和自己独处，心灵才能得到净化。独处，是灵魂生长的必要空间，只有静下心来，才能回归自我。心灵有家，生命才有路。只有学会和自己独处，心灵才会洁净，心智才会成熟，心胸才会宽广。独处，是一种静美，也是一种修炼。能够在独处时安然自得，才会在喧嚣时淡然自若。

【人格如金】

人格如金，纯度越高，品位越高。道德可以弥补智慧上的缺陷，但智慧永远弥补不了道德上的缺陷。人的两种力量最有魅力：一种是人格的力量，另一种是思想的力量。品行是一个人的内涵，名誉是一个人的外貌。做人德为先，待人诚为先，做事勤为先。

【交换定律】

抱怨别人＝折磨自己；
嫉妒别人＝作践自己；
羡慕别人＝浪费自己；
怨恨别人＝气坏自己；
欺骗别人＝骗了自己；
失信别人＝毁了自己；
贪恋别人＝烦恼自己；
阻碍别人＝陷害自己；
帮助别人＝快乐自己！

【悟透自己】

人生在世，和自己相处最多，打交道最多，但是往往悟不透自己。只有真正悟透自己，才能找到人生的正确航向，从而撷取到生命的真谛。悟透了自己，才能正确地认识自己，把握住自己，生活才会有滋有味。求百事之荣，不如免一事之辱；邀千人之欢，不如释一人之怨；去取悦别人，远不如快乐自己。善待自己，欣赏自己，珍惜自己。才会走得更远！

【对信任的感悟】

（一）

人与人，无信不交往，守信方长久；心与心，互敬才生情，互爱才有真。信任一个人很难，再次相信一个人更难。人最大的敌人不是别人，而是自己，只有战胜自己，才能战胜困难。值得信任的人能看穿你三个方面：你笑容背后的悲伤，你怒火里掩藏的爱意，你沉默之下的原因！

靠素质立身，靠勤奋创业，靠品德做人。品行是一个人的内涵；名誉是一个人的外貌。多留财富，少留包袱；多留风范，少留遗憾；多留经验，少留缺陷。应当学会倾听，学会微笑，学会赞扬！

（二）

信任如山，一旦毁掉，难以再建；信任如水，一旦混浊，有了杂质；信任如镜，一旦破碎，无法重圆。时间，积累信任，信任，温暖人心。信任，不容易，敞开了心门，也别收起戒心。一个人真正的魅力，不是给对方留下了美好的第一印象，而是对方认识你多年后，仍然欣赏你。由衷地说：认识你真好，虽然岁月匆匆远去，却一直在心间。

【人生感悟】

（一）

梦，不能做得太深，深了，难以清醒；

话，不能说得太满，满了，难以圆通；

调，不能定得太高，高了，难以和声；

事，不能做得太绝，绝了，难以进退；

情，不能陷得太深，深了，难以自拔；

利，不能看得太重，重了，难以明志；

人，不能做得太假，假了，难以交心；

世，不能看得太清，清了，难以作为。

（二）

人生就是一阵风，起了，没了。理想就是一盏灯，燃了，灭了。人情就是一阵雨，下了，干了。朋友就是一层云，聚了，散了。闲愁就是一壶酒，醉了，醒了。寂寞就是一颗星，闪了，灭了。孤独就是一轮月，升了，落了。死亡就是一场梦，累了，睡了。

（三）

不求，朋友成群，但求，知己一人；不求，财富无数，但求，够花够用；不求，万人怜惜，但求，一人懂得；不求，房子多大，但求，一家温暖；不求，车子豪华，但求，一生平安；不求，才高八斗，但求，思想丰富；不求，人生辉煌，但求，一生无悔；不求，长命百岁，但求，身体健康；不求，日子精彩，但求，充实快乐；不求，阅人无数，但求，有你就好。

（四）

人生像一只皮箱，需要用的时候提起，不用时就把它放下，应放下的时候，却不放下，就像拖着沉重的行李，无法自在。人生的岁月有限，认错、尊重、包容才能让人接受，放下才自在啊！人生最怕失散，却也无意于失散。爱过的，不爱的，有缘的，无缘的，走着走着就丢了。无论是天意弄人，还是咎由自取，最终都以不同的形式失散。每想及此，唯有道一句：长恨人心不如水，等闲平地起波澜。

（五）

心情不是人的全部，却能左右人的全部。我们常常不是输给了别人，而是输给了心情。人生这场盛宴，真正让人铭记的，不是到口的美味，而是萦绕在心的滋味。好心情其实是种素养，不抱怨、不失望、不追逐、不计较，就好！

（六）

一个善良的人，就像一盏明灯，既照亮了周围的人，也温暖了自己，善良无须灌输和强迫，只会相互感染和传播！所以，做人不一定要顶天立地，轰轰烈烈，但一定要善良真诚！当烦恼袭来时，当我们的心不听话硬要生气时，一定要告诉自己：活着不是为了生气，而是为了快乐善良地度过。

（七）

看到很解惑的一句话："人总是这样的矛盾，当你去相信时，被骗得遍体鳞伤；当你习惯性怀疑时，却偏偏有人那么善良，让你觉得对他们的怀疑其实是自己的内心那么肮脏。"所以，只能选择：相信别人时，不忘记有原则的提防；被别人欺骗时，绝不放弃对其他人的善良，这样才不会对这个世界彻底失望。

（八）

长寿，离不开乐观豁达的心态，而豁达的心态又来源于淡泊名利、难得糊涂的处世哲学。一位百岁老人说过："不图名、不图利、不着急、不生气，就能活个大年纪。"养生必先养心，生活中糊涂一点、潇洒一点，拿得起、放得下，学会微愚和自嘲，才是大智慧。多交朋友、培养爱好、勤于阅读、多加运动，都有利于人们的心理健康，让人延年益寿。

（九）

人过了五十岁，经过三十年的奋斗，阅历丰富，心宽了，争过了，拼过了，得意过，失意过，该有的都有了，不该有的也不作非分之想，一切都习惯了。当年的豪气化作了宽容，当年的棱角磨得圆润。偶有不顺，一笑了之，并不必放在心上。善待自己，善待别人，顺其自然过生活就好！

（十）

善良是生命中的黄金，善良是人性中最为宝贵的生命之光。能够知道别人的痛苦，自己就有良心，就会生出慈悲心！人性中蕴藏着一种最柔软，但同时又最有力量的情愫——善良。清澈的水来自雪山之巅，人的善良来自干净的心底。

（十一）

心静世界静，无言胜有声，喋喋不休不如观心自省，埋怨他人不如即听即忘。

能干扰你的，往往是自己的太在意；能伤害你的，往往是自己的想不开。

你若平和，无人可恨；你若不究，无人能扰。

烦恼本无根，不捡自然无；困惑本无源，不究自轻松。

世间之事，一念而已，心中若有事事重，心中若无事事轻，淡定之人不负赘，豁达之人不受伤。

（十二）

人要识得进退，懂得回归，以平常心对待生活，生活无处不是坦途。以平常心看待人生，人生无处不是胜境。走过的路长了，遇见的人多了，不经意间发现，内心的淡定与从容，头脑的睿智与清醒，就是你修行的层次。

（十三）

人生是一条生生不息的河，这是就对整个人类历史而言的。对个体生命来说，生命是短暂而脆弱的。不论你是荣华富贵，还是穷困潦倒，生命的起点与终点不过咫尺之间。人生苦短，转眼就是百年，“神龟虽寿，犹有竟时”，生命的长短不过相对而言。人没不死的，看清了，放下了，那你就不再纠结了。

（十四）

“人”字一撇一捺写人生，一笔写成长，一笔写衰老；一笔写前进，一笔写后退。人生如登山，一步一步往上攀登，到了山顶，又一步一步往下走，能上能下，难能可贵。一笔写快乐，一笔写烦恼；一笔写顺境，一笔写逆境。人生不如意事十之八九，就看你如何面对。

有副对联写得好：“得意、失意、切莫大意；顺境、逆境、永无止境。”

（十五）

人生的路，总有几道沟坎；生活的味，总有几分苦涩。有些事，无能为力，就顺其自然；有些人，不能强求，就一笑了之；有些路，躲避不开，就义无反顾。没有阳光，学会享受风雨的清凉；没有鲜花，学会感受泥土的芬芳。想要的多了，是负累；奢望少了，会满意。微笑的眼睛，才能看见美丽的风景；简单心境，才能拥有快乐心情。

（十六）

换一个角度，你会发现自己并不是这个世界的主角。千人千样，每个人都有自己的故事，每个人都是自己故事里的主角，不管故事是平淡无奇，还是曲折坎坷，每个人都已经历不同的故事，或悲伤或幸福。人生无常，谁都会有眼泪有悲伤，我们要学会欣赏和悲悯，学会善待他人，毕竟众生都是平等的。

（十七）

人生不要被过去控制，决定你未来的，是当下；人生不要被别人控制，决定你命运的，是自己；人生不要被金钱控制，决定你幸福的，是知足；人生不要被仇恨控制，决定你快乐的，是宽恕；人生不要被表象控制，决定你成熟的，是看破。

（十八）

做人不要解释，是智者的选择。人生在世，我们常常产生想解释点什么的想法。然而，一旦解释起来，却发现任何的解释都是那样苍白无力，甚至还会越抹越黑。山不解释自己的高度，并不影响它耸立云端；海不解释自己的深度，并不影响它容纳百川；地不解释自己的厚度，并没有谁能取代它作为承载万物的地位。别低估任何人，你没那么多观众，别那么累。

（十九）

一个人有一箱梨，每天挑几个烂了的吃，到最后，吃了一箱烂梨。总结：上联：放着好的吃烂的；下联：吃了烂的烂好的；横批：永远吃烂的。

感悟：人生亦如吃梨，每天把糟事放心上，一辈子都得糟心下去；如果把糟心的事放下，每天阳光一点儿，那你就灿烂一辈子！真正有智慧的人，是时刻留意保留阳光心态，快乐面对生活。

（二十）

花开不是为了凋谢，而是为了结果，结果也不是为了终结，而是为了重生。人生，亦是如此。生命是一个过程，珍惜才更重要，不管是痛苦、纠结、郁闷，也都只是生命过程中的一种味道。享受生命，享受生活，享受痛苦带给我们的存在感。花开花落一年年，无限风光过眼帘。

（二十一）

有的人觉得人生很长，其实它可能稍纵即逝，珍惜你认为值得珍惜的，别让生命留下惋惜！身体健康，生活才会有质量。没有了健康的身体，就没有了生命。人生最大的错误，是用健康换取身外之物。保护好自己的身体，珍惜你现在拥有的，好好地活着，就是你最大的幸福。

（二十二）

人生在世，在坎坷中求生存，正确认识自己，把宁静作为自己的一种常态。在生活中处变不惊，在遇事时，从容老练、优雅自如。做人只求问心无愧，自古邪不胜正，好人终究有好报。自己才是自己终生最好的朋友，与己为善，万事皆好。

（二十三）

心慈自然美丽，心善自然柔和，心净自然庄严；淡泊寡欲可以养神，宁静致远可以养志，怡情适性可以养和，观空自在可以养心。种下一个善念，收获一种良知；种下一种良知，收获一种道德；种下一种道德，收获一种习惯；种下一种习惯，收获一种性格；种下一种性格，收获一个人生。

（二十四）

人要先学会从众，再学会与众不同；先学会复杂，再学会简单；先学会爱自己，再学会爱别人；先学会爱亲人，再学会爱朋友；先学会怎样生活，再学会体验生活；先学会做人，再学会做事；先要求自己，再要求别人；先学会适应，再学会独立。宁可孤独，也不违心。不管环境多么纵容你，你都要对自己有要求，保持一种自律的气质。对自己有要求的人，总不会过得太差。一边随波逐流，一边抱怨环境糟糕的人，最差劲了。要想除掉旷野里的杂草，只有一种方法，那就是种上庄稼。要想心灵不荒芜，唯一的方法就是修养自己的美德。

淡定从容，悠然自得。不以物喜，不以己悲，得意时不自傲，失意时不自卑。面对别人的夸赞和外来的诱惑，能保持清醒的头脑付诸一笑；面对朋友的背弃、希望的破灭，也不会有过多的痛苦。不为打翻的牛奶哭泣，也不为明天是否下雨而忧虑，只是心平气和地过好今天。因为淡定，所以从容；因为从容，所以优雅。

淡定是一味良药，因为淡定能够熄灭内心熊熊的火焰。君不见淡定的“淡”字，左边是水，右边是火，水浇在火上，水至火灭。淡定是一种品格，淡定是一种境界，淡定是一种优雅，淡定更是一种智慧。淡定，看似消极、退让，实则是给生命一些空间。人生就是一次长跑，输赢得失都是暂时的，从容淡定，张弛有度，才是人生的大智慧。

（二十五）

人，一辈子都在忙着，累着，奔波着，不论多苦，事，还是没做完。

人，一辈子都在省着，攒着，储蓄着，不论多抠，钱，还是没存够。

人，一辈子都在忍着，让着，怕着，不论多小心，人，还是得罪了不少。

人，一辈子都在读着，写着，感悟着，不论多聪明，亏，还是没少吃。

人，一辈子都在觉醒中，不论多淡定、多机智，遗憾，还是有一些。

（二十六）

人生短短几十年，拼也好，混也罢，都是瞬间。不指责，不抱怨，给自己一份乐观；不苛求，不奢望，给自己一份淡然；不计较，不比较，给自己一片蓝天！不羡慕别人辉煌，不喟叹世态炎凉；保持心态平和平常，经营好现在，向往着远方！幸福指数，完全取决于心态。成年累月的珍馐美味和觥筹交错，不一定带来心灵的舒畅。在应付和虚伪之间，最终造成的也许是越来越空虚的灵魂。踌躇满志和万念俱灰都是人生的悲剧，远不如平淡如水和惬意逍遥。

（二十七）

人生是一场演出，我们每一个人都是演员，只不过，有的人顺从自己，有的人取悦观众。感觉累的时候，也许你正处于人生的上坡路。坚持走下去，你就会发现到达了人生的另一个高度。你给世界一个什么姿态，世界将还你一个什么样的人生。

（二十八）

人生在世，富贵不可尽用，贫贱不可自欺，听由天地循环，周而复始焉。平安是幸，知足是福，清心是禄，寡欲是寿。需求越小，自由越多；奢华越少，舒适越多。做一个简单的人，踏实而务实，不沉溺于幻想，不去庸人自扰。

（二十九）

在人生的旅途中，大家都在忙着认识各种人，以为这是在丰富生命，可最有价值的遇见是在某一瞬间，重遇了自己。那一刻你才会懂：走遍世界，也不过是为了找到，一条走回内心的路。

（三十）

应当学会倾听，学会微笑，学会赞扬。多留财富，少留包袱。多留风范，少留遗憾。多留经验，少留缺陷。

（三十一）

关爱自己，从心灵开始。人生在世，所有的事物都会在某个时候离自己而去，唯一不变的只有自己的心灵。无论是年轻还是年老，成功还是失败，得意还是失意，它都不离不弃。所以，我们应该善待自己的内心。夜深人静的时候，不妨坐下来，和自己好好聊聊。只有心境澄明，才能找到真正的自己。

（三十二）

格局是一个人对自己人生坐标的定位。知识和技能是内力，合适的平台和丰厚的人脉是羽翼，如果你能够充分利用这一切资源，让自己的每一天都处于一个上升的阶梯上，那么，未来的大格局与大发展将不仅仅是一个梦想。

（三十三）

成熟的人不问过去，聪明的人不问现在，豁达的人不问未来。一个有智慧的人，活在自己自由自在的心境里，“雨中山果落，灯下草虫鸣”，一切都自然而然。人生一场，有几人懂你？又有几人知心？二三莫逆友，三五知心人，已是一生福分。不跟智者争高低，不与俗人论长短。这个世界不是所有的人都懂你，被人误解无须争辩，选择沉默。生命中往往有很多无言以对的时刻，不是所有的是非都能辨明，不是所有的纠葛都能厘清，有时沉默就是我们最好的回答和诠释。

（三十四）

总有一些年华，温柔了岁月，惊艳了时光；总有一些花开，芬芳了流年，美丽了相遇。太过用力、太过张扬的东西，一定是虚张声势的。而内心的安宁才是真正的安宁，它更干净、更纯粹。一剪闲云一溪月，一程山水一年华。一世浮生一刹那，一树菩提一烟霞。

（三十五）

人生知足、做人知不足、做事不知足，这样才会不折腾、不陶醉、不停步，才会真正拿到了人生价值的“金钥匙”。人生知足，既是一种清醒，也是一种心态；做人知不足，既是一种自律，也是一种自觉；做事不知足，既是一种责任，也是一种精神。知足者乐，知不足者勇，不知足者进。如此而已！“宠辱不惊，看庭前花开花落；物我俱忘，任天外云卷云舒。”这是一种境界，更是一种心态。对人平和、对名平静、对利平淡，始终对身外之物“看得透、想得通、放得下、忘得了”，就会心平气和、幸福快乐。“绚烂至极，终归平淡！”

（三十六）

鱼那么信任水，水却煮了鱼。叶那么信任风，风却吹落了叶。人心的冷暖，总是一直变幻。熟悉的陌生了，陌生的走远了。人与人之间，全靠一颗心，情与情之间，全凭一寸真。落叶知秋，落难知友！人生不易，贵在珍惜！人生就是这样。爱人者人恒爱之，敬人者人恒敬之。我们不管是做人还是做事都需切记：是付出了才会有回报，而不是有了回报才去付出！

（三十七）

古人云，三思方举步，百折不回头。一个有担当的人，很少犹豫举棋不定。凡事都会思考充足，然后立即付诸行动。必定细心、从容、果断，富于实干精神。人最难的不是在“身处低位”时能够“心处低位”，而是在“身处高位”时仍然能“守得住低位”。守住了低位的人，也就守住了生命的厚度。

（三十八）

孔子有言：“人不敬我，是我无才；我不敬人，是我无德；人不容我，是我无能；我不容人，是我无量；人不助我，是我无为；我不助人，是我无善！”凡事，不以他人之心待人，你会多一分付出，少一分计较；凡事不以他人之举对人，你会多一分雅量，少一分狭隘；凡事不以他人之过报人，你会多一分平和，少一分纠结。保持内心的平和，不急不躁不骄，多一分雅量，一切随缘！感恩生命中遇到的所有人。

（三十九）

不说，是一种大度，事情的真假，时间会给最好的回答。被人伤害了，不说，是一种善良，感情的冷暖，时间会给最好的证明。被人诋毁了，不说，是一种涵养，人品的好坏，时间会给最好的澄清。心灵的宽度，不是你认识了多少人，而是你包容了多少人。做人如山，望万物，而容万物。做人似水，能进退，而知进退。肯吃亏的人最终吃不了亏，迟早都会返回；肯认输的人最终输不掉自尊，一定赢得人心。

（四十）

我们不是智者，悟不透全部人生哲学；我们不是禅者，不可能释然尘世一切。唯一能做的，就是踏着生活的琐碎，捡拾快乐的碎屑；踩着人生的烦恼，预览未来的美好。生命太短，岁月太长，活着，并快乐着，才是幸福所向。

（四十一）

真正有素养的人，懂得站在别人的角度理解问题，不会高高在上端着架子。因为他们明白术业有专攻，你这方面强，不代表其他方面也厉害，别人这方面无知，不代表其别的方面弱，所以他们能给予身边的人平等与尊重，这类人值得你深交。心中有多少恩，就有多少福；心中有多少怨，就有多少苦。要相信任何事情的发生都有其原因，并有助于你，相信一切都是最好的安排，相信宇宙中所有事情的发生都是来帮助你实现目标和梦想的，要么为了考验你，要么为了成就你，心存感恩才会获得源源不断的能量！

（四十二）

人的一生，大都是自己跟别人较劲，其实一个人最应该考虑的是，自己如何与自己相处，当人去楼空的时候如何摆脱孤独，夜深人静的时候如何跟心灵沟通。自己跟自己能和谐共处，降伏其心而平安度日，那你就是智者，就是达人。

（四十三）

一老人骑三轮蹭了路边停的一辆路虎，正愁眉苦脸时，来了一个彪形大汉，问：赔得起吗？老人：赔不起。大汉：赔不起还不跑，等人家来找你啊。老人欲言又止，最终还是一步三回头地走了。这时，彪形大汉拿出钥匙开着路虎走了。

在人的一生中，最大的炫耀，不是你的财富，也不是你的精明，更不是你的手段，有时候就是一种简单的理解和体谅！没有一颗善良和宽容的心，拜再多的佛也是白费！慈善是一种品德，是一种境界，是一种和谐。心理健康，才能身体健康。人有一分器量，便多一分气质；人有一分气质，便多一分人缘；人有一分人缘，便多一分事业。积善成德、修身养性，受益一生。

（四十四）

真正的勇者不是高调的人，而是敢于低眉顺眼之人。越是张扬的人，越是无所是处；越是低调的人，越是蕴藏着不可估量的能量。低调之人如淡雅之花，不靠华丽的外表吸引他人眼球，而用自己内在的芬芳让人敬服。外表易流失，内心充盈才会有丰满的人生。

（四十五）

人生真正的朋友不一定会锦上添花，但一定会雪中送炭。我们总是羡慕着别人车窗里的风景，总是怠慢了我们手边既得的宿命。过度关注别人和渴望被别人关注，都挺累的，习惯独处是一件好事，然后发现后来的你，想依赖和想联系的人越来越少，人也变得淡然和从容，也就不再那么累了。

（四十六）

人生，不是岁月，而是永恒；沧桑，不是自然，而是经历。若有来生，我愿为树，落叶之灵，锁尽深秋，静静等待，默默守候。但只要心中的生命之树常绿，生命就不会枯萎。用一颗浏览的心，去看待人生，一切的得与失、隐与显，都是风景与风情。其实，尘世浮华，时光不再，看花开花落，望云卷云舒。

（四十七）

人生路上，要学会善待他人，也要懂得善待自己。善待他人，可以让人生走得更远；善待自己，可以让生命活得滋润。无论善待谁，其实都是温暖在流转，都是爱在延宕，最终，施及别人，惠泽自身！

（四十八）

善待自己，就是要学会宽恕，不在过去的错误中纠缠；就是要学会退一步，不在不能得的欲望中挣扎。你能宽恕多少、能退多少，实际上，就是善待了自己多少。善待自己，其实，就是与自己和解。一个人，若能不跟自己较劲，处处放自己一马，就是置心灵于旷野，给心灵以自由。心灵松绑了，就是最大的不亏待自己。

（四十九）

选择宽容，不是怯懦，因为宽容了他人，就是宽容自己；选择糊涂，不是真糊涂，因为有些东西争不来，有些不争也会来；选择平淡生活，不是自甘平庸，因为功名利禄皆浮云，耐得住寂寞才能升华自己。

（五十）

财富是一种寄存，你不能将其带走；

荣誉是一道亮光，你无法将其留住；

成功是一颗硕果，你无法四季品尝；

生命是一个过程，你无法将其停步。

每个人都拥有生命，却不是每个人都能读懂生命。每个人都拥有头脑，却不是每个人都能善用头脑。只有热爱生命、善于动脑的人，才算得上真正拥有生命！好好活着，会活才好！

（五十一）

人生，看透不如看淡。最无情的不是人，是时间；最珍贵的不是金钱，是情感；最可怕的不是失恋，是心身不全；最舒适的不是酒店，是自家；最难听的不是脏话，是无言；最宽广的不是大海，是人心；最美好的不是未来，是今天！

（五十二）

人生“五见”

见高人：成就事业需要高人开悟，贵人相助。

见圣地：陶冶心志需要历史见证，先贤精神。

见新闻：开阔视野需要熟知时事，丰富资讯。

见知识：生命快乐需要饱含学识，分享传道。

见大事：圆润人生需要历经考验，修炼定力。

（五十三）

人生九品

下三品：

自信，自信能成就一切但不傲慢；

谦虚，自知要学无止境但不自卑；

认错，自省有缺点缺陷并知错能改。

中三品：

感恩，感恩得到的一切；

知足，满足享受的一切；

无畏，安享现成的一切。

上三品：

舍得，给予大众分享所得；

包容，容纳自他一切生命；

觉醒，觉悟宇宙人生真相。

（五十四）

人生最重要的两个东西：一是健康。如果说人生是一棵树，健康就是这棵树的根，根深才会叶茂。没有健康的身体，荣华富贵皆烟云。二是心态。人生的成败得失，只在一念之间。心态不同，人生的境遇便会天差地别。只有修炼一颗淡泊宁静的心，人生才会风清月明。

健康需要锻炼，心态需要修炼，命运只在自己。

安守一颗平常心，人生才能笑看风云。每个人都有自己的事要做，一个真正聪明的人，小事糊涂而大事睿智，为人低调而洞若观火。做人如水，以柔克刚。只有那些以不争为争的人，才能笑到最后，成为真正的赢家。

知足是人生最大的幸事。一直以为，美好总是在前面。而岁月的流沙磨平了我们的棱角，年轮的厚重成熟了我们的心情，我们为遇见感恩，为经历感动，不再为得失而纠结，只有一份旅途的珍重，以及一份对生命的包容。经年走过，淡看世俗的喧嚣，独守一份静好，安逸一份平静。

对人，懂善待，知感恩；

对事，须谨慎，知尽心；

对物，莫贪恋，知珍惜；

对己，知克制，多进取。

（五十五）

人生如品茶。茶的本义是解渴。所以喝茶是为了解渴，而品茶是为了怡情。生活中，有时像在喝茶，是为满足生存的需要；有时像在品茗，却是为调节心灵的需求。从苦到甜、从浓到淡，其实只是一个过程。品茶，须静下心来细细把玩品味，才不会辜负了好茶。人生亦如品茶般微妙。别虚度了此生，错过了茶香。

（五十六）

人生十淡

淡名：有则珍惜，无不强求。

淡利：金钱乃身外之物，适度就好。

淡誉：公道自在人心。

淡辱：荣辱常常与共。

淡得：得不狂喜，心之怡然。

淡失：塞翁失马，焉知非福?

淡饮：嗜酒伤身。

淡食：脂肪多为百病之源。

淡友：君子之交淡如水。

淡定：心态决定并改变命运。

水，越淡越清澈；人，越淡越快乐。淡然，使人简单；简单，使人快乐。心善，自然美丽；心直，自然诚挚；心慈，自然柔和；心净，自然庄严。

心安则详。当一个人内心安详的时候，没有忧愁，没有烦恼，没有恐惧没有牵挂，这种感觉是非常美好的。此外，人们还发现，淡泊名利的人会健康。拥有一颗平常心，永远让自己处于平和状态，自然也就不会使自己的情绪受到很大的影响，从而免受疾病的侵袭，延年益寿。

芝兰生于幽谷，不因无人问津而不芳，这是一种淡泊；梅花开于墙隅，不因阳光冷落而不香，这是一种优雅；流水绕石而过，不因山石之阻而纷争，这是一种低调。人生一世，不是什么都要去争，不是什么都要去抢，心宽一点，看淡一点，欲望少一点，满足多一点，这样才会活得潇洒一点，人生才会自在一点。

星云大师说，我们执着什么，往往就会被什么所骗；我们执着谁，常常就会被谁所伤害。所以，我们要学会放下。凡事看淡一些，看开一些，看透一些，不牵挂，不计较，是是非非无所谓。无论失去什么，都不要失去好心情。把握住自己的心，让心境清净、洁白、安静。放下不等于放弃，执着不等于坚持。

相由心生，境由心造。一件事，想开了是天堂，想不开就是地狱。真正的心境，绝不是无所事事、与世无争，而是以一种淡然的心态去对待人生的起落沉浮，无论成败都坦然以对，无论得失都心平气和。人生难得一心静。有一个平和的心境，身处闹市亦同身在深山古刹。

（五十七）

人生有四种修为：一是忍得过。忍是一种智慧，忍得一时之气，消得百日之灾；能忍不一定是懦弱。二是看得破。最大的淡定，不是看破红尘，而是看透人生以后依然能够热爱生活。三是拿得起。做人要有担当，不推诿，不逃避，直面惨淡的人生。四是放得下。放下偏执，放下记忆，放下不甘，放下欲望，平平淡淡。

一个人心中有多少恩，

就有多少福；

有多少怨，

就有多少苦。

要相信任何事情的发生都有其原因，

并有助于你，

相信一切都是最好的安排，

相信宇宙中所有事情的发生都是来帮助你实现目标和梦想的，

要么为了考验你，

要么为了成就你，

心存感恩才会获得源源不断的能量……

人老了，便不喜欢琐碎和争吵，经历多了，就习惯了安静。渐渐地不再去理会喧嚣，学会处世安稳，习惯淡然，面对一切纷扰开始波澜不惊。浮华过后，不再纠结，那清心寡欲的背后，早已不想去争论孰是孰非，在一个人的世界独自享受安静的美。

关爱自己，从心灵开始。人生在世，所有的事物都会在某个时候离自己而去，唯一不变的只有自己的心灵。无论是年轻还是年老，成功还是失败，得意还是失意，它都不离不弃。所以，我们应该善待自己的内心。夜深人静的时候，不妨坐下来，和自己好好聊聊。只有心境澄明，才能找到真正的自己。

（五十八）

低调做人，你会一次比一次稳健；

高调做事，你会一次比一次优秀；

成功的时候不要忘记过去；

失败的时候不要忘记还有未来；

有望得到的要努力；

无望得到的别介意；

再烦也别忘记微笑；

再急也要注意语气；

再苦也不忘坚持；

再累也要爱自己。

用你的笑容去改变世界，别让世界改变你的笑容。用真诚的心灵去欣赏别人，以拼搏的行动去做好自己。人生最奢侈的就是拥有一个生生不息的信念、一帮永远珍惜的朋友和一份享受生活的美好心情。因为珍惜而拥有，因为努力而收获，因为感恩而幸福！

（五十九）

人生难得四境界：

一是痛而不言，无言不是不痛，而是直面悲痛、疼痛和惨痛；

二是笑而不语，微笑具有移山的力量，淡然一笑，有时胜过千军万马；

三是迷而不失，淡定是人生的修炼，痴迷和失态会伤及自身；

四是惊而不乱，宠辱很难不惊，心惊则心动，而动中有静、惊而不乱则具有别致之美。

把自己抬得过高，别人未必仰视你；把自己摆得过低，别人未必轻视你；没有人是完美的，何必过度遮掩自己。做人要抬头，也要低头。一仰一俯之间，不仅仅是一个姿势，更是一种风度、一种品质。

花开花落，那是起伏的人生；

一年一年，那是燃烧的生命；

顺风逆风，那是岁月的感悟；

春去春回，那是别致的风景。

人的成熟不在于年龄，而在于心态；

心的成熟不在于遇到事情多少，

而在于你的态度，难得的是心静。

（六十）

任何事，任何人，都会成为过去，

不要跟其过不去，无论多难，

我们都要学会抽身而退。

现在过的每一天，

都是余生中最年轻的一天。

请不要老得太快，却明白得太迟。

很多错误不必亲自试验，

在别人的经历中汲取营养也是一种智慧。

人生，别上错了车就是坦途！

（六十一）

人生，就是一步一步走，一点一点扔。走出来的是路，扔掉的是包袱。这样，路就会越走越长，心就会越走越静。事实不变，境由心生。如果我们觉得自己本事比别人小，现在就是最好的结果；如果觉得自己比那些不幸的人好很多，那幸福就来了。

（六十二）

诚信生明，夸诞生惑，淡静生智。忠诚老实就会聪明，虚夸不实就会迷乱，平淡安静就能生智慧。真正的精明是厚道、讲诚信，追求共赢，才是大赢。只有心地坦诚，心存良善，心存宽厚，淡泊宁静，放大人生的格局和气度，你的人生才会实现可持续发展，才会走得更远，飞得更高。

（六十三）

人生就像演戏，我们都是命运的主角，在摸爬滚打中吸取教训，在经历坎坷中总结经验。越年长就越发现，生活素简，内心丰盈，才是最好的生活境界。一个人真正的富有，不在于外物，而在于发自内心的愉悦。人可以无知，但不能无趣。要把生命浪费在美好的事情上。世上的人形形色色，各式各样的人都不缺，可唯独有趣之人，是最难遇到的。跟有趣的人相处，仿佛狭窄的房打开了窗，使阳光晃晃悠悠洒进来，生命充满无限的快乐与可能。

（六十四）

人啊，晴备雨伞，饱备干粮，就不怕被淋，也不怕挨饿。你需要的时候，有人帮是情分，而不是本分。人到了一定的年龄，自己做自己的屋檐，才最有安全感，求人不如求己！

如何成就靠谱的人生？

言，寡也；

食，时也；

友，直也；

学，博也；

事，慎也；

法，守也；

身，洁也；

体，勤也；

心，静也。

（六十五）

虽然生活不总是一帆风顺，但正因有风有雨，才承载得起生命的厚重。给生命一个微笑，将岁月打磨成人生枝头最美的风景。路走得太急，疼的是脚。人想得太多，累的是心。折磨你的，从来不是任何人的绝情，而是你一直心存幻想的期待。勿在别人心中修行，勿在自己心中强求。种善因，结善果。

（六十六）

真正成熟的人，心中充满善良、宽厚与仁爱，眼里看到的事物都是美好的，没有那些是是非非。成大事者，必有度事之量，亦有容人之心。有修行、高情商的人，心无纠结，腹无怨恨，往往看什么都顺眼。人生四境界：喜时不诺，怒时不争，哀时不怨，倦时有终！古人做事，始于立心，得于人和，顺于天道，成于勤恳！信夫也乎！

（六十七）

人生天地间，忽如远行客。欲望加重担，释怀纵马歌。长长的一生，学会释怀，给心灵解绑。平常的心是最好的礼物，独走的路才是最美的风景。愿我们在挥汗如雨的六月，心如止水，如冰淇淋般香甜。

（六十八）

如果你拥有财富，别人崇拜的只是你的财富；如果你拥有权力，别人崇拜的只是你的权力；如果你拥有的是美貌，别人崇拜的是你暂时拥有的美貌。别人崇拜的只是自己心中的需求，不是你。看清自己非常重要！

（六十九）

每个人的人生舞台不是在别人眼里，而是在自己心中。我们的倾力付出，不是为了获得别人的掌声，而是为了拓宽自己眼界的广度、心灵的宽度和见识的深度。你发现自己每一天都比前一天变得更好，这是最值得骄傲的事。世界上最大的监狱就是人的内心，走不出自己的执念，到哪里都是囚徒。人生实苦，唯有自渡。放下执念，放下自己。心若快乐，世界无苦；心若有光，世界处处是光明。

（七十）

人生三处：发现长处、理解难处、不忘好处。

人生三错：追求完美、责备求全、苛求圆满。

人生三福：平安是福、健康是福、吃亏是福。

人生三乐：知足常乐、自得其乐、助人为乐。

人生三能：勤能补拙、清能养廉、静能省悟。

人生三善：善待他人、善解人意、善始善终。

人生三学：学而无厌、学无止境、学以致用。

（七十一）

一生受益的四句话：

健康是最高的利益；

满足是最好的财富；

信赖是最佳的缘分；

心安是最大的幸福。

（七十二）

人生就是一场修行，修的就是一颗心。

心柔顺了，一切就完美了；

心清净了，处境就美好了；

心快乐了，人生就幸福了。

人这一辈子，不管活成什么样子，都不要把责任推给别人。

一切喜怒哀乐都是自己造成的。

多点淡然，少点虚荣，活得真实才能自在。

（七十三）

人生需要沉淀，宁静才能致远；人生需要反思，常回头看看，才能在品味得失和甘苦中升华。向前看是梦想和目标；向后看是检验和修正。不艾，不怨，心坦然。生活，有苦乐；人生，有起落。学会挥袖从容，暖笑无殇。快乐，不是拥有的多，而是计较的少；乐观，不是没烦恼，而是懂得知足。

人生虽有不甘，还需捧一杯茶，活在当下。社会是浮躁的，现实是功利的，我们常常迷失了自己，忘记初心。品一杯茶，静一静心，沉淀世间浮华。看茶起茶落，闻芳香四溢，悠远情深，诗意远方。天地法则讲平衡，外在追逐越多，内在越空虚。人生就是不断淬炼，不断提升，归于空性，归于宁静的过程。经历了人世沧桑，渐渐明白，不对这个世界抱有期待，不对身边的人事物抱有幻想，内心也就不再受伤；不去奉献，你也一样没有收获。

（七十四）

人生如天气，不管是阳光灿烂，还是阴雨风雪，一份好心情，是人生唯一不能被剥夺的财富。照顾好独一无二的身体，就是最好的珍惜。得之坦然，失之淡然，一切随缘，是最明智的人生态度。格局越大的人，遇到坏人坏事越不计较，遇到小人小事越不纠缠。每个人，都应该去做更有意义的事情，让过去的过去，才能有新的开始。改变不了世界，但可以改变自己。

（七十五）

人生很短，没必要和生活过于计较，有些事弄不懂，就不去懂；有些人猜不透，就不去猜；有些理儿想不通，就不去想。把不愉快的过往，在无人的角落，折叠收藏。告诉自己：我可以不完美，但一定要真实；我可以不富有，但一定要快乐！改变不了的事就别再勉强，人生，除了生死，都是小事！我老了，我感到幸运。

（七十六）

有的人少年夭折，有的人壮年早逝，有的人倒在老年的门槛上，没能活到退休。

能够进入老年，走过完整的人生之路，享受上苍赐予的天寿，经寒暑历春秋，这是幸运眷顾了我。

我感恩，我知足。

（七十七）

在某个年纪之前，你可以靠透支身体、小聪明和老天给你的运气一直取巧地活着。然而到了某个年纪之后，真正能让你走远的，都是自律、积极和勤奋。做人要修炼大气，能屈能伸，忍得下苦，享得起福。不如意的时候伏下身，在黑暗中积蓄力量。遇到机会时，懂得把握时机，无论顺境逆境都能自如。能忍能让真豪杰，不畏艰难大丈夫；心平气和最幸福，延年益寿靠自己！

（七十八）

圣人云：一日三省吾身。人类最伟大的力量不是创造，而是自省。人生漫漫，难免会有低谷的时候，如果不懂得自省，只会不断地犯错，只有善于自省，才能少栽跟头，少走弯路。

（七十九）

内心强大，做好自己，需要做到以下三点：

1. 不争辩，解脱他人的嘴，这是一种智慧。
2. 不解释，解脱自己的心，这是一种成熟。
3. 不纠缠，解脱过往的回忆，这是一种洒脱。

（八十）

怀着一颗平静的心，寻找一份秋的清宁，才发现人生就像一场落叶，而匆匆；所有的过往，只是浮华一梦。秋，是静谧的，少了春之萌动，夏之燥热，冬之冷冽，更有一种别样的风韵，是人过中年的感受，也是收获和耕耘的季节。

（八十一）

一个低调的人，恬淡、从容、温厚、宁静，就像大地，永远把自己置于低处，但没有人否认它的博大；一个默默做事的人，收敛、含蓄，就像大海，永远把自己放在低处，但没有人否认它的深邃。宽阔如大地，无垠似大海，都是低调的。

（八十二）

清醒时做事，糊涂时读书，大怒时睡觉，独处时思考。话，要和明白人说；事，要与踏实人做；情，要同厚道人谈。

（八十三）

见过世面的人，才懂时间的慈悲，于不经意间让你感觉如沐春风。生活中越有料的人越低调；越有实力的人越没有架子；内心越丰盈的人越会理解人；心态越平静的人越懂得尊重人。真正的幸福，是当你全心全意投入一件事情，把自己置之度外，执着一事、一物，达到全然忘我之时，人便能做到心如止水，不被外物干扰，享受内心的宁静。

（八十四）

人的一生：20岁比学历、30岁比能力、40岁比阅历、50岁比财力、60岁比体力、70岁比病历、80岁翻皇历。好好锻炼吧，多多保重身体！

（八十五）

看淡得失了无忧。人，因无而有，因有而失，因失而痛，因痛而苦。人总是从无到有就欢欣，从有到无则悲苦。缘来不拒，境去不留，看淡了得失，才有闲心品尝幸福。别去对人倾吐，不要向人炫耀。苦，自己悄悄释放；乐，自己慢慢品味。让心简单，让神轻松，幸福其实只是一种感觉。

（八十六）

人生如花，淡者香。花的颜色越浅，香味越浓；颜色越深，香味越淡。做人，侧重于外在美，难免流于俗气；多注重内在美，方显雅致。对人，咄咄逼人必招怨恨，宽宏大量常得人心；对己，心事过重伤人伤己，心态淡然自在优雅。人生，从内到外，保持质朴淡雅的气质，才能悦人悦己！

（八十七）

古人云：“小人无错，君子常过。”有修养的人反省自己，不断提升自己，主动认错，不仅可“大事化小，小事化了”，也会赢得别人的尊重。都是我的错，是一种自律，让自己不断提升；是一种胸怀，时刻为别人着想；是一种美德，让彼此的心更近；是一种难得的修为，真修当不见世人过；是自净其意，常养身心。

（八十八）

做事要找靠谱的人，聪明人只能聊聊天。聪明的人能力不错，但不一定是个靠谱的人；靠谱的人不一定是个聪明的人，但一定是个诚实守信的人。喜欢聪明的人，可以保持联系。而靠谱的人可相处交往，事实就是忠诚大于能力。

（八十九）

唯有放下抱怨，才能体会到生命的自在与幸福。睿智的人看得透，故不争；豁达的人想得开，故不斗；得道的人晓天机，故不急；厚德的人重谦和，故不躁；明理的人放得下，故不痴；有志的人肯努力，故不误；重义的人交天下，故不孤；怡情的人淡名利，故不独；宁静的人行深远，故不折；知足的人常快乐，故不老。

（九十）

人的优雅关键在于控制自己的情绪。一个能控制住不良情绪的人，比一个能拿下一座城池的人更强大。水深则流缓，语迟则人贵。说，是一种能力；不说，是一种智慧。身安，不如心安；屋宽，不如心宽。以自然之道，养自然之身；以喜悦之身，养喜悦之神。容貌乃天成，浮华在身外，心里满是阳光，才是永恒的美。昨天越来越多，明天越来越少，这就是人生。眼睛看到的许是假象，心的感受才最真实；耳朵听到的许是虚幻，心的聆听才最重要。幸福是一种心理状态。它不流于表面，而是存于你的内心。

（九十一）

一个人最好的状态就是眼里写满故事，脸上却不见风霜。不羡慕谁，不嘲笑谁，也不依赖谁，只是默默努力，活成自己喜欢的模样。最高层次的成熟，是人到中年，仍然锐气不减，锲而不舍。人生此行的归宿，是放下时的宁静，是释然后的湛寂，心地的万里无云，才是生命最美的风景。流云过千山，风波起伏也罢，荣辱沉浮也罢，任凭世事如山声雷动，若能自闲以待，便是神仙。

（九十二）

要么读书，要么旅行，灵魂和身体，必须有一个在路上。人生就两件事：一件是做事情把时间填满，另一件是拿感觉把心填满。看淡了，天，无非阴晴；人，不过聚散；地，只是高低。沧海桑田，我心不惊，安稳自然。随缘自在，不悲不喜。

（九十三）

人心若简单，世间纷扰皆成空。一生过半，昨日已远，往事如云烟。当努力过后，问心无愧。心不空不满，眼不奢不贪。不染风尘，简单纯净，则万物皆美。尽人事听天命，无忧无虑，不谋其前，不虑其后，不恋当今，静心守志。春来花自开，万山皆烂漫。

（九十四）

说话三宝：请、谢谢、对不起；处世三宝：谦虚、礼貌、赞叹；教养三宝：安静、慈祥、沉稳；家庭三宝：喜欢、幽默、体贴；饮食三宝：均衡、节制、感恩；

健康三宝：步行、少欲、气和；学习三宝：谛听、信受、奉行；交友三宝：诚信、正直、谦卑；人心三宝：真实、善良、宽容；解决问题三宝：面对、处理、放下。

（九十五）

一天天，我们走过了三十而立，四十不惑，五十知天命，岁月带走了热情，磨平了纯真，收回了蓬勃，但抹不去心安理得，越活越平和宽容，心静如水。自然面对生老病死，坦然接受荣辱巨变。心灵轻松胜过黄金万两，心底坦荡抵过一生辉煌。很多人都习惯向外寻找幸福，其实快乐不在别处，就在我们心灵的内在深处。学会过一种心灵的生活，时时和自己对话，反省自己的言行，倾听自然在心灵上留下的天籁，将心思意念沉浸在瑜伽语音冥想中，慢慢地，你将能触摸到幸福的脉搏。

（九十六）

人生无须奢侈，只需一间茶室。可以静心，可以读书；可以独处，可以晤友。体现的是一种简单、一种朴素和一种随意。让淡淡清香沁人心脾，让无限的思绪随风而逝。

（九十七）

人生修行要断舍离。

断：不收取不需要的东西。

舍：处理掉没有用的东西。

离：放下对物质的迷恋。

作为对生活和情感的态度，保持独立，适度拥有，不浪费。

（九十八）

做人做到恰如其分，是人生的最高境界。把握好分寸，等于掌握了自己的命运。万事皆有度，率性而为不可取，急于求成事不成；心慌难择路，欲速则不达。过分之事，虽有利而不为；分内之事，虽无利而为之。学会和外界独处，和生命独处，和自己独处。学会独处的人，心胸才能够豁达，心智才能够成熟，才能领悟到生活的深邃。独处是灵魂生长的必要空间，独处让我们内心更充实、更强大。

（九十九）

人生，看的是书，读的却是世界；品的是茶，尝的却是生活。走的是路，历练的却是人生。生命，就像一张有去无回的单程票，把握好每天的生活，照顾好独一无二的身体，就是最好的珍惜！

（一百）

人生之道：

不可不圆，不可太圆！

人生三分是选择，七分靠放下。

成败三分在做事，七分在做人。

命运三分天注定，七分靠打拼。

生命如水三分甜蜜，七分苦涩。

（一百零一）

人，小信诚，则大信立。一个承诺会影响一个人的一生，也可能改变一个人的命运。诚信乃人立身之本。言必行，行必果。人贵有成人之美，但也要认清自己的能力，承诺要给自己留点余地。诺不轻许，许则为之！分寸，是人生当中最难把握的两个字。万事须讲“度”，率性而为不可取，急于求成事不成；心慌难择路，欲速则不达。过分之事，虽有利而不为；分内之事，虽无利而为之，是为“度”。

（一百零二）

每个人都渴望被理解，但生活中还存在那么多的误解。你纠结，你委屈，你难过，最后到无语沉默；你无处排解，你无人可说，最终到无话可说。

所以有时候，

沉默，是一个人最大的哭声；

微笑，是一个人最好的伪装。

（一百零三）

优雅的人生，是用平静的心、平和的心态、平淡的活法，滋养出来的从容和恬淡。人活着的确很累，淡看人生苦痛，淡泊名利，心态积极而平衡，有所求而有所不求，有所为而有所不为，不用刻意掩饰自己，不用势利逢迎他人，去做一个简单真实的自己。活着，要让自己高兴。不过度地奢求、攀比。不与长者比高低，不与俗人论短长，人就会变得清醒一些、大度一些、谦虚一些。不往自己身上套枷锁，快乐就会如影随形。让自己活得越高兴，证明了你活得越有水平；而你如能让别人舒服，这就决定了你为人的高度！

（一百零四）

要尊重每一个人，也不要轻易看不起和低估任何人。你看到的可能是一点点，而别人其实早已看清你，只是考虑要不要伤害你。尊重别人，其实是在尊重自己。懂得尊重别人，不仰望，不俯瞰，不卑不亢。层次越高的人，越明白尊重意味着平等、价值、人格和修养。而层次低的人，往往自私、目光短浅，自以为是地站在道德的制高点去指责别人。

（一百零五）

目中有人，才有路。

心中有爱，才有度。

一个人的宽容，来自一颗善待他人的心。

一个人的涵养，来自一颗尊重他人的心。

一个人的修为，来自一颗和善的心。

别把自己太当一回事，在匆匆人生行程中，只不过是一个过客，在人类历史长河中，甚至还比不上一粒沙石的分量。不把自己看得太重，是一种修养，是一种高尚的境界，是一种达观的处世姿态，是心态上的成熟，是心志上的淡泊。

（一百零六）

人生就像一场单程旅行，于世事于别人，我们终究是匆匆过客。“人行天地间，忽如远行客。”过程未知，结局已定，不过是尘埃落定，回归而已。纵然繁华三千，看淡即是云烟，任凭烦恼无数，想开便是晴天。心若向阳，必生温暖！心清一切明，心浊一切暗；心痴一切迷，心悟一切禅。心是人生戏的导演，念是人生境的底片。源皆在内心，痴与执，怨与恨，只会让心翻滚，让人不安。只有放下它们，才能轻松自然。智慧愚痴心之隔，天堂地狱一念间。烦恼放下成菩提，心情转念即晴天。

（一百零七）

做人如水，无色无形无味。因器而变，遇圆则圆，逢方则方，直如刻线，曲可盘龙。因机而动，因动而活，因活而进，故有无限生机。上善若水，利万物而不争！

（一百零八）

人生最大的修养是包容。它既不是懦弱也不是忍让，而是察人之难，补人之短，扬人之长，谅人之过；而不会嫉人之才，鄙人之能，讽人之缺，责人之误。包容是肯定自己也承认他人，是一种善待生活、善待别人的境界。在包容的背后，蕴含的是爱心和坚强，是挺直的脊梁，是博大的胸怀。

（一百零九）

心宽，天地就宽。宽容是一种美德。宽容别人，其实也是给自己的心灵让路。当你宽容了一切之后，你会发现，宽恕别人的过失，便是自己的荣耀。宽容，使友谊变得亲近；宽容，使亲情变得深厚；宽容，使社会变得和谐美丽。只有在宽容的世界里，人，才能奏出和谐的生命之歌！

（一百一十）

人生有两种境界：一是痛而不言，二是笑而不语。痛而不言是一种智慧，人生在世，往往会因这样或那样的伤害而心痛不已，对坚强的人来说，累累伤痕是生命赐予的最好礼物；笑而不语是一种豁达，无论是遭人误解还是被人轻视，过多的言辞申辩反而让人觉得华而不实，还不如一笑置之，眼前自然风轻云淡。

（一百一十一）

人生应当有所敬畏，才不会为所欲为。敬，不是表面的供奉而是由衷的坦诚；畏，不是内心的懦弱而是灵魂的震撼。贤者畏惧，然无忧虞。知道敬畏，才能保护我们内心的良知。学会了害怕，才会不害怕；不会害怕，一生都可怕。内心有所敬畏者，才会懂得尊重、把握分寸、守住底线。

（一百一十二）

人活一世，可以清贫，可以吃粗茶淡饭，但只要健康，就拥有了最大的财富。所以，不用羡慕他人的荣华富贵，无须与别人争名夺利。人的一生，从出生到老去，若能健康地一路走过，就是幸福！

（一百一十三）

人生有两境界：一是知道，二是知足。知道，让人活得明白；知足，让人活得平淡。人生不要被安逸控制，决定你成功的，是奋斗；人生不要被别人控制，决定你命运的，是自己；人生不要被金钱控制，决定你幸福的，是知足；人生不要被仇恨控制，决定你快乐的，是豁达；人生不要被表象控制，决定你成熟的，是看透。

（一百一十四）

人生贵在折腾！生命的价值在于认识自己，成就自己，超越自己。想要活得精彩，就要敢于折腾，没有一次次跨越沟壑，就不能站到成功的高处。成功不过是凭着勇气和努力，不断折腾，就是要有一种无惧困难的努力，哪怕路上布满荆棘，也要向前不止。趁年轻去吃苦，去拼搏，等年老时，回忆里满是骄傲，这是别人给不了你的。无人理睬时，坚定执着；取得成就时，心如止水。

（一百一十五）

无论你正经历着什么，过得是否开心，世界不会因为你的疲惫，而停下它的脚步。那些你不能释怀的人与事，总有一天会在你念念不忘之时被你遗忘。无论黑夜多么漫长不堪，黎明始终会如期而至。

（一百一十六）

别人为什么愿意跟你相处?

你有德：对人真诚，与你相处感到温暖；

你有用：你能带来实用价值；

你有料：跟你相处能打开眼界；

你有量：你能倾听别人的想法并发表有价值的见解；

你有容：能充分认可别人的价值；

你有趣：能带来愉快的心情；

你有心：懂得用情用心交朋友。

（一百一十七）

人生是一场追求，也是一场领悟。世上没有不弯的路，人间没有不谢的花。有一颗洒脱的心，你会更快乐；有一颗修行的心，你会更有智慧。静品岁月风雨，淡读时光苍茫。心如莲花香，一路才芬芳。

（一百一十八）

人生，就像是一个车站，聚了散了；昨天，就像是一道景色，见了没了；时间，就像是一个过客，走了来了；日子，就像是一个漏斗，过了去了；友情，就像是一桌宴席，温了凉了。而爱情，就是一种无奈，心碎了，收敛了；生命更是一种安然，哭了笑了。养生保健，能增加生命的长度；文化修养，会扩大生命的宽度。

（一百一十九）

人这一辈子，有两件事无法强求：我们来到这世上，不得不来；离开这个世界，不得不走。既然无法强求，不如好好珍惜拥有的日子。这一生，过得或好或坏，或成功或失败，都无法重来。每个人都有自己的幸福，亦有自己的难过，只要过得开心，就不枉此生。

（一百二十）

真正有所觉悟的人，从不多事，感恩快乐。处理与人的关系，能看人长处、帮人难处、记人好处，知人而不评人。如心存斗争，自高他低，自善他恶，自高自大，实足是一个凡夫俗人。智者有言：见人过即是错，犯错造恶，其结果是灾祸。

（一百二十一）

富而不贪是一种布施，尘而不染是一种持戒，痛而不恨是一种忍辱，累而不懈是一种精进，思而不乱是一种禅定，显而不着是一种智慧。放下悭贪是布施，放下恶业是持戒，放下懈怠是精进，放下嗔恚是忍辱，放下散乱是禅定，放下愚痴是般若，放下虚伪是真诚，放下污染是清净，放下傲慢是平等，放下自私是慈悲，放下迷茫是正觉。

（一百二十二）

无事心不空，有事心不乱，大事心不畏，小事心不慢。做人，要简单一点；生活，当宁静一点。有缘无缘，顺其自然；得到失去，随遇而安。

（一百二十三）

人生难得平常心。得而不喜，失而不忧，则幸福常在；成而不骄，败而不馁，则快乐常存。人要自赏，但不要自封；人要自信，但不要自吹；人要自咎，但不要自弃；人要自省，但不要自满。心中若有桃花源，何处不是水云间！

（一百二十四）

年，渐行渐远，期盼中满是祝福，愿望中满是平安！一年又一年，从孩童走进中年，从中年渐成老年，理想从丰满走向骨感！一年又一年，不必感慨也不要抱怨，一切皆是顺其自然！一年又一年，感恩生活，也感谢遇见，执着努力而又随遇而安！

（一百二十五）

当年多少烦心事，如今都成下酒菜。

千江有水千江月，万里无云万里天。

往事终将成云烟，时过境迁翻新篇。

如果总是去纠结，人生哪能有舒坦？

（一百二十六）

令人反省的几句话：一定善待自己的身体，因为所有零配件都很昂贵，而且很难配！注意太阳出来晒晒背，让新鲜空气洗洗肺，五谷杂粮养养胃，慢步走走练练腿，常和朋友聚聚会，喝点小酒别喝醉，少熬夜来早点睡，争取活到一百岁，把健康放在第一位。

（一百二十七）

最初我们来到这个世界，是因为不得不来；最终我们离开这个世界，是因为不得不走。生活是属于每个人自己的感受，不属于任何别人的看法。被命运碾压过，才懂时间的慈悲。一忧一喜皆心火，一荣一枯皆眼尘。静心看透炎凉事，千古不做梦里人。佛说，尘世间一切，皆由心起。心若简单，生活就简单。人生没有坦途，每个人都会遇到各种烦心事、伤心事。只要把心放宽，看开看淡，波折的人生，照样可以精彩不停。

（一百二十八）

人生就是一个哭着走来、笑着离去的过程。漫漫人生路，透着沧桑，含着沉香。似那梨花，风吹雨打，洗尽铅华，清韵犹存；似那画卷，经年以后，褪尽色彩，依旧斑斓；似那高山流水，蜿蜒缠绵，时而波涛澎湃，时而溪水潺潺，沟沟坎坎，深深浅浅。

（一百二十九）

其实人生，就是一场路过，路过这个世界，走过这个岁月，生命的尽头，你还是一无所有。一切想开了，就不必困惑；一切看淡了，就不受折磨；一切参透了，就不会执着。人这一辈子：不求钱财满屋，但求日子富足；不求感情无数，但求有人在乎；钱虽不太多，够花够用的；友虽不太多，暖心暖肺的。这就是最幸福的人生！

（一百三十）

生活，有起有伏，有得有失，失去什么，也不能失去真诚；人生，坎坎坷坷，忙忙碌碌，忘记什么，也不能忘记真诚。不论如何贫穷，怎样失意，都要长存一份真情，真诚待人；不管如何富裕，怎样得意，都不要泯灭良心与真情。半生已过，看透了人心，看透了生活！学会沉默，看穿不拆穿，面子上舒坦；看透不说透，凡事自己好受。沉默是一种修行，对自己而言，是一种修养，对别人来说，是一种美德！

（一百三十一）

人生本过客，何必千千结。该放的放，该忘的忘，该前进的前进。清晨的一缕阳光，深夜的一张暖床，一蔬一饭，一颦一笑，都带着温度。生活总有万般的美好，值得你去细细品味。养好你的心态，比任何养生都有用。生活的滋味，甘苦互依，咸涩共存；人生的道路，阡陌交错，五味杂陈。走过崎岖，才知平坦；经历风雨，方见彩虹。挫折时，从容乐观地面对；失意时，淡然优雅地转身。在平凡的人生之旅默然前行，在从从容容的步履中，领略人生追求之乐趣。

（一百三十二）

有品质的生活，都从慢中酝酿而来。与其忙碌地奔波，与其焦急地追赶，不如沉住气慢慢来。让自己慢一点，用心感受生活的美好。有人说，人生就是一场西游，一路走一路不同的风景，一路走一路不同的心情。少年是大圣，天不怕地不怕；中年是沙僧，脚踏实地；老年是唐僧，云淡风轻。

（一百三十三）

苏东坡曾说：匹夫见辱，拔剑而起，挺身而斗，此不足为勇也。天下有大勇者，卒然临之而不惊，无故加之而不怒，此其所挟持者甚大，而其志甚远也。读再多鸡汤，也只能缓解一时的不快；听再多道理，也很难过好这一生。毕竟哲理智慧是别人想的，但生活是自己过的。只有经受住狂风暴雨的洗礼，才能练就波澜不惊的淡定。纵然生活充满烦恼，但心宽就是解药。

【生活感悟】

（一）

我喜欢这段话：活着就是胜利，挣钱只是游戏，健康才是目的，快乐才是真谛！不争执，不斗气，相互理解，善待亲朋。生活总是和人们开着玩笑，你期待什么，什么就会离你越远；你执着谁，就会被谁伤害得最深。做事不必太期待，坚持不必太执着。不管发生什么，心若计较，处处都是怨言；心若放宽，时时都是春天。把别人看得太重，结果在别人眼里自己就什么都不是!

（二）

等待别人把话说完，是一种能力，也是一种修养。有一种倾听叫胸有成竹：沉着冷静，仔细观察，那是一种气势和气场，不语也威严，无声也温暖，这才是魅力。有一种聆听需要忘我：听落雪的声音，听风过屋檐，听早晨的鸟鸣，听一段美妙的旋律，这才是修为。内心安详，才能懂得岁月静好。

（三）

心态不同，人生的境遇便会天差地别。快乐，就是在平淡中窥见了神奇；快乐不是生活的赐予，而是心的领悟。只有甘于平淡，不争，不执着，不计较，才能感受到更多的幸福和快乐。真正的高情商，并不是取悦别人，而更多的是愉悦自己。让自己活得心旷神怡，活得豁达、自信。做人尤其不能拧巴，不认死理，或者叫“不抬杠”。

（四）

包容之中，懂得有所取舍；默契之间，让身心放归自由。能对生活多控制一点，焦虑就会少一点。也许寻找生命之路会有些漫长，但只要跟随自己的心，你终会找到属于你的生活方向！无畏坦然自在，人过中年，简约平淡地生活，才能回归自我。

（五）

微笑是一种语言、一种文化，微笑是发自内心的愉悦，它自然地流露出来，慢慢地在周围感染、弥漫、浸润，体现着自己的快乐，表达着待人的友好！它是一朵含露的花，无论是献给别人还是赠予自己都是一件可爱的礼物。

（六）

最大的对手是自己，无我不执。最难做的是放下自己，成就别人。无厚德，不载物。上善若水，以无事取天下；道隐无名，无为而无不为。人若无名，专心做事；人若有名，留心慈善。一个人拥有名气或财富，是社会给予之信任，最当珍惜布施。

（七）

人要低头做事，更要睁眼看人，择真善人而交，择真君子而处。不是所有的人都值得你付出真心，一份笃定不移的友情，能否永恒，要看时间。与你无缘的自会走远，与你有缘的终会留下。朋友，需要的不是数量，而是质量，与有品位、人品好的人相处才能提高自己。

（八）

无量苍天大奥妙，下雨刮风难猜到。
天气预报凑热闹，昨晚折腾没睡着。
今晚大雨润旱苗，众生愁容转为笑。
溪流涓涓入河道，城区供水系数高。

（九）

人品是可以攒的，就是要扎扎实实地做好人，诚诚恳恳地对别人。这样，别人才会在一点一滴的相处中，感受到你的善良、正直、宽容、诚信。好人品，一定不会白攒。到他日有需，它定会带给你惊喜。在这个拼人品的世界，好人品是一个人的护身符，不仅惠人，而且利己。

（十）

人，最好的状态就是，随遇而安、遇事不急不躁，该有主心骨的时候能镇得住场，不该有的时候能心安理得躲一旁不多话；会爱人，会关心人，会牵挂人，但不缠人；有思想，有理想，有理性，很幽默，敢自嘲；会为爱的人甘于放下身段，有学习的热情和动力，每天都在进步，但不再期待别人的夸奖。

（十一）

成长的很大一部分，是接受。接受分道扬镳，接受世事无常，接受孤独挫折，接受突如其来的无力感，接受自己的缺点。然后发自内心地去改变，找到一个平衡点。跟世界相处，首先是和自己相处。天黑开盏灯，落雨带把伞，随遇而安，潇潇自然。

（十二）

厚道的人心存善良，以宽广的胸怀善待别人，厚道的人能沉得住气。在人际交往上，厚道是基石，是别人经过回味的赞赏，是经得起考验的高尚品格；厚道是河水深层的劲流，不起波澜但有力量。厚道的人有主张，宁可倔强，也不入俗，宁可憨愚，也不乖巧。厚，是长麦子的土壤之厚，墙体挡风之厚。厚德而后载物，做人达到这样的境界，已然得道。

（十三）

“空”是人生的最高境界。只有空的杯子才可以装水，空的房子才可以住人。每一个容器的利用价值在于它的空。空是一种度量和胸怀，空是有的可能和前提，空是有的最初因缘。佛经里有“一空万有”和“真空妙有”的禅理。人生如茶，空杯以对，才有喝不完的好茶，才有装不完的欢喜和感动。心中绿意盎然，步步莲花盛开。

（十四）

若你身心愉悦、喜欢自己、对这个世界充满善意，美好的东西就自然地被你吸引；相反，若你悲观、郁闷，负面的一切也就相继报到。快乐的你吸引让你快乐的人、事、境，烦忧的你则吸引让你烦忧的人、事、境。幸运与厄运，无论你相不相信，其实你是一块磁铁。你如何使用磁力，是生活的奥秘。

（十五）

跟自己，说一声对不起：这些年来忘了体贴身体，这些年来忘了心疼自己。

永远记得：

冷了病了，给自己安慰；伤了痛了，给自己解围；苦了累了，给自己依偎！

好好爱自己，因为全世界只有一个你！

（十六）

年已老，要放松；事来应，去则静；做工作，尽所能；少烦恼，多养生；朋友圈，少而精；要好的，时沟通；不熟的，少打听；不掺和，莫称雄；无关己，别硬撑；善待人，处事清；常吃素，勤步行；少喝酒，烟莫碰；与人和，老少宁；随遇安，不争锋；对家人，多陪同；要鼓励，莫脸红；俭养德，贪害生；不攀比，心理平；活当下，安天命！

（十七）

健康是责任，善待你身体。身体“九怕”：胃怕凉，肺怕烟，肝怕油脂，心怕咸，胰腺怕暴饮暴食，肠道怕胡吃海喝，眼睛怕手机电脑，胆囊怕不吃早餐，前列腺炎怕酒精。

谨记：健康的身体，是生命的基础。

（十八）

在现实生活中，人到中年之后，面貌体现你的品质和境遇。宽厚的人多半一脸福相；性情柔顺的人面相柔和善美；性格粗暴的人总是一脸凶相；心术不正的人总是寝食难安，体弱多病；心胸狭隘的人大多尖嘴猴腮、双眉紧蹙。显得特别年轻秀美的人，一定单纯品性善良；有慈悲心、有爱心的人，往往由内而外散发出一种光芒，这都是你现实生活修行所得。

（十九）

人一切的痛苦，本质上都是无能的表现，脾气差，其实就是没本事。仔细观察会发现，脾气最暴躁的时候，往往是自己生活最糟糕、最无能的时候。有的人，面对问题，没有解决的办法，只能用坏情绪去处理，责骂别人，害人害己。你若不懂得控制自己情绪，即使把全世界都给你，也早晚会被你毁掉。生活都不易，除了生死，都是小事，不要动不动就发脾气！

（二十）

做人，只有保留真性情，才是有趣的。以坦诚，抵挡着虚伪；以懂得，抵挡着无知；以万物有灵，抵挡着世风日下。有趣的人，总会遇到另一些有趣的人。而那些无趣的人，很难变成真正有趣的人。因为，真正有趣的人，都是疲惫生活里的英雄，是不肯完全妥协的美丽心灵，面对大千世界，总是一心向善。

（二十一）

做一个幸福的人，读书，旅行，努力工作，关心身体和心情。自己加于自己的伤害，最不容易治疗。有人说生命在于静止，有人说生命在于折腾。其实，懒有懒的安逸，折腾有折腾的乐趣。

重要的是：你有享受过程的智慧，又有承担后果的能力。

（二十二）

属于自己的风景，从来不曾错过；不是自己的风景，永远只是路过。天地太大，人太渺小，不是每一道亮丽的风景都能拥有。一辈子，只求有一道令自己流连忘返、不离不弃的风景就已足够。每一颗心，都有一份无法替代的情愫和某一道风景永远关联着。人生的风景，是物也是人。

（二十三）

量有多大，心有多静；心有多静，福有多深。宁静，来自最宽广、最包容的胸怀。人生之苦，在得失间。心胸宽广之人，拿得起，放得下，无意于得失，自然坐怀不乱。花谢芳不败，心静人自在。心静了，才有闲心品味出已有的幸福。待人不只是光看别人，更要看到自己；不要只是看到外境，更要看到自己的内心。要观照自己的行为，要观照自己的语言。动了一个念头，要观照念头动得正不正；做了一些事情，要观照事情处理得好不好。如果能够时常观照，时常反省，就可以于观照里得到自在。曾子曰“吾日三省吾身”，是也！

（二十四）

别为难自己，别总是自己跟自己过不去，用心做自己该做的事。不要过于计较别人的评价，每个人都有自己的活法。笑看得失才会海阔天空；心有透明才会春暖花开。看的是书，读的却是世界；沏的是茶，尝的却是生活；斟的是酒，品的却是艰辛。人生就像一张有去无回的单程票，没有彩排，每一场都是直播。把握好每次演出，便是最好的珍惜。将生活中点滴的往事细细回味，伤心时的泪、开心时的醉，都因追求而可贵。日落不是岁月的过，风起不是树林的错！

不管走到哪里，都不要辜负了生活，哪怕别人都急急忙忙地在追在赶，自己也应该活得安静沉稳，哪怕世界到处都是喧闹，自己也要找到心中的安宁。该吃饭时吃饭，该休息时休息，何须百千挂虑，不必万般思索。真正能安安静静过自己生活的人，一定也能禁得起人生里的大风大浪，因为他们的心是安定的。从容就是不着急。于事不执，于心不着，简单自然，尽心随缘。心累了，听听音乐；郁闷了，聊聊心情；疲倦了，泡一壶闲茶，找个安静的角落，闭目小憩。烦时，找找乐，别丢了幸福；忙时，偷偷闲，别丢了健康；累时，停停手，别丢了快乐。

（二十五）

真正内心强大的人，一定有一颗平静的内心，有一副温柔的心肠，有一颗聪慧的头脑；一定是经历过狂风暴雨，体验过高山低谷，也见识过人生百态。一个人有教养最好的表现，是懂得尊重他人，无论贵贱，无论什么时候，真诚地微笑，表达善意，让对方舒服，也让自己不憋屈。

（二十六）

在体育运动场上，才知道自己已青春不再，也深刻领悟了“好汉不提当年勇”这句话的意思。不要炫耀你的钱和工作，不要炫耀你的房和车，当你走了，这一切不是成了别人的，就是还给了祖国。你可以炫耀的是你的健康，能享受着平平淡淡的生活。趁着还能走动，锻炼锻炼吧，健康是一种责任，其余皆为身外之物！修养就是约束自己行为的能力和素质，不论你是谁，如果连自己的言行都管不住，连自己的身体都不在乎，你又拿什么去证明自己是个有实力的人。一个对家人和自己健康都负不起责的人，又拿什么对工作、对梦想负责。在当下社会，慎独和克制才是最佳生产力，而且在这一点上，谁先拥有谁就赢。

（二十七）

幸福是撑船人嘴里的号子，越吹越亮；幸福是打夯人手里的夯，越捶越实；幸福是老师手中的粉笔，纵然粉身碎骨，也心甘情愿；幸福是犁田人牵着的牛，纵然辛勤劳苦，也任劳任怨。心累，就是常常徘徊在坚持和放弃之间，举棋不定；烦恼，就是记性太好，该记的、不该记的都会留在记忆里。

（二十八）

宽厚是一种潇洒悠然的风度。世事如棋，退一步能让满盘棋皆活；心田似海，纳百川方见大气之磅礴。能够认识别人是一种智慧，能够被别人认识是一种幸福，能够自己认识自己是圣者贤人。知人者智，知己者明。

（二十九）

给别人留点空间，也是给自己留有余地。“利不可赚尽，福不可享尽，势不可用尽。”这个世界不是哪一个人的世界，而是所有人的世界，所以凡事都要留有余地。“腹中天地阔，常有渡人船。”多一分宽容，就会多一分理解；多一分善良，就会多一分希望。与人方便，自己方便。

（三十）

你生气，是因为自己不够大度；你郁闷，是因为自己不够豁达；你焦虑，是因为自己不够从容；你悲伤，是因为自己不够坚强；你惆怅，是因为自己不够阳光；你嫉妒，是因为自己不够优秀。凡此种种，每一个烦恼的根源都在自己这里。所以，每一次烦恼的出现，都是一个给我们寻找自己缺点的机会。

（三十一）

人活极致素与简，内心越是绚烂丰盈，越要平淡朴素。人炫耀什么，往往缺少什么。人间有味是清欢，生活简单就迷人，人心简单就幸福。一颗躁动的心，无论幽居深山，还是隐没古刹，都无法安静下来。心当不枝不蔓，静默根系，深藏地下，不为尘世所蛊惑，只求简洁和静安。

（三十二）

不说是一种大度，事情的真假，时间会给最好的回答。被人伤害了，不说，是一种善良，感情的冷暖，时间会给予最好的证明。被人诋毁了，不说，是一种涵养，人品的好坏，时间会给予最好的澄清。什么事都不要急着辩解，什么话都不要忙着倾诉，学会说话只要几年，懂得沉默却要几十年。

（三十三）

时光太短，多少守望物是人非；世态炎凉，多少缘分人走茶凉。一些舍不得，只能放在心底；一些禁不住，只能刻意忘记。不要把别人对你的抛弃，变成自己对自己的放弃；更不要总和自己的心过不去，最起码活得像自己。经营好心情，你就拥有了生活的全部！人生不管是好是坏，没有一件东西可以永恒不变。当你失败、痛苦的时候，或是当你成功、得意忘形的时候，你要知道，这一切都是暂时的，也都会过去的！好的人生，是一个过程，而不是一个状态；是一个方向，而不是终点。不因物喜，不因己悲就好。

（三十四）

做个安静的人，才能发现生活中的幸福和美。浮躁的人、脚步匆忙的人总是会错过很多美好的东西。我们或许会经历人生岁月的蹉跎和道路的泥泞坎坷，但保持淡泊的处世态度，泰然处之，就能够在纷繁的世界里中找寻内心的超然和安宁，不受世俗的干扰和冲击，人生也会更加地豁然开朗。日子，过的是心情；生活，要的是质量。人生的悲欢离合，酸甜苦辣，皆系于心。心态若安好，就没有过不去的坎。经营好心情，你就拥有了生活的全部。悠悠我心，平静为本。

（三十五）

你羡慕我的自由，我羡慕你的约束；你羡慕我的车，我羡慕你的房；你羡慕我的工作，我羡慕你每天总有休息的时间。或许，我们都是远视眼，总是活在对别人的仰视里；或许，我们都是近视眼，往往忽略了身边的幸福。阳光，不只来自太阳，也来自我们的心。心里有阳光，能看到世界美好的一面；心里有阳光，能与有缘的人心心相印；心里有阳光，即使在有遗憾的日子里，也会保留温暖与热情；心里有阳光，才能提升生命品质。自信、宽容、给予、爱、感恩吧，让心里的阳光，照亮生活中的点点滴滴，阳光的心，造就阳光的命运。

（三十六）

淡然是一种柔情，平中有美，淡中有情，这是人生中的品位，也是人生最难得的境界。有种美丽我们要用心去感受，有种幸福我们要认真体会，有种感情我们要珍惜，这就是平淡。拥有平淡就是从容，就会珍惜自己那份坦然和宁静的心。心存淡泊，拥有平淡，就是我们自然的快乐。

（三十七）

没有一种快乐比得上内心的祥和，没有一种享受比得上内心的安宁。一个人，不为碌碌尘事所累，以一片清朗明澈的心境，品味四时更换，遍观人事的代谢，这才是最简单的幸运。人要知晓，寻常的闲适，即是最大的奢侈。

（三十八）

人到中年，且行且歌。

学会悠然转身，学会淡泊生活，学会知足的心态。默默地看花开花谢，默默地听潮起潮落，默默地感受生命的悸动。记下生命永恒的魅力和辉煌，让它在这灿烂和艳丽的季节，结出饱满成熟的生命之果实！人生就像一场旅行，走得太快，便会不经意间错过路边的风景。从容，是一种姿态，更是一种境界。如果累了，不妨放慢你的脚步，学会用欣赏的眼光去面对身边的人或事，积蓄爱的力量，前行的脚步将会走得更加稳健！

（三十九）

工作当尽力就好。还得学会爱自己，照顾自己，对自己好一点，做该做的事，处该处的人，珍惜该珍惜的生活。可以富贵，也可清贫，自然就好。大风大浪自有惊涛拍岸的雄壮，柴米油盐也有细水长流的温情。其实，只要内心丰腴，做个安守低处的人，依然可以优雅，依然可以葱茏。

（四十）

保持单纯就行了，因为思虑过多，就常常把人生复杂化了。明明是活在现在，你却总是念念不忘着过去，又忧心忡忡着未来。单纯地活在当下吧，而当下其实无所谓是非真假。就单纯地把你的人生当成梦境去执行吧，做好现在的梦。

（四十一）

在这乍暖还寒的季节，纷纷扬扬地飘起了瑞雪。初春的你，若给雪一丝温暖，它就融化成水，滋润大地，唤醒一片生机。它汇成涓涓小溪，复苏出生命的踪迹。只需春风吹来，它就放弃坚硬的外壳，将所有的善良，无私地奉献给世界。没有一句怨言，也没有一步停留，它的本性就是遇困难变坚强，遇温暖变温柔。无私亦无畏。

（四十二）

胸襟决定器量，境界决定高下。人心就像一个容器，背着重重的行囊，我们一路都在喘息，何曾在意身边的风光。其实那偌大的行囊中，有很多是可以摒弃的，如那些世俗的偏见、物欲的躁动、追逐的劳累、取舍的烦忧。超然物外是境界，只要身上无疾病，心中无块垒，我们就会发现，生活原本如此美好、轻松！

（四十三）

低调的人，举千钧若扛一羽，拥万物若携微毫，怀天下若捧一芥。思无邪，意无狂，行无躁；眉波不涌，吐纳恒常。低调的人，一辈子像喝茶，水是沸的，心是静的。一几、一壶、一幽居，浅斟慢品，视尘世浮华如水雾，缭绕飘散。低调生活，是一种无限的优雅。

（四十四）

人生最珍贵的是选择，选择大于努力；人生最难得的是放下，放下人心无忧。选择决定命运，放下得到快乐。放下一颗患得患失的心，得到的是宁静淡泊。放下莫名的烦恼、自找的忧伤，得到的是快乐，拥抱的是幸福。

仁者不忧，勇者不惧，智者不惑。锐气藏于胸，和气浮于面，才气见于事。有为有不为，知足知不足。

（四十五）

圆规为什么可以画圆？因为脚在走，心不变。你为什么不能圆梦？因为心不定，脚不动。没规划的人生叫拼图，有规划的人生叫蓝图；没目标的人生叫流浪，有目标的人生叫航行。最好的生活是，忙有所值，闲有所趣，不是生活有意思，而是你热爱生活了，才有意思！

（四十六）

世上的事，不可能都明白，不必都要探究，与其花时间钻牛角尖，不如抓住根本，把握现在。有三样东西要把握好：机会、人生、婚姻；用三样东西去交朋友：诚信、奉献、无私；把三样东西赶紧丢掉：怒气、小气、傲气。荀子有言：“自知者不怨人，知命者不怨天；怨人者穷，怨天者无志。”人生一站有一站的风景，一岁有一岁的味道，无论别人如何待你，都一定好好善待自己。什么年纪办什么事，活在当下，不负韶华，你就是最好的。

（四十七）

人要学会，顺其自然，不要再去失眠。明天的路，还要走。一双手，握不住流沙；两只眼，留不住飞花。我们祈求圆满，可上天总留下点遗憾。时间的渡口，人人都是过客；如烟的时光，总会随风飘散。得之坦然，失之淡然，争取当然，自然而然。我们就有了睡眠。

（四十八）

人生在世，别为芝麻小事耗力气；很多烦恼，都是因为执念于眼前的小事。不问花落几许，只愿淡然前行，或许你会潇洒活一回。

（四十九）

欣赏别人是一种境界，善待别人是一种胸怀，关心别人是一种品质，理解别人是一种涵养，帮助别人是一种快乐，学习别人是一种智慧，团结别人是一种能力，借鉴别人是一种收获。

（五十）

烦恼，源于执念；
快乐，因为随缘。
失败，源于放弃；
成功，因为坚持。
疾病，源于懒散；
健康，因为锻炼。
美好，源于阳光；
丑恶，因为肮脏。
迷茫，源于无知；
聪睿，因为明理。
优雅，源于从容；
粗鲁，因为冲动。

（五十一）

时光如白驹过隙，余生要活得不紧不慢，不惊不扰，不必行色匆匆，不必光芒四射。在每一个清浅的日子里，愿我们不争不抢，却有岁月打赏。愿我们不慌不忙，笑对静好时光。人生最极致的境界，是恰到好处，从容不迫，知足常乐，自得其乐。做个平凡的人，过好自己的小日子，心无旁骛，认真生活。不辜负自己，不妄求贪多，如此一生，就是恰好最好！

（五十二）

仲夏已至，夏日赏清宁美景，竹篱前看花开，芸窗下听蝉鸣，任时光匆匆。得意时不招摇，失意时不颓废。再美的风景，也敌不过内心的淡定，人生充实与安然，胜于世间万千繁华。过去事，过去人，笑笑就好；现在事，现在人，尽心就好；未来事，未来人，随缘就好。以谦虚之心，领岁月教诲；以虔诚之态，敬来日方长。不惊岁月波澜，不畏暗流涌动，心似玻璃，静守日月！

（五十三）

在任何关系中，如果你的真诚得不到热情的回应，要懂得适可而止，不亏待每一份热情，也不讨好任何的冷漠。不乱于心，不困于情，不畏将来，不念过往。成长的路上，常被告诫要好好与他人相处，却很少有人说：好好和自己相处。其实生活中最根本的课题，即是能让自己幸福的人首先是自己。未来，让我们一起“修炼自己”，更好地“提升自己”。

（五十四）

真正的智者，能与人亲近，不与人结怨；真正的善者，能与人方便，不与人为难。与智者同行，与善者同频。学习智者的谦和，学会善者的宽容，如此行事做人，我们才能够拥有光明似锦的前路，以及更加绚烂的人生。朋友，不是先来后到的人，而是不离不弃的人！朋友，不是吃喝玩乐的人，而是患难与共的伴！朋友，不是整天联系的人，而是久处不厌的人！真正的朋友，是患难时拉紧你的那只手！真正的朋友，是黑暗中照亮你的那盏灯！真正的朋友，是疲惫时让你依靠的肩膀！真正的朋友，是无助时为你指点的导师！

（五十五）

生活像一面镜子，微笑是面对生活最好的样子。不论生活有多少挫折，请用嘴角上扬的弧度，打败它。时间不能深算，过往不要细看。连雨不知春已去，一晴方知夏日深。新的五月，如期而至。岁月因劳动而充实，因青春而梦幻，因山花烂漫而心情舒畅。保持平和的心境，做个平静自喜的人。纵然行到水穷，亦能坐看云起时。愿岁月无波澜，敬余生不悲欢。

（五十六）

人年纪越大，越要懂得闭嘴。懂你的人不必说，不懂的人不要说。人生的路，要自己走。不要轻易抱怨，不必随意吐槽。话多半要说给自己听，悲喜都要自己尝。沉默，是一种境界，也是一种修行。忽有故人心上过，回首山河已是秋，两处相思同淋雪，此生也算共白头。如果没有惊艳谁，那就试着温柔岁月吧，往后余生，愿活得敞亮，活得坦荡，活成自己喜欢的模样。聪明的人，总在寻找好心情；成功的人，总在保持好心情；幸福的人，总在享受好心情。人生就应该在阳光下灿烂，在风雨中奔跑，不嫉妒，不嘲笑，不羡慕，如此才能找到最好的自己。愿你想要的都拥有，得不到的都释怀，用简单的心态，过幸福的生活。

（五十七）

生活，是一杯白开水，
慢品无味，喝快了却容易呛着；
生活，是一颗洋葱头，
不剥会枯萎，剥多了却流泪；
生活，是一道道梁，
不翻困死山中，翻过才发现还有无数道梁子。
生活，就是这样，
很多事情无法接受，也要接受；
很多事情想不明白，也要明白。
白水无味，那就加点糖；
洋葱辣眼，那给炒个蛋；
群山连绵，那就赏赏景。
生活，生下来，活下去，
说难不难，说简单也不简单！

（五十八）

生活总是会有太多的是与非需要我们去面对，太多的爱与恨需要我们去体会。路一步一步走着，留下的脚印，自己最清楚；事一点一滴做着，个中滋味，只有自己能明白。现世是最好的修行场所。在沧桑尘世中沉沉浮浮，都是天地的不言之教。告诉我们真正的放下就是身心轻安。心安是福，心安的时候上天会眷顾你。

（五十九）

走过春的田野，蹚过夏的激流，才能来到秋天安静祥和的世界。我喜欢秋天，盼着秋天。她虽没有玫瑰的芳香，却有秋菊的淡雅，没有繁花似锦，却有硕果累累。秋天，没有夏日的激情，却有浪漫的温情，没有春的奔放，却有收获的喜悦。清风落叶舞秋韵，枝头硕果醉秋容。秋天是甘美的酒，秋天是壮丽的诗，秋天是动人的歌。

（六十）

十种健康生活方式：少食肉，晒太阳，雨中行，常唱歌，饭后息，挺起胸，静坐思，天伦乐，步当车，行善事。

（六十一）

在这个世界上，没有人能免得了孤独。与嘈杂相比，孤独显得是那么安静，那么自得，这倒也不失为一种享受。一个人的世界，才是真正属于自己的世界。当沏上一壶茶，听着美妙的音乐，自己一个人安静地看着书，那会是多么惬意；当午后的阳光暖暖地洒在你身上，你的世界里，是那么静谧，伸伸懒腰，长长地呼吸，其实平淡悠闲地活着，就是幸福！

（六十二）

痛苦是智慧的第一抹曙光，因为人生的道理，不是靠聪明能够理解的，而是要靠痛苦后的彻悟。痛苦提升人的灵魂，痛苦又折磨人的肉体。把痛苦视作人生不可或缺的一个季节，在它到来时，播撒成功的种子，在它离去时，报以幸福的微笑。你一旦在痛苦中发现意义，痛苦就不再成其为痛苦。

（六十三）

成熟是一种明亮而不刺眼的光辉，是一种圆润而不耳腻的音响，是一种不再需要对别人察言观色的从容，是一种终于停止向周围申诉求告的大气，是一种不理会哄闹的微笑，是一种洗刷了偏激的冷漠，是一种无须声张的厚实，是一种能够看得很远却并不陡峭的高度。

（六十四）

善待自己，善待亲人，放松心情，自在生活。得与失都是风景，何必太执着。不明白，你就纠结，放下，你就是神仙。静而不争，悠闲恬淡。立秋了，给自己的心灵放一个假，让烦躁的日子多一分清凉。游一下山，戏一下水，喝一壶茶，听一曲风，读几本好书，怎么舒坦怎么过。余生，用爱与静去书写出人生的故事，描绘出生命的多彩。

（六十五）

丰富自己，比取悦别人更有力量。懂得丰富、欣赏和取悦自己，是一种幸福的人生宝典。在无人为我们鼓掌的时候，给自己一个鼓励；在无人为我们拭泪的时候，给自己一些安慰；在我们无力前行的时候，给自己一个拥抱；在我们自惭形秽的时候，给自己一片空间，一份自信。抖落昨日的疲惫与无奈，拂去昨日的伤痛和泪水，去迎接明天崭新的朝阳，走向一个风和日丽的清晨。从一朵花演变成一颗果实，是一场修行，也是一种历练。不忘初心，方得始终。世事总无常，遇事岂能尽如人意，但求无愧我心。日月无声，水过无痕，终悟随缘就好：宠辱不惊，闲看庭前花开花落；去留无意，漫随天外云卷云舒。

（六十六）

每个人，这一生都会遇到不顺心的事，你如果知道但又帮不上人家，就最好不要问东问西了。明知故问，不是关心，而是张扬你的恶意。明知不问，才是你人格魅力的升华，和善的无声挥洒，也是你最好的修养。

（六十七）

世上只有一件东西最珍贵，就是一颗宁静的心。做人，要努力得到的不是呼风唤雨的能力，而是宽广博大的胸怀。留一份淡然给自己，生命自然会云淡风轻。历尽繁华，方知平凡是真；回首沧桑，只想平淡如水。淡看世间事，留有平常心，广去行善事，做个乐观人。一辈子不长，一切顺其自然，用心甘情愿的态度，过随遇而安的生活，坦然地对待周围的一切！

（六十八）

独在幽处品茶，常在静室听雨。惯看苍生事，甘苦自知，喜忧随之，迷时不惑，看日升月落。娴静在心内，俯仰皆是，坐卧即得，任时光悠悠。人生就是一场孤独的旅行，有些风景只能一人欣赏，无论走过多少繁华，最后，还是要回归平静。人，经历得多了，看得也多了，慢慢地将独处视为一种修养，要学会把孤独，当作一种高级的享受。

（六十九）

在生活中，往往越接近成功越困难，越需要坚持。无论是创业还是人生，最重要的不是能力、技巧、模式，而是坚持，只有坚持量变，才能最后完成质变，才能突破成功的临界点，取得最后的成功。爽口之味，快心之事，终不可久，栖心于淡泊而甘苦俱忘。万念随尘落，百虑由静空。

（七十）

人过中年，日子屈指可数，善待生活，善待他人，善待自己，善待身边的一切，清除杂念，洗涤灵魂的污垢。高兴时笑一笑，是一种享受；被误解时笑一笑，是一种素养；受委屈时笑一笑，是一种大度；吃亏时笑一笑，是一种豁达；处窘境时笑一笑，是一种智慧；无奈时笑一笑，是一种自信。不论人非，学会沉默；不计人过，心胸开阔；不忘人恩，无愧于心；不多忧郁，开心生活。

（七十一）

人到了一定年纪，不需要去迎合任何人，懂你的人自然懂你，爱你的人自然爱你。不必强求，不用勉强，淡然活着，学会接受孤独，也学会享受孤独。只要舍弃浮躁和奢求，得到的便是岁月静好。

（七十二）

当你从80楼往下看，美景如画，人似蝼蚁；而你从2楼往下看，垃圾零乱，人影晃眼。人若没有高度，看到的多是问题，人若没有格局，看到的都是一些鸡毛蒜皮！站得高，看得远，就是如此。

（七十三）

昨天，是一道风景，看见了，模糊了；今天，春雨润大地，万物生，百花开；时间，是一个过客，记住了，遗忘了；生活，是一个漏斗，得到了，失去了。世上没有不平的事，只有不平的心。不去怨，不去恨，淡然看待一切，往事如烟；听雨声，拥衾眠，仲春时节，正值周末。

（七十四）

累了，就休息休息，身体是自己的，身体垮了，你得到再多也没有用。好的东西不一定非得属于你，该是你的终究会来，不是你的再强求也得不到。别人有的不要去羡慕，因为你有的别人未必会有。过好自己的生活比什么都重要，你的酸甜苦辣别人永远尝不到。

（七十五）

看到的不一定是本相，听到的不一定是真相，而人们惯于去讨论别人的流言蜚语，然后推给“听说”二字。须知业缘纠缠皆出于此，不妄说是非，不轻判对错，因内心颠倒，往往看不正世界。你的心充满祥和，在哪里都一样欢喜自在；你的心充满智慧，一花一草都能让你见到真理。

（七十六）

你的身后如果中了冷箭，说明你走在他们前面；你会被他们伤到，说明你走得不够远，还在他们的射程以内。——所以不要停下来解释自己，要证明别人有偏见，唯一的办法就是证明自己是对的。为此你需要往前走，更努力，平静而从容。如果生活是一杯水，那么痛苦就是掉落杯中的灰尘。没有谁的生活始终充满幸福快乐，总有一些痛苦会折磨我们的心灵。我们可以选择让心静下来，慢慢沉淀那些痛苦。如果总是不断地去搅和，痛苦就会充满我们的生活。

（七十七）

别人拥有的，你不必羡慕，只要努力，你也会拥有；自己拥有的，你不必炫耀，因为别人也在奋斗，也会拥有。多一点快乐，少一点烦恼，不论富或穷，地位高或低，知识深或浅，每天开心笑，累了就睡觉，醒了就微笑。

（七十八）

一个善良的人，内心一定是安详而干净的，眼神里那份坦然和真实、从容与淡定，是内心的折射。丰盈自己的内心，沉淀自己的思想，过滤自己的修为，唯有让自己的心灵干净不染尘埃，才能让自己的眼神变得清澈。人养颜不如养心，唯有养心才是生命最美的底妆。

（七十九）

闲时多读书，博览聚才气；人前慎言行，低调养清气；交友重情义，慷慨增人气；困中善负重，忍辱蓄志气；处事宜均衡，不争添和气；为人讲原则，坚守生底气；淡泊且致远，修身荡正气；居低少卑劣，傲然有骨气；卓而能合群，品高多浩气；是非要分明，言真滋锐气；人错常宽容，洒脱蕴大气。

（八十）

尊重自己的人，不苟且，所以有品位；尊重别人的人，不霸道，所以有道德；尊重自然的人，不短视，所以有智慧……人生无悔便是道，人生无怨便是德；得到的要珍惜，失去的就放弃。看淡了，一切也就释然了；执着其实是一种负担，甚至是一种苦楚，计较得太多就成了一种羁绊，迷失太久便成了一种痛苦。放弃，不是放弃追求，而是让我们以豁达的心去面对生活。

（八十一）

懂得进退，方能成就人生；懂得取舍，便能淡定从容；懂得知足，便能怡养心性；懂得删减，便能轻松释然；懂得变通，便会少走弯路；懂得反思，便会提高自己；懂得感恩，便能温润心境。

（八十二）

一条蛇进入了一家木工店，它爬到角落穿过锯子，被锯伤了一点。它本能地转过身咬住锯子，又把嘴弄伤了。蛇本能地以为受伤是因受到锯子攻击，它决定缠住锯子，用整个身体使锯子窒息，于是它用了所有的力量。不幸的是，蛇最终还是被锯子锯死了！愤怒、发火、闹情绪解决不了问题，有时会把自己带进黑洞。不要一受到点伤害就本能地认为都是别人造成的，其实伤害你的是你自己本能的弱点。有情绪的时候，要学会放下！

（八十三）

你生气，是因为自己不够大度；

你郁闷，是因为自己不够豁达；

你焦虑，是因为自己不够从容；

你悲伤，是因为自己不够坚强；

你惆怅，是因为自己不够阳光；

你嫉妒，是因为自己不够优秀……

凡此种种，每一个烦恼的根源都在自己这里。

所以，每一次烦恼的出现，都给了我们一个寻找自己缺点的机会。

（八十四）

今年这第一场雪，飘在十二月，这是秋天的归隐，是冬天的舞台，是雪花纷飞的美感，是安恬素清的委婉。在飘雪的日子，像雪一样，淡雅芬芳，淡看世间一切，细品人情冷暖，如此，才不会辜负这世界赠予我们的深情。

（八十五）

做人，精明不如厚道，计较不如坦诚，强势不如和善。生活不是比赛，无须事事争个对错输赢。做一个和善的人，心态平和，懂得退让与示弱，懂得接受别人不同的观点看法，尊重别人的选择。人精明能获利一时，人厚道却可安享一世。一个人最大的魅力，是有一颗阳光的心。有同情心，才能利人；有体谅心，才能容人；有忍耐心，才能做人；有慈悲心，才能度人；有艰难心，才能助人；有明智心，才能观人；有包容心，才能处人；有美丽心，才能示人。

（八十六）

有一种善良，无名可显，无话可讲，永远不愿张扬。不惹眼，不闹腾，也不勉强自己，在不动声色的善良里，凝视人心。雨降落给坏人和好人，阳光也温暖坏人和好人。善良，从来只是人性的选择，哪怕，发生在别人看不见的地方。

（八十七）

你若诚信，谁都想向你靠近；

你若认真，谁都会对你放心；

你若诚恳，谁都愿和你交心。

（八十八）

话，要和明白人说；事，要与踏实人做；情，要同厚道人谈。人心向善，才能无祸无灾，品行端正，才能受人敬重！做人，人品大于金钱，善良重于利益。人若不善，心若不正，就算大富大贵，也没人在乎。坐拥豪宅，不如人品端正；手握权势，不及心存善念。善心，是抢不走的优势；人品，是花不完的财富。

（八十九）

高尔基说：“我相信，如果怀着愉快的心情谈起悲伤的事情，悲伤就会烟消云散。”很多时候，悲伤与快乐，往往在一念之间，但它们对人身心的影响却是巨大的。很多烦恼不过是庸人自扰！浮世清欢，淡然一生；细水长流，弥久留香。守住做人本色，淡泊宁静无须高仰，平和清凉不必热烈。与这尘世，甘苦担当，再包含一份拈花微笑的默契，定中生智，来去无忧。

（九十）

喝茶是一种享受，鲁迅说：“有好茶喝，会喝好茶，是一种‘清福’。”一杯茶可以穿透人生，让你看到生命素雅的本质。喝茶，讲究的是心境，一种心情，一种景致，似在椰林海边，看天高云淡，听风声涛声。人的一生，曲折往复，犹如这杯中茶叶，无声舒展，淡然收尾，沉静，清苦，那味蕾上的涩涩余香，是生命的滋味，亦是茶的原味。

（九十一）

人，应该学会安静，把一切都看得云淡风轻，既可以独处，也可以在人群中保持一份恬淡平和。凡是有故事的人，都安静超脱；凡是肤浅单薄的人，都浮躁不安。人生最好的境界，是精神的丰富和内心的安静。“平生一片心，不因人热；文章千古事，聊以自娱。”五十岁之后，最好的活法就是六个字：想开，看开，放开。别再为难自己，人生短短几十年，保持最好的心情。不羡慕别人辉煌，不喟叹世态炎凉，用平常的心态，经营最美好的生活。

（九十二）

人之所以烦恼，在于记忆；
人之所以心累，在于徘徊；
人之所以前行，在于感恩；
人之所以快乐，在于豁达；
人之所以成熟，在于看透；
人之所以放弃，在于选择；
人之所以宽容，在于理解；
人之所以为人，在于感情；
人之所以充实，在于过程；
人之所以成功，在于勤奋；
人之所以幸福，在于知足。

（九十三）

要想有朋友，自己必须先够朋友。我深以为然。有一种人品，相处时让人愉悦，离开后使人眷念；有一种风格，办事中叫人放心，成事后被人赞赏。做人有品，常怀律己之心，堂堂正正，清清白白；做事有格，常揣鉴己之镜，利利索索，干干净净。德为立身之本，才为处世之道。人品就是实力，人品维系生命，支撑着人生脊梁！

（九十四）

一个有智慧的人，懂得从高视野去观察世界，用道理去解释一切；从小细节去要求自己，用自省去提升魅力。有境界能看远，有肚量能看宽。有涵养能自持，有锋芒能内敛。事大事小，没事最好；好事坏事，心中没事。以清净心看世界，以欢喜心过生活，以平常心生情味，以放下心除挂碍。

（九十五）

因为懂得，岁月的书笺上沉淀着馨香，生命的泉水荡涤着心灵，时光的花香弥漫着曾经。感谢相遇，让时光多了一份感动；感谢相知，让生活多了一份温暖和明媚；感谢经历，让流年多了一份生动；感谢生命，让我在红尘岁月中修篱种菊，种下我所有的悲喜。人生路上，静静地敞开内心，保持内心的平淡、平和与宁静，不贪，不妒；不谄，不骄；不急，不躁；保持它的纯净与芳香。活在自己的内心世界中，充实自己，丰富自己，让心自由地跳动。即使没有鲜花与掌声，也要把春天种在心里。平淡，平和，使人简单；简单，又使人快乐。

（九十六）

放下架子，你会高朋满座；放下面子，你会挥洒自如；放下压力，你会轻松愉悦；放下消极，你会海阔天空；放下自卑，你会自信满满；放下狭隘，你会虚怀若谷；放下怀疑，你会真情长久；放下抱怨，你会心生欢喜；放下嗔怒，你会笑口常开；放下懒惰，你会改变命运；放下贪欲，你会知足常乐；放下过去，你会拥有未来。舍得舍得，有舍才会有得。赢在路上，胜在改变！

（九十七）

昨天越来越多，明天越来越少，走过的路长了，遇见的人多了。在人生的旅途中，大家都在忙着认识各种人，以为这是在丰富生命。可最有价值的遇见，是重遇了自己。走遍世界，也不过是为了找到一条走回内心的路。看取莲花净，方知不染心。采心香一瓣，安放在如水的流年。那些最美的遇见，那些心心念念，拂过掌心的记忆，伴着日月流转，如同莲叶上的清露，凝结着淡淡的暗香，在静夜的心底绽放成一朵饱满的莲。

（九十八）

使人成熟的不是岁月，而是经历。你有几分经历，便会拥有几分收获。植物的成熟，是状态的演变；人生的成熟，是意识的提升。岁月，变得了江山与容颜，却无法让人心自然地成长。人生的境界，只有在经历之后，领悟了多少，就有多少成长。敢于闯荡，敏于领悟，年少亦是英雄。

（九十九）

生活总是两难，再多执着，再多不肯，最终不得不学会接受，从哭着控制，到笑着对待，到头来，不过是一场随遇而安。别想太多，人生就是一个过程。

（一百）

多思不若养志，多言不若守静，多才不若蓄德。低调的人，举千钧若扛一羽，拥万物若携微毫，怀天下若捧一芥，一辈子像喝茶，水是沸的，心是静的。一杯、一壶、一幽居，浅斟慢品，视尘世浮华如水雾，缭绕飘散。低调生活，是一种无限的优雅，无风无火，淡定安然。

（一百零一）

钱财再多，不如人品正；身份再高，不如众人敬。做人，要无愧天地良心，拼的就是人品，人品才是一个人最硬的底牌。你想被人信任，就得坦坦荡荡；你想受人敬仰，就得心怀善良。善良的人能成事，做事业还得靠人品！

（一百零二）

允许别人和自己不一样，允许自己和别人不一样，理解了前半句，就能做到包容，理解了后半句，就敢活出自我。也许成熟不是包容太多，而是能包容不同。随和，是一种素质，是一种文化，是一种心态。随和是淡泊名利时的超然，是狂风暴雨中的坦然。做到随和的人，必定是高瞻远瞩的人，是宽宏大度的人，是豁达潇洒的人，他以睿智的目光洞察了世界。随和需要有淡泊名利的心境，需要与人为善的品质，随和也是一种能力。

（一百零三）

所有的拥有，终将失去，镜中的容颜，催人衰老。不如放下那些追逐，淡看流年烟火，细品静好人生。人生，总让人无语。笑的时候，不一定开心，也许是一种无奈；哭的时候，不一定伤心，也许是一种释放；痛的时候，不一定受伤，也许是一种心动。

（一百零四）

水低成海，人低成王。圣者无名，大者无形。鹰立如睡，虎行似病。贵而不显，华而不炫。韬光养晦，深藏不露。才高不自诩，位高不自傲。路径窄处，留一步让人走；滋味浓时，减三分请人尝。无病第一利，知足第一乐，平和第一善，心诚第一亲，无忧第一福。

（一百零五）

不开心的时候，要少说话多睡觉。

鸡汤再有理，终究是别人的总结。

故事再励志，也只是别人的经历。

只有你自己才能改变自己，不求很成功，但求不后悔。你要明白：做好自己。争气永远比生气聪明！

（一百零六）

年复一年你看破了多少，日复一日你放下了多少，千方百计你得到了多少，精打细算你失去了多少，求而不得你烦恼了多少，斤斤计较你结怨了多少，贪心不灭你造恶了多少，人生在世你享受了多少。一世浮生一刹那，一程山水一年华。余生并没那么多来日方长，只有时光匆匆。唯愿，好好爱自己，好好爱值得爱的人。

（一百零七）

幸福是自己的感受。调查证明，这个世界上有两种人最幸福：一种是淡泊宁静的平凡人，另一种是功成名就的杰出者。如果你是平凡人，你可以通过修炼内心、减少欲望来获得幸福。如果你是杰出者，你可以通过进取拼搏，获得事业的成功，进而，获得更高层次的幸福。其实，人只要没有过多的贪求，平平淡淡地生活，就是幸福。

（一百零八）

听雨，是一种感情的宣泄，看雨，是一种心灵上的解压。有人说，不懂雨的人，是没有味道的人，那么不喜欢下雨的人就是不解风情之人，其实，人爱上的不是雨，而是看着雨滴落下的瞬间，将心事一点点地融入雨中，融入的不仅是雨，也是一点开心、一点伤感、一点回忆、一点哀愁、一些想念和一些无法对别人诉说的故事，把愉快和不愉快的事情融入雨里，但终会雨过天晴，豁然开朗！

听，此刻，外面正在下雨。

（一百零九）

一生难过三万天。一生有多长，也不过三万天；永远有多远，回头看看已走过多半。走过坎坷，才知平安就好；尝过酸甜，才知平淡就好；历尽兴衰，才懂知足就好；费尽思量，才知糊涂最好。一辈子不长，用心甘情愿的态度，过好自己每一天的平凡生活。

（一百一十）

微笑，不用成本，但能创造财富。赞美，不用花钱，但能产生力量。分享，不要费用，但能倍增快乐。学会微笑，善用赞美，懂得分享，不用健康换取身外之物，不用生命换取个人的烦恼！当心灵趋于平静时，精神便是永恒！把欲望降到最低点，把理性升华到最高点，你会感受到平安是福，清心是禄，寡欲是寿，感恩是喜。

（一百一十一）

与冬别离，与春相拥。站在冬天离别的路口，看一朵寒梅渲染了春色，寒夜、寒霜、寒风起，暖情、暖意、暖岁月。因为懂得，一切美好；因为存在，温暖相随。守住一颗宁静的心，不染悲伤；聆听岁月里的美好，一路向暖，静候花开。

（一百一十二）

学会赏春花的烂漫，观夏木的葱翠，品秋收的硕果，感冬雪的纯净。檐下煮雨，竹林听风，不再为风的呼啸而惊扰，不再为雨的情怀而感伤；守着荷塘里的月色，读一首温婉缠绵的诗，听一曲禅心如梦的歌，静静地享受人生。如此幸福安好，只愿就这样静静地老去。

（一百一十三）

三九四九迎大寒，
江河冰封土尺坚，
林木秃枝鸟无语，
玉树雾凇挂冰帘。
寒极时光即将逝，
大寒立春紧相连，
冬去春来又一轮，
万物复苏近在前。

（一百一十四）

不管昨夜，怎样泣不成声，早晨醒来，城市依然车水马龙。时光，因爱而温润；岁月，因情而丰盈；生命，因努力而繁荣；生活，因健康而绚丽。淡然处世，不争不嗔，不怒不怨，学会低调，懂得藏拙，大智若愚，韬光养晦。不急不恼百年不老，不懒不馋益寿延年。

（一百一十五）

秋天的美，美在一份清澈。它，没有春的绚丽多彩，情窦初开；没有夏的年轻热烈，活力四射；也没有冬的深沉练达，玉身修成。秋天，是四季的正果，成熟而平实，把风雨孕育的精华捧上枝头，敞开无私的胸怀，将所有的美好和生机奉献给人间。我爱这秋色！

（一百一十六）

真正的安静，来自内心。一颗躁动的心，无论幽居于深山，还是隐没在古刹，都无法安静下来。你的心最好不是招摇的枝杈，而是静默的根系，深藏在地下，不为尘世的一切所蛊惑。浮躁的世界红尘滚滚，唯愿内心清风朗月。心中有事，装作若无其事，便是有了阅历；心中有事，还能若无其事，便是有了格局。简单到复杂，是前半生的阅历；复杂到简单，是后半生的修行。阅尽霜华，愿你内心还是温存如初！

（一百一十七）

喜欢云淡风轻的心情，享受斜风细雨的天空，只想在阡陌红尘里寂静来去，不惊不喜，安之若素。懂云的漂泊，懂花的清心，懂天空的伤怀，懂星月的思念。岁月静好，便是幸福的日子。今天冬至，是春天的起点。在这个交九的节气里，看淡得失，不念过往，不惧将来，做到像四季轮回一样，生生不息。年关将至，一年的美好和经历已尘埃落定，珍惜冬天的温暖时光，祝大家冬至吉祥！

（一百一十八）

又过去了一年，我愈加明白：命里有时终须有，命里无时莫强求；不用去羡慕别人，时常想想自己所拥有的。今后想不开，就不想，得不到，就不要，难为自己，何必呢！生活没有十全十美，简单就好；人生没有十全十美，快乐就好。知足常乐，这句话多好！

（一百一十九）

每一个秋天，你都会如约而至。带着你的云水，带着你的禅心，踏一路斑斓而来。往昔的喜怒哀乐，淡暖清欢，丰盈而潋滟。那一片为爱而澎湃的心海，亦是如秋水一般只剩下平静的喜悦。因为喜欢，所以珍重。因为懂得，所以珍惜。因为爱，所以浅秋的一切，都是幸福的模样。一场秋雨一场寒，场场秋雨动心弦。在穿越岁月的风雨，才发觉已经失去的东西多么珍贵，想得到的东西总是难得。世间最珍贵的还是去把握现在，去珍惜这似水的流年，即使容颜不再来，也要立足当下，面向未来。雨天里的风，是自由对你的呼唤；雨天里的雷，是幸运对你的呐喊；雨天里的彩虹，是幸福到你身边；雨天里的祝福，是朋友时刻将你挂念。愿你幸福甜蜜在雨天，快乐天天都在线！

（一百二十）

自古世事多无常，荣华富贵草上霜。顷刻一声锣鼓响，不知何处是家乡。千万莫把善人伤，若生奸心必遭殃。物去人非总易逝，人间正道是沧桑。

（一百二十一）

在秋阳温柔的暖风里，我闻到绿草淡淡的清香，看到白云悠闲地漫过窗前。喜欢怀旧的人，并不是当下过得不够好，而是过往的岁月里，有着最为深刻的圆满与幸福。小时候到不了的地方叫远方，长大后回不去的地方叫“故乡”。

（一百二十二）

想得太多，就是折磨自己。有心者有所累，无心者无所谓。世上本无事，庸人自扰之。心宽，容万事，心大，无负累；看淡，得轻松，放下，静一生！有事心不乱，无事心不空，凡事想开点，人生才轻松。心情是一条河，心量太小，小石头也能激起心情的浪花；心量大了，才容得下暗藏的礁石。心胸开阔了，心量就大了，心也就容易宁静了。

（一百二十三）

懂得取悦自己的人，才会在生活中寻觅悠闲，悠闲就是原生态的自由自在，如同花儿开放，鸟儿飞翔，云在天上，鱼在水里。

活得有趣，取悦自己，才是人最和谐、最完美的状态，也是人生最高的境界。

心中有莲花，
何处不芳华。
仲夏泥岸行，
知足乐无涯。

（一百二十四）

生气，最能看清一个人。一个人的情绪里，藏着最真实的人品和教养。生气，则是检验一个人的试金石。那些在生气时，还为他人着想，能控制住情绪的人，一定有着深厚的道德底蕴，人品也不会差。

（一百二十五）

当早上的太阳普照着大地，温馨和煦的春风扑面而来，就知道百花烂漫的春天已经悄然而至！希望开始升腾，灾难即将结束，我们又可以拥抱美丽的春天了。宅家听雨，是人之幸事。闲，不是无所事事，荒废光阴，而是养精蓄锐，储备能量。山并不忙，却能生出千树万花；水看似悠然自得，却能奔流万里。

（一百二十六）

感情，大不了就是一聚一散；心情，大不了就是一悲一喜；生活，大不了就是一起一落。该翻篇的，就翻篇；该过去的，就过去。天之贵，贵在风调雨顺。地之贵，贵在五谷丰登。人之贵，贵在真诚相依。情之贵，贵在彼此牵挂。感恩缘分，至亲早安！

（一百二十七）

笑看人生风雨路，淡泊平和心自安。生活，悲喜交集、忧乐相伴、苦甜相依，懂得放弃，才能轻松；懂得看开，才能快乐。五月的温暖与和煦恰到好处，一切都是新的开始。不要总在过去的回忆里缠绵，遗忘一些人，珍藏一些事，日子总要向前看，落花随春去，余香伴夏来。有间茶室，便是清福。独处之时，可品一年轮换的风景。明窗净几，茶烟清谈，可阳春白雪，亦可下里巴人。一室之间，可以悦己；一室之器，可以悦目；一室之茶，可以悦人。

（一百二十八）

为了看阳光，我来到这世上；为了与阳光同行，我笑对忧伤。从来没有白费的努力，也没有碰巧的成功。只要认真对待生活，终有一天，你的每一分努力，都将绚烂成花。人生不论长短，闪光就是灿烂。友情不在聚散，联络就是温暖。真诚的祝福，心中舒坦；打个招呼，胜似相见。祝健康永远。

（一百二十九）

真正的成熟，是内心的澄澈通明，有说“要”的勇气，也有说“不要”的底气，那才是一个人应有的风骨。即使上了年纪，也还是做一个有锋芒的人。只有守得住底线，才有可能超越人生上限。

（一百三十）

有事此心不乱，无事此心不空。大事心不畏，小事心不慢。人生的悲欢离合，酸甜苦辣，皆生于心，心若安然，诸事无碍。人生本来没有相欠、情出自愿、事过无悔。对错都止于唇间、掩于岁月。各自安好，即使再见已是陌生人，但从没后悔相遇过。生命是一种回声，你把善良给了别人，终会从别人那里收获善意。无论你对谁好，从长远来看，都是对自己好。人有善念，天必佑之。这个天，就是你周围的环境和人。

（一百三十一）

花一些时间，总会看清一些事；用一些事情，总会看清一些人。不管爱情、友情、亲情，都是易碎品，一旦出现过裂缝，便很难恢复原貌；不论是谁对不起谁，那裂缝都如同两面刀刃，一面伤人，一面伤己。世上有些东西可以弥补，有些东西永远无法弥补。天雨不润无根之木，人的快乐来于知足。知足，是内心里的从容和淡定，就像轻轻走过岁月，不染风尘。知足常乐，才能看见内心的丰盈灿烂，寻找到真实的自我。别不知足，微笑吧，今天是微笑日。

（一百三十二）

人生不易，生活有三层楼：第一层是物质生活，第二层是精神生活，第三层是灵魂生活。做一个自律的人，就是能率真地面对自我，素心为人，侠义交友；就是能做到才华应韫，德居人前，利在人后；就是能面对形形色色的诱惑，做到心不动、眼不迷、嘴不馋、手不伸。你有多自律，就有多自由。

（一百三十三）

古语云：福尽灾来，禄尽人亡。世人都企盼福如东海，寿比南山。殊不知，世人之福，皆有定数，福报享尽，灾到人亡。古圣先贤告诉后人，少年培福，中年积福，老年享福。

（一百三十四）

夜雨春不舍，今日已是夏。夏在古语中是大意思，就是万物至此皆长大也。为人正直，内心强大，胸怀大气，则是立夏带给我们的至高启示，是在这个时节法则天地、天人合一的最好诠释。自古成大事者，唯有大格局。

（一百三十五）

言为心声，是一个人外在的表现。柔和的声音，令人心生欢喜；正义的声音，使人荡气回肠；慈悲的声音，让人终生难忘；赞美的声音，叫人如沐春风。看来好好说话，非常重要。

（一百三十六）

这个世界，有人的地方就会有江湖，有江湖的地方必然有纷争，有纷争的地方就会有是非。不仅要经得住赞美，而且要受得住批评，面对闲言碎语，做到动耳不动心。心宽一寸，路宽一丈，小事放大，给自己添了麻烦；纠结太多，坏了自己的心情。

（一百三十七）

无论是繁华还是苍凉，看过的风景就不要太留恋，毕竟你不前行生活还要前行。再大的伤痛，睡一觉就把它忘了。背着昨天追赶明天，会累坏了每一个当下。边走边忘，才能感受到每一个迎面而来的幸福。烦恼不过夜，健忘才幸福。

第三章　齐　家

【父　母】

（一）

天空广阔，比不上母亲的慈爱广阔；
太阳温暖，比不上母亲的真情温暖；
鲜花灿烂，比不上母亲的微笑灿烂；
彩虹鲜艳，比不上母亲的快乐鲜艳。

（二）

天空白云朵朵，溢满我的思念，随风传递给您，我的深深祝福：感谢您的养育之恩，让我健康快乐成长；多亏有您谆谆教导，让我幸福吉祥常伴。父母给予了我们最宝贵的生命，还要含辛茹苦把我们抚养成人，宁愿自己省吃俭用也要把最好的吃的用的给予我们，宁愿委屈了自己也不愿委屈了我们。多么无私的爱啊！还有什么比家庭和谐、身体安康更幸福的，要求的多了幸福感也就少了。树欲静而风不止，子欲养而亲不待。

（三）

何为孝？
贫穷的父母，钱到为孝。
病弱的父母，出力为孝。
孤单的父母，相伴为孝。
脾气暴躁的父母，理解为孝。
勤俭持家的父母，勤快为孝。

专权的父母，顺者为孝。

患病的父母，照顾为孝。

唠叨的父母，聆听为孝。

父母对你有所期待，你能让他们如愿，就是尽孝。

尽力吧，做到力所能及！

（四）

老舍在《我的母亲》中写道：“人，活到八九十岁，有母亲在，便可以多少还有点孩子气。失了慈母便像花插在瓶子里，虽然还有色有香，却失去了根。有母亲的人，心里是安定的。”在每个孩子心中，自己的妈妈都是最美的。世上最美好的事是：我已经长大，你还未老；我有能力报答，你仍然健康。

（五）

老妈蒸包子，蒸好后端着一盘包子进屋，我伸手就要拿，老妈打了我一下说：“一边去！先让你爸吃。”坐在一旁的老爸得意地拿过一个包子说：“看到没？这就是老婆！”老爸吃完一个包子后接着还要吃时，老妈把包子端到我面前说：“吃吧，看来是熟了。”我无视一脸愤怒的老爸说道：“看到没？这就是妈！”

（六）

10岁挨了妈妈打，他哭了，20岁挨了妈妈打，他怒了，30岁挨了妈妈打，他忍了，40岁挨了妈妈打，他笑了，50岁挨了妈妈打，他哭了。10岁因为无知而哭泣，20岁因为不解而暴怒，30岁因为知晓而隐忍，40岁因为深知而微笑，50岁因为感恩而哭泣。60岁、70岁在回忆中追寻曾经温柔的触感，也哭！子欲养而亲不待，趁父母健在，拿命孝之！写在母亲节将至的日子！祝天下所有母亲都健康常在，长寿吉祥！

（七）

好夫妻，一辈子。妻子是丈夫生命中的最后一个观众，丈夫是妻子人生中的最后一张存折。纵观世间夫妻，无一不是因爱而结合，因情而发展，相伴而情深，情就是亲情与恩情，也是友情与爱情。相濡以沫，白头偕老。

有什么也不如有个好伴侣，没什么也不能没个好晚年。

（八）

一位老人孤独地拿着一部很旧的手机，走进一家维修店里去维修。年轻的女店员看了看手机，告诉老人，他的手机并没有坏。老人听后，目光显得呆滞，突然哭了起来：“那为什么，我接不到孩子们给我打的电话？”这时，女店员瞬间泪奔了！蓦然想起，上一次给爸妈打电话还是上个月了。

（九）

“可怜天下父母心”这句话，现在许多人会说，却不知道它的出处，实际上这句话出自慈禧的诗句。那是慈禧写给父母的一首诗：

“世间爹妈情最真，泪血融入儿女身。殚竭心力终为子，可怜天下父母心！”

整首诗贴心，感人！

当你觉得你的知识、素养、视野都远超父母，因此嫌弃父母“没见过世面”的时候，有没有想过，正是父母托举着你到更高的地方，才有机会看到了更大的世界！

“色难与显亲”是孝的最高境界。

（十）

我妈挖了一勺西瓜没拿稳，又掉盘子里了，她捡起来就要往我嘴里塞，看见我很诧异地看着她，突然反应过来笑着说：“不好意思啊，我还以为你还是小时候呢！”突然感觉胸口有点疼！可怜天下父母心！

（十一）

随着社会的发展，越来越多的父母能够接受与子女间有一定的距离。但距离不能太远，双方都能互相照顾，还可避免一些矛盾和麻烦。生活上，和子女保持“一碗汤”的距离，能常去看望他们，不会因为太热而烫到他们，也不会因为太冷而凉了心意。

（十二）

母亲是一种岁月，她担负着最多的痛苦，背负着最多的压力，咽下最多的泪水，仍以爱，以温情，以慈悲，以善良，以微笑对着人生，养育我们。

（十三）

考上大学后，父母和我们，以爱的目的分离，以泪的方式相聚。

从收到录取通知书的那刻起，父母只剩下背影，故乡只剩下夏冬。少年听的道理无数，中年才懂深情几许。大学录取通知书，之于每个学子，都是一枚苦读的勋章、一份成人的证书，是一张离别的船票、一纸牵挂的信笺。

（十四）

母亲，这两个字，每在心里呼喊一次，都会热泪盈眶。时光无声走过，渐渐地，你长大了，可她，却老了，从美丽容颜到白发苍苍，时光改变了她的面容，却改变不了她对你的爱。

（十五）

多希望一觉醒来，你还是那个被妈妈抱在怀里的孩子，而妈妈依旧是从前那么美丽。时光，带不走对母亲的思念；岁月，让我们对母亲的恩情更深。愿天下母亲，幸福安康！

（十六）

在这个世界上，没有什么比父母对孩子的爱更让人感到甜蜜的了。人类如此，万物皆是，爱是没有边界的。今天让这句话感动了，经常有人聊起：要孩子是为了什么？是传宗接代还是养儿防老？终于听到一个很令人感动的答案：为了付出与欣赏。不求孩子完美，不用替我争脸，更不用帮我养老。只要这个生命健康存在，在这个美丽的世界上走一遍，让我有机会与他同行一段。不要给孩子太多的压力，换个方式去爱孩子！只要他健康，快乐，足矣！送给所有的父母！

【夫　妻】

（一）

家的骨骼是男人，家的血液是孩子，而家的灵魂是女人；缺了谁，这个家都不算完美。人一辈子，家庭幸福才是幸福，和睦相处，活好是胜利，健康是目的，快乐是真谛！

（二）

坚守一份天长地久、细水长流的爱，一定需要相濡以沫地支持和理解。什么是爱人？就是抱起来很温暖，吵起来很伤心，在身边很踏实，看不见很想念的人。

（三）

你赢，我陪你君临天下，你输，我陪你东山再起！男人只有穷了，才知道哪个女人最爱你。女人只有老了，才知道哪个男人真爱你。陪伴，不是你有钱我才追随；珍惜，不是你漂亮我才关注。时间留下的，不是财富，不是美丽，而是真诚。日久不一定生情，但一定见人心！

（四）

什么是爱？在一起久了，两个人的性格会逐渐互补，爱得多的那个脾气会越来越好、越来越迁就；被爱的那个则会越来越霸道。总有一个人会改变自己，放下底线来迎合纵容你。不是天生好脾气，只是怕失去你。所谓性格不合，只是不爱的借口。爱是要妥协和付出的。

（五）

吵架后先道歉的人，不是因为错，而是懂得珍惜；工作时愿意主动多干的人，不是因为傻，而是懂得责任；合作时愿意让利的人，不是因为笨，而是懂得分享。真诚的人，走着走着就走进了心里，一朝相识，恰似故人。人与人相遇靠的是缘分，那么人和人的相处，靠的则是一份真诚。

妻子想改变丈夫晚回家的习惯，给丈夫定制度：晚上11点锁门睡觉，谁敲门都不开！

第一周很奏效，第二周丈夫毛病又犯，妻子按规定锁门，结果丈夫干脆不回家。

妻子郁闷，难道制度定错了？经高人指点，再次与丈夫定制度：晚上11点不回家，妻子就开门睡觉，谁进都可以！

丈夫大惊，从此晚上11点之前准时回家！

结论：制度本身决定执行力！

（六）

甘蔗没有两头甜：你选择了赚钱的女人，你得接受她的忙碌。你选择了顾家的女人，你得接受她的不赚钱。你选择了理性的女人，你得接受她的算计。你选择了害羞的女人，你得接受她的自卑。你选择了勇敢的女人，你得接受她的固执。你选择了美丽的女人，你得接受她的过去。你选择了能干的女人，你得接受她的霸道。十全十美的女人有，在梦里！

（七）

莫言：人最怕激情后的陌生，暧昧后的冷漠，认真后的痛苦，信任后的利用，温柔后的冷淡，所以说有些事情不要太计较，睁一只眼闭一只眼，就会过去的。珍惜眼前的人，做好眼前的事，奇迹，不一定不出现。遇到爱你的人，学会感恩，遇到你爱的人，学会付出，有个懂你的人，是最大的幸福。

许多的爱不用说，用心感受；许多的情不用听，时间证明。路过你的，只是一时痴迷；真爱你的，才会不离不弃。遇见不论早晚，真心才能相伴；朋友不论远近，懂得才有温暖。轰轰烈烈的，未必是真心；默默无声的，未必是无心。把一切交给时间，总会有答案。平淡中的相守，才最珍贵。

（八）

陈道明说了一句很经典的话：当你放下面子对老婆好的时候，说明你已经成为一个真正的男人了。当你给足老婆面子的时候，说明你已经成功了。当你老婆什么时候都会给你面子的时候，说明你已经是个人物了。当你还停留在那里自私、要横，啥也给不了老婆，只知道以自我为中心的时候，说明你这辈子也就这样了！

（九）

你的生命里，有几个人这样对你！

你手机停机了，第一个不问原因给你交费的人。你生病了，第一时间为你买药，带你去看医生的人。你喜欢吃的菜，他说的只有一句“我不喜欢吃，你吃吧”！可是你剩下后他又吃得津津有味。珍惜身边那个默默为你付出的人，爱情用自己的心感受，用行动付出，用细心证明！

（十）

突然之间发现，原来我们挥霍婚姻，只是因为我们认定它会永恒。如果有一天，它真的要离去，我们是否还来得及去珍惜？生命有多长，长不过三位数，我们有必要终日抱怨吗？婚姻有多长，长不过两位数，我们有必要彼此埋怨吗？老套地借用广告大师大卫·奥格威的话：活着的时候要尽情快乐，因为我们是要死很久很久的。因此，在婚姻里重逢的男女，别扔掉爱情，别轻易放弃他（她）。珍惜现在，因为在下一世，我们再难相逢。

（十一）

男人买了一条鱼回家让妻子煮，然后自己跑去看电影，妻子也想一起去。男人说：“两个人看浪费钱，你把鱼煮好，等我看完回来，边吃边和你分享故事情节。”待男人看完回来时，没见到鱼，就问妻子：“鱼呢？”妻子淡定地找了把椅子坐了下来说：“鱼我全吃了，来，坐下来我给你讲讲鱼的味道……”

一个自私的男人，遇到一个聪慧的女人，给他上了一课。叫：合作才能共赢。

（十二）

这辈子，和谁过，怎样过，过多久，有人因为爱情，有人因为物质，有人因为容貌，有人因为前途，有人因为压力，而当这日子真的要和选择的人一起过了，你才明白，钱够花就好，容貌不吓人就行，其实真正幸福的标准，无需理由，很简单，只要笑容比眼泪多，你就找对人了。

（十三）

生命中，总有人在你身后，往往不记在心里。默默地付出，从来不求回报；静静地陪伴，从来不言不语。欢笑时的围绕，不如落泪时的拥抱；得意时的追捧，不如失意时的依靠。不惊不扰的人，未必无情无义；轰轰烈烈地来，未必长长久久地守。最深沉的爱，总是默默无声；最暖心的情，总是一路同行！

（十四）

有时候，这个世界很大很大，大到我们一辈子都没有机会遇见。有时候，这个世界又很小很小，小到一抬头就看见了你的笑脸。所以，在遇见时，请一定要感激；相爱时，请一定要珍惜；转身时，请一定要优雅；挥别时，请一定要微笑。

（十五）

什么是夫妻？就是每晚相互取暖，每天一起打拼。什么是家人？就是同喜悦，同流泪。什么是爱人？就是看不见时思念，看见时沉默。我们身边最重要的人，并不会做惊天动地的大事，无非是陪着你，看着你，守护着你，走过花团锦簇，行过惊涛骇浪，从开始到结束，也不分离。

（十六）

很对的一段话：得意时，朋友认识了你；落难时，你认识了朋友。只有在落魄时才懂，愿拉你一把的人何其少；只有在最穷时才懂，再好的感情也难敌现实；只有在漫长的生活里才懂，人人能爱你却少有人愿忍受你。这世上你最要珍惜的是这三种人：雪中送炭的朋友，愿陪你过贫苦日子的女人，样样都忍着你、呵护你的男人。

（十七）

香烟相亲回来，经过一番思考，终于下定决心嫁给火柴。热恋多年的打火机很不服，问："我时尚新潮，你高贵不凡，我们才是绝配啊！你为何选择土得掉渣的火柴呢？"香烟说："因为你的爱只是一刹那，一旦我香消玉殒，你肯定会移情别恋，而火柴一辈子就燃烧一次，只为我一根烟。"

（十八）

谁是你可以随时聊天，更能拨打电话的人？谁是你可以分享快乐，更能分享眼泪的人？谁是你灵魂相通，不用多说的人？谁是每天进你空间数次，不评论不留言，只想知道你是否快乐的人？若遇，请紧紧抓住他（她）的手，深深珍惜她的情，就算放弃整个世界，也绝不放开这个人！

（十九）

爱得深不如爱得真，爱得真不如爱得久。真正的感情是守着、候着；真正的幸福是陪着、伴着。爱是一句承诺，一生永远；爱是一句约定，一世不弃。感情，不是没有争吵，而是争吵后依然在一起；共老，不是没有风雨，而是风雨后更加坚定。爱是一面墙，需要彼此共同筑建；爱是一碗粥，细细熬才会黏稠。爱是责任，是担当；爱是付出，是不离。爱是愿得一人心，白首不相离。爱是辛辛苦苦忙一生，苦了有人疼，老了有人陪。

（二十）

一个人的涵养，不在心平气和时，而在心浮气躁时；一个人的理性，不在风平浪静时，而在众声喧哗时；一个人的慈悲，不在居高临下时，而在人微言轻时；情侣间的尊重，不在闲情逸致时，而在观点相左时；夫妻间的恩爱，不在花前月下时，而在面对问题时。

（二十一）

幸福不是你房子有多大，而是房里的笑声有多甜；幸福不是你开多豪华的车，而是你开着车平安到家；幸福不是你的爱人多漂亮，而是爱人的笑容多灿烂；幸福不是在你成功时的喝彩多热烈，而是失意时有个声音对你说：朋友别倒下；幸福不是你听过多少甜言蜜语，而是你伤心落泪时有人对你说：没事，有我在！

（二十二）

生活因为有你，显得十分甜蜜；家庭因为有你，日子过得和煦；世界因为有你，风景分外美丽；生命有了你，才算奇迹；老公有了你，吃穿住行，才井然有序。愿所有女人，有人疼，有人爱，甜蜜惬意人自在；远无忧，近无愁，潇洒快意福长久。祝所有女人，美得动人，爱得真切，幸福没边没界；笑得灿烂，乐得开怀，万事顺意美如花。爱并被爱着，快乐并幸福着。

（二十三）

感情不需要诺言，只需要两个人：一个能够信任的人，一个愿意理解的人。人的一生，所需要的并不多，不过是：一个懂你的人，无论穷富，始终不离；无论美丑，始终不弃。一辈子不长，不要把珍惜变成惋惜；能遇见很不易，不要将形影不离变成转身离去。不是所有的相遇，都能守候成美丽的风景；不是所有的人，都能掏心掏肺地对你。感情总是始料未及，错过了就无法追忆。善待缘分，尊重感情；以心换心，才能永远。

（二十四）

房子再贵再大，你睡的只是一张床；车子再好，平安到达就是目标；包再贵，装东西比塑料袋好不了多少；别人的老婆再美，养养眼罢了；别人的老公再发财，不如你老公爱着你好。不要追求一些不着调的，最好走自己的路走到老。

（二十五）

四月渐行渐远，五月的窗外，繁花似锦。香气浮动之中，蝴蝶流连忘返。争相追逐之处，尽是明媚的家园。人生最美莫过初见，最好还是执子之手，白发相伴。

（二十六）

得意时锦上添花，失意时雪中送炭。落难时舍命相救，患病时精心服侍。惨淡时无怨无悔，孤独时不离不弃。这就是老伴的意义，一路老去的人生里，一定要珍惜。

（二十七）

最好的话，不是说得漂亮，而是说到心上；

最美的爱，不是风花雪月，而是患难与共；

最远的人，不是相距天涯，而是咫尺陌路；

最好的朋友，不是天天见面，而是常常想念；

最真的祝福，不是华丽堂皇，而是诚在心上；

最好的老伴，不是壮语豪言，而是一辈子相伴！

（二十八）

想送你回家的人，东南西北都顺路。

愿陪你吃饭的人，酸甜苦辣都爱吃。

想见你的人，24小时都有空。

想帮助你的人，再苦再难也会想尽一切办法帮你！

记住：不是你给谁一瓶雪花，谁就能陪你勇闯天涯。

喜欢你的人，你怎么样都行；

不喜欢你的人，你怎么样都不行。

所以，人活着没必要委屈自己去讨好任何人。

（二十九）

过好自己的平凡日子，

让别人辉煌去吧。

幸福不是房子有多大，

而是房里笑声有多甜；

幸福不是能开多豪华的车，

而是开着车能平安到家；

幸福不是爱人多漂亮，

而是爱人笑容多灿烂；

幸福不是听多少甜言蜜语，

而是在伤心时能有人对我说：

没事，有我在！

（三十）

钱，是物质的需求，

幸福，是精神上的满足。

真情，不用钱买，

真心，钱买不到。

幸福很简单，

一个温暖的怀抱，

一个可靠的肩膀，

一个把你当宝贝的人，

一个会拼命赚钱舍得给你花的人！

（三十一）

人与人，聚散是缘，生情有因。风雨，吹散的是虚情，留下的是真意；时间，带走的是你生命中的过客，留下的是你永远的牵挂。在无助时，才知道谁最爱你；在低谷时，才知道谁会真心陪你。

其实，人平淡地活着，有人在乎，就是幸福；有人心疼，就是温暖。

（三十二）

下雨了，才知道谁会给你送伞；遇事了，才知道谁会对你真心。有些人，只会锦上添花，不会雪中送炭；有些人，只会火上浇油，不会坦诚相待。花开了，会谢；时光走了，不会再来。话再漂亮，不守诺言，也是枉然；友情再浓，不懂珍惜，也是徒劳。人生，因缘而聚，因情而暖，因不珍惜而散。珍惜眼前有缘人。

（三十三）

生命中有一种爱，有一种懂你，是安静的，是无求的。远远观望，不言不语；完全给予，无悔无怨。不想说明，只愿心懂；不求回报，只愿爱在。爱很轻，不惊扰彼此的世界，只在灵魂深处同行；爱很静，不妨碍彼此的生活，只在精神领域共鸣。能够彼此相望的眼睛，便是最美的风景；能够彼此相知的心灵，便是最暖的感应。

（三十四）

人生最幸福的事有四：有人信你，有人爱你，有人等你，有人懂你。遇见不论早晚，真心才能相伴；朋友不论远近，懂得才有温暖。轰轰烈烈的，未必是真心；默默无声的，未必是无心。把一切交给时间，总会有答案。平淡中的相守，才最珍贵；简单中的拥有，才最心安！

（三十五）

一个人，一辈子，总要悲一阵子，喜一阵子，聚一阵子，散一阵子，青春一阵子，美丽一阵子，沧桑一阵子，深沉一阵子，幼稚一阵子，成熟一阵子，烦恼一阵子，艰辛一阵子，痛苦一阵子，幸福一阵子。不管哪阵子，别忘了，不论你再丑再穷，总会有一个不嫌弃你的人，陪着你，不是一阵子，而是一辈子。

（三十六）

什么是夫妻？就是每天相互陪伴，一起打拼。什么是家人？就是同欢喜，同流泪。什么是朋友？就是见面时斗嘴，分开时思念。我们身边最重要的人，陪着我们，走过花团锦簇，行过惊涛骇浪，不离不弃！

（三十七）

纵观世间夫妻，无一不是因性而结合，因爱而发展，因情而长久。这个情，就是亲情与恩情。妻子是丈夫生命中的最后一个观众，丈夫是妻子人生中的最后一张存折。夫妻是任何物质利益和名利引诱都不能替代的。世间恩爱夫妻之所以把“恩”放在前面，把“爱”放在后面，就是因为他们之间有“恩情”。夫妻，此生结缘的最大意义，不是吃饭穿衣，不是生儿育女，而是心灵的交流，爱的流动，彼此慰藉，彼此滋养，彼此成就，在互相搀扶中并肩前行，在彼此关爱中提升生命层次。

（三十八）

和一个人在一起，如果他给你的能量，是让你每天都能高兴地起床，每夜都能安心地入睡，做每一件事都充满了动力，对未来满怀期待，那你就没有爱错人。最隽永的感情，永远都不是以爱的名义互相折磨，而是彼此陪伴，成为对方的阳光。

（三十九）

那年，他坐在咖啡店里等朋友，一位女孩走过来问：你是通过王阿姨的介绍来相亲的吗？

他抬头打量一下她，正是自己喜欢的类型，心想何不将错就错，于是忙答应道：对，请坐。

结婚当天，他坦白，当时自己不是去相亲的。

妻子笑，说：我也不是去相亲的，只是找个借口和你搭讪。

感悟：机遇来了，要毫不犹豫地抓住它。

（四十）

丈夫在床边护理即将临盆的妻子。妻子：“你希望是男孩还是女孩？”丈夫：

"如果是男孩，我们爷俩保护你；如果是女孩，我保护你们娘俩。"都说婚姻是爱情的坟墓，原来是因为没有好好互相帮扶！只有彼此珍惜，才会一生幸福。爱情不是荣华富贵，而是相濡以沫。

（四十一）

莫言说：能拴牢一个女人的，未必是金钱，也未必是爱情，而是呵护。享受某个人的照顾，的确是会上瘾的。这就是为什么"爱你的"总能打败"你爱的"，因为人性的需求本质上是一样的：我们孤单地来到这个世界上，都是为了找到一个人，能把自己当成小孩一样呵护爱惜。爱你的人不管你怎样独立，在他心里还是会把你当孩子一样关心、照顾。而不爱你的人只会觉得你是女汉子，无所不能，根本不需要照顾！

（四十二）

有一种朋友不在生活里，却在生命里；有一种陪伴不在身边，却在心间。不曾牵手，却真实拥有；不曾谋面，却铭记于心。那些说不出的话，如果有人懂，就是幸福；那些表不出的意，如果有人明，就是陪同。其实我们都不需要太多，只需孤单时有人陪，无助时有人帮，落泪时有人知，天凉了，总是有人惦记。

（四十三）

人在旅途，总有一些不期而遇的相逢，也总有一些失之交臂的陌生。缘分有聚散，有人能随行，就是一种温暖；人心有冷暖，有人能懂得，就是一种幸福。相处之道在于真，相守之程在于心。滴水之恩，当涌泉相报；真挚之情，当肝胆相照。

（四十四）

女人好比梨，外甜内酸，吃梨的人不知道梨的心是酸的，因为吃到最后就把心扔了，所以男人从来不懂女人的心。男人就好比洋葱，想要看到男人的心就需要一层一层去剥，但在剥的过程中你会不断流泪，剥到最后你才知道洋葱是没心的。所以一个男人要知道，女人的美有你一半的功劳，她的丑也有你一半的过错。

（四十五）

好好珍惜对你好的人，弄丢了真的就找不回来了。世界这么大，有人对你好，是你的骄傲；人心如此小，有心装着你，是你的自豪。总有一个人把你看得很重，无论失去什么也不肯把你丢掉。这世上，钱能买得起真正的奢侈品，但最奢侈的，是你用多少钱也无法买到的一颗真正惦记你的心。

（四十六）

人之相交在于情，爱之相伴在于懂。最真的爱，总是坦诚相待；最懂的人，总是无可取代。真正爱你的人，会爱你无私，直至爱到自私；真正懂你的人，会走进内心，慰藉心灵。生命中，最难求的是真情，最难懂的是感情。

（四十七）

等我老了，陪媳妇，就住在一个人不多的小村里。房前种花，屋后种菜，没有网络，自己动手做饭，养着鸡鸭。每天骑自行车、散步，几乎不用手机。不打扰别人，也不希望被打扰。所谓的天荒地老就是这样了。

（四十八）

一茶、一饭、一粥、一菜，与一人相守。春看茶，秋扫叶，夏养家禽，冬烧柴。早上在巷口看太阳，去集市买蔬菜水果，烹煮打扫。午后读一本书，品一品茗，拄着拐棍敲夕阳。晚上在杏花树下喝茶，直到月色和露水清凉。

（四十九）

当我们老了，也成了祖爷爷和祖奶奶，孩子带着他们的孩子来看我们，在院子里和你养的狗打闹嬉戏。茶花簇拥的栅栏下，是你我渐老的年华。柳树罩阴的红屋旁，是深情白首的羁挂。你去打酱油，我在后面瞅。车辙三两条，一步一回首。人生夕阳，不盼高官，不求荣华，夫唱妇随，愿得闲心爱护一世，携手终老。

（五十）

好女人，不在姿色，而在心色；好妻子，不在相貌，而在心貌。有德行的女子，年龄越大，越有福相；无德行的女子，年龄越大，越有丑相。一个家要靠着女人打理经营才能蒸蒸日上！

（五十一）

“懂得”，是情感世界中最深情又最深刻的词。懂得，就是用我的目光去抚慰你的忧伤；懂得，就是用我心比你心；懂得，就是无语地聆听你灵魂的声音；懂得，就是我的眼睛里永远是你的身影；懂得，就是尽我的所能去爱你。一句“我懂你”可以融化一座冰山，可以让绝境攀爬出爱的藤蔓，可以让枯萎的心灵开满岁月的鲜花。因为只有“懂得”，才会从容，才会轻松。若你懂得，请你珍惜。

（五十二）

经常惦记你的人，才是心里有你的人。一直忘不了你的人，才是最爱你的人。待你忽冷忽热的，也许只是寂寞。离你时远时近的，也许只是需要。伪装不出的担心是真诚，掩饰不住的思念是感情。不要把暖暖的关心变成冷冷的寒心，不要把一直的给予放下置之不理。做人，千万别太敏感，想得太多会伤了自己，说者无心，听者有意，随便一句话，你都要想东想西，琢磨来琢磨去。其实，很多事情，听的人记住了，说的人早忘了。

（五十三）

男人只有穷一次，才知道哪个女人最爱你。女人只有丑一次，才知道哪个男人不会离开你。人只有落魄一次，才知道谁最真、谁最在乎你。陪伴，不是你有钱我才追随。珍惜，不是你漂亮我才关注。时间留下的，不是财富，不是美丽，而是真诚。

（五十四）

世界上没有绝对幸福的婚姻，幸福只是来自理解和宽容。理解是座桥，没桥路就断了；宽容是把伞，有伞才有温情。对方有缺点、短处、难处、病痛的时候，正是我理解他、心疼他、包容他、帮助他、爱他的最佳时机！相互在对方的缺点中寻找优点，欣赏缺点背后的美丽风景，婚姻就会变得美满，家庭就会变得和谐，孩子就会变得幸运。

（五十五）

一家人，包容越多幸福越多；夫妻间，包容越多感情越浓；乡邻间，包容越多相处越好；朋友间，包容越多友谊越长；同事间，包容越多事业越顺……面对伤害，微微一笑是一种豁达；面对辱骂，不去理会是一种超凡。忍耐不是懦弱，而是宽容；退让不是无能，而是大度。坦然淡然，万般皆自在。

（五十六）

人是渴望爱与被爱的：无论是崇高的灵魂，还是丑陋的内心，无论是好人还是坏人，在心性深处，都仰望尊崇的爱。阳光洒在脸上，温暖留在心里。爱一个人是幸福的，被一个人爱也是幸福的。可这个世界，泛滥的是欲望，不是爱。最好的爱，走到最后，其实是灵魂的相携相知。

（五十七）

一个人对你的好，并不是立刻就能看到的。因为汹涌而至的爱，来得快去得也快。而真正对你好的人，往往会细水长流地宠着你。你可能会怪他没有付出真心，但在一天天过去的日子里，却能感觉到他对你无所不在的关心。好的感情，不是一下子就把你感动，而是细水长流地把你宠坏。一辈子很短，有个人陪着真好。

（五十八）

茫茫人海，有几个人牵挂着你的悲喜？大千世界，有几颗心舍不得你的离去？人走茶凉，也许你只是一个名字；时过境迁，也许情只是一段回忆。落寞时，能够陪你的才是心疼你的人；离开后，依然想你的才是真爱你的心。有心，才能动情；有情，才能暖心。感情不用多说，只要心里有；缘分无须多表，只要长相守。有些人魂牵梦萦，却只适合放在心底；有些人波澜不惊，却适合相伴一生。

（五十九）

男女相遇是缘分，累世才能修成夫妻，这是机缘巧合，千载难逢，水到渠成。所以，每个幸福的女子背后，定有一个宽厚男子的默默扶助；每个成功男子的身边，必有一个宽容女子的无声支持。他们彼此欣赏，互为对方点赞。只有彼此点赞的婚姻，才是良性循环的婚姻！

（六十）

单身的时候，大家都会觉得爱情很重要，但结婚之后，面对柴米油盐的琐碎，爱情或许就不是最重要的事情了，上了年纪你就会知道，爱不爱是其次，相处不累才最重要。

（六十一）

得意时不要嘚瑟，落魄时不要堕落。就算你瘦了，变好看了，你什么都好了，不爱你的人还是不爱你。即使你再胖，再难看，再怎么不好，爱你的人永远不会嫌弃你。谁若用真心对我，我便拿命去珍惜。这句话永不过期。

（六十二）

曾经的海枯石烂，抵不过一句好聚好散。一季花开，开在断肠时；一季花落，落尽离别苦。鬼不可怕，因为看不到，人才可怕，因为猜不透。让着你的人，不是笨，而是因为在乎你。对你好的人，不是欠你的，而是把你当亲人。佛说：前世的五百次回眸，才换来今生的擦肩而过。左手的相思，握不住右手的牵挂，如果有来世，但愿留住你的温柔！

（六十三）

当扣子离开了衣服，才知道什么叫作依赖；当衣服失去了扣子，才懂得什么叫作陪伴；不要等到缘已散，情已淡，人已远，才明白什么叫作为时已晚。将心比心，才能以心换心，凭真凭诚，才能留心留情，心鉴心，日久必见人心；情验情，珍惜赢得真情。其实，人有时候仅仅需要的是一处共鸣，一点理解，一份慰问，一段陪伴，一句心疼，如此就足够了。所谓的幸福，就是千人疼，不如一人懂！

（六十四）

女人，大美为心净，中美为修寂，小美为貌体。男人，大智为信仰，中智为克己，小智为财奴。人经历多了就看淡了一切；时间久了感觉到责任重于一切。男人为了一句承诺会牺牲一切；女人为了爱情会付出一切。

（六十五）

只有在落魄时才懂，愿拉你一把的人何其少。只有在最穷时才懂，再好的感情也难敌现实，人不贪钱却都怕吃苦。只有在漫长的生活里才懂，浪漫易忍耐难，人人能爱你却少有人愿忍你。所以，这世上最应珍惜的是这三种人：雪中送炭的朋友、愿陪你走过贫苦的女人、样样都忍你的男人。

（六十六）

是人皆有心，有心便有情。世间万物，皆为有情之物，而淡，则是情的本真。四季会轮转，生死有轮回，情也是有律可寻的。世间千般爱，没有哪一份能热烈到天长地久，能守到天长地久的，都是在平淡和平凡中，不忘初心，相互理解，相互包容，相互支持，一起闲散着琐碎的光阴，无需动人的言语，只需相濡以沫地陪伴，便好。

（六十七）

有些事，轻轻放下，有些人，深深记住，有些痛，淡淡看开，坎坷路途，风雨人生，给自己一个微笑。生活，就是体谅和理解。两口子走到一起不容易，夫妻之间，总有一个强势的，一个随和的；一个厉害的，一个温顺的；一个勤快的，一个懒惰的；一个计较的，一个大度的。其实，夫妻两人，就好像土豆跟西红柿，本来不是一个世界的，但却走在了一起，因为土豆变成了薯条，西红柿变成了番茄酱，而成了绝配。感情亦是如此，没有天生合适的两个人，需要的是，彼此包容，理解，改变。在风风雨雨的磨合中，改变着不合适的彼此。

（六十八）

爱一个人就会心疼他，而心疼一个人，你就会甘愿为他的幸福和快乐而付出，无怨无悔！最好的感情，是找到一个能够聊得来的伴。各种话题，永远说不完；重复的语言，也不觉得厌倦。陪伴，是两情相悦的一种习惯；懂得，是两心互通的一种眷恋。

（六十九）

从相濡以沫到相忘江湖，也许就是一个挥手，就永无聚首；从天天聊天到默默无言，也许就是一次再见，就再也不见。什么是缘？不过是彼此陪伴，彼此温暖。什么是情？莫过于让人相逢，让心永恒！

（七十）

面对玫瑰，不必浪漫；

面对美女，不必多看；

面对朋友，粗茶淡饭；

面对家庭，出力流汗；

面对老伴，朝夕相伴。

（七十一）

一对夫妻吵架，丈夫总是让着妻子。妻子问：“你为什么每次吵架都让着我？”丈夫说：“因为你是我的，就算我吵赢了，又能怎么样？赢了道理，输了感情，输了你，我输不起啊！”两个人的世界里总要一个闹着，一个笑着，一个吵着，一个哄着，不是某个人口才不够好，只是不忍心把最伤人的话说出口，总要一个人“输”了，两个人才能赢了。

（七十二）

你的被信任，是你时时刻刻积累着，存放在别人账户上的一笔财富。成功的机会与信任的幸福是你的，因为当有需要时，别人随时会送来你的幸福与财富。生命来来往往，没有来日方长。现在的每一天都是余生最美好的一天。我想牵你的手，从心动到古稀。

（七十三）

一个模范丈夫的自述：

昨天和老婆下象棋，五着之后我便胜局在望。

老婆脸拉长了，硬说马可以走“田”字，因为是千里马。我忍了。又说兵可以倒退走，是特种兵。我忍了。非得让象过河，是小飞象。我也忍了。最过分的是炮可以不用隔棋或者隔两个以上都可以打。因为是高射炮。我还是忍了。忍无可忍的是车可以拐弯，还振振有词说哪有车不能拐弯的？这我全部忍了，继续艰难锁定胜局……

但最后，她竟然用我的士，干掉了我的将。说这是潜伏了多年的间谍，特意派来做卧底的。

最后，她赢了……于是，她愉快地去洗衣服做饭了。

可见，开心快乐是多么重要的一件事。

（七十四）

春风吹过巷口，往事飞越心头。

花前月下牵手，相携勤劳奋斗。

感叹时光悠悠，转瞬无数春秋。

但愿长相厮守，百岁一起白头。

（七十五）

人生最好的投资是选对妻子，夫妻间相处尊重比责怪重要。家是人生的港湾和归宿，千万不要动不动就对家人恶语相向，一个家庭并不是无坚不摧的，需要经营，幸福是从好好说话开始的。

（七十六）

婚姻不是1+1=2，而是0.5+0.5=1。即，两人各削去一半自己的个性和缺点，然后凑合在一起才完整。夫妻俩过日子要像一双筷子：一是谁也离不开谁；二是什么酸甜苦辣都能一起尝。

（七十七）

所有的苦乐，有人懂；一切的努力，有人知。一杯热茶，暖的是身；一句懂得，暖的是心。最真的拥有，是我在；最美的感情，是我懂。陪伴，不一定时时刻刻，只要心里有；感情，不一定表白，只要感觉到。

（七十八）

夫妻是缘，十年修得同船渡，百年修得共枕眠。《易经》有云："有天地然后有万物，有万物然后有男女，有男女然后有夫妇，有夫妇然后有父子。"男人刚强，顶天立地，撑起一个家。女人柔美，贤惠有德，打理一个家。在一个家庭里，男女双方要各居其位，阴阳和合，这样组成的家庭才会幸福美满，子女才会健康成长。

（七十九）

娘是你最亲的人，媳妇是你最近的人。从地上陪着你到地下的，就是你的媳妇。生则同衾，死则同穴；人生一世，同凉热。人有两个娘，一个是老娘，还有一个是新娘。一定要孝敬老娘，善待新娘。对人家的媳妇好，人家打你，对自己的媳妇好，你吃穿就不愁了。善待自己的媳妇，就是惜福。

（八十）

一位老人孤独地拿着一部很旧的手机，走进一家维修店里去维修。年轻的女店员看了看手机，告诉老人，他的手机并没有坏。老人听后，目光显得呆滞，突然哭了起来："那为什么，我接不到孩子们给我打的电话？"这时，女店员瞬间泪奔了！蓦然想起，上一次给爸妈打电话还是上个月了。

（八十一）

人活一辈子，究竟有什么是我们必须要的？真正需要的就是良好的心态和闲适的心情。只有家庭和睦，心态健康的人，才具备闲适的条件。娶一个好女人，就能赋予一个男人闲适的心情。每个成功男人的背后，都有一个默默支持他的女人！

【子 女】

（一）

孩子因成绩不好，又被妈妈骂笨鸟，孩子不服气地说，世上笨鸟有三种：一种是先飞的，一种是嫌累不飞的……妈妈问：那第三种呢？孩子说：这种最讨厌，自己飞不起来，就在窝里下个蛋，要下一代使劲飞。

献给望子成龙望女成凤的家长。

（二）

什么叫全力以赴？

一小孩搬石头，父亲在旁边鼓励：孩子，只要你全力以赴，一定搬得起来！最终孩子未能搬起石头，他告诉父亲：我已经拼尽全力了！父亲答：你没有拼尽全力，因为我在你旁边，你都没请求我的帮助！

全力以赴，就是想尽所有办法，用尽所有可用资源；全力以赴，不是你一个人在战斗！献给正在为梦想而奋斗的孩子们。

（三）

某班主任给班里所有家长发了一则短信——无论成绩好坏：每个孩子都是种子，每个人花期不同。有的花起初就灿烂绽放；有的花需要漫长等待。不要看自己的那颗还没动静就着急，细心呵护慢慢长大，陪他沐浴阳光风雨，何尝不是一种幸福。相信孩子，静等花开。也许你的种子永远不会开花，因为它是一棵参天大树。

（四）

一个小朋友拿着两个苹果，妈妈问：给妈妈一个好不好？小朋友看着妈妈，把两个苹果各咬了一口。此刻，母亲的内心有种莫名的失落。孩子慢慢嚼完后，对妈妈说：这个最甜，给妈妈。——忍耐有时很疼，但结果会很甜蜜；懂得倾听，才会了解真相；爱，有时需要等待，因为爱心在路上。

（五）

很多父母对自己的子女说：你毕业了就回老家，找一份工作，买套房子，找个好男人嫁了（找个好女人娶了），生活安心，我们也放心。但每个人生下来不就是为了见识这个世界吗？如果我们都变成小肥羊的羊、肯德基的鸡，生下来就是为了死，我宁愿从来就不被生下来。

爱是理解，不是禁锢。

生是见识，不是活着。

（六）

家庭教育方式很重要。

宠出来的孩子——危险；

捧出来的孩子——霸道；

惯出来的孩子——任性；

娇出来的孩子——脆弱；

打出来的孩子——逆反；

骂出来的孩子——糊涂；

逼出来的孩子——出格；

磨出来的孩子——坚强；

苦出来的孩子——懂事；

教出来的孩子——传统；

闯出来的孩子——勇敢；

搏出来的孩子——成功；

表扬出来的孩子——自信；

溺爱出来的孩子——依赖；

哄出来的孩子——虚伪；

纵容出来的孩子——傲慢。

指责中长大的孩子，将来容易怨天尤人。

敌意中长大的孩子，将来容易好斗逞强。

恐惧中长大的孩子，将来容易畏首畏尾。

怜悯中长大的孩子，将来容易自怨自艾。

嘲讽中长大的孩子，将来容易消极退缩。

嫉妒中长大的孩子，将来容易勾心斗角。

羞辱中长大的孩子，将来容易心怀内疚。

容忍中长大的孩子，将来必能极富耐性。

孩子是父母的镜子，父母是孩子的榜样。

（七）

一位年轻的母亲开着名车去送女儿到贵族小学学习。母亲对孩子说：妈妈为了赚更多的钱，将来送你到更好的学校学习，没时间陪你，你恨妈妈吗？女儿说不恨。接着女儿又对妈妈说：等我长大了，也赚很多的钱送你去最好的养老院。母亲听后一脚刹车停在路边放声痛哭。这是一个真实的故事。钱能买来很多东西，但买不来所有东西。陪伴孩子成长，且行且珍惜！

（八）

如果你种了一棵树，它长得不好，你不会责备它。你会观察它长得不好的原因。它可能需要施肥，或多些水，或少些阳光。你永远不会责备树！然而你却责备你的孩子。如果我们知道怎样去照顾孩子，给孩子足够的“心理营养”，那孩子就会像树一样长得很好。

（九）

一位家长分享的：“我钦佩一种父母，他们在孩子年幼时给予强烈的亲密，又在孩子长大后学会得体地退出，照顾和分离都是父母在孩子身上必须完成的任务。亲子关系不是一种恒久的占有，而是生命中一种深厚的缘分，我们既不能使孩子感到童年贫瘠，又不能让孩子觉得成年窒息。做父母，是一场心胸和智慧的远行。不仅仅是做父母，人生的许多时刻都应该懂得进退。”

（十）

告诉孩子什么才重要：

旅行比上课重要；

主见比顺从重要；

兴趣比成绩重要；

良知比对错重要；

幸福比金钱重要；

信仰比崇拜重要；

成长比输赢重要；

察己比律人重要。

人生的道路上，选择大于努力，

格局决定结局，心态决定一切！

（十一）

《战国策》中说：父母之爱子，则为之计深远。如何计深远呢？就要把做人最根本、最重要的东西，尽早地教给他们。而知好歹、懂规矩、会感恩都是为人的大素质、做人的大原则。教会孩子这些，一定能让孩子一生的路更顺，活得更安稳。

（十二）

父母三大责任：

成为孩子的榜样，建立并践行家训、家风！

帮助孩子建立强大的内在力量和外在好习惯。

帮孩子拥有梦想、升起梦想、实现梦想！

（十三）

真正的教育是一场修行，是孩子的纯真、无私、灵动洗涤了成人的浮躁、功利、自大的心路历程。好的教育，应该是父母通过孩子这面镜子，不断发现自我、修正自我、挖掘自我，并用新我来为孩子做示范和表率。我们是在教育的过程中，遇见了更好的自己。

（十四）

孝敬老人趁早，教育孩子趁小。其实，孩子的叛逆，源自孩子成长时父母的缺席、爱的缺席、耐心的缺席、纠正的缺席、慈和严不正确的打开方式。

（十五）

孩子有两样东西不能少：一是对生命的热爱。不管学业怎么样，对生命和生活都要充满热爱之情。二是与人合作、与人分享的能力。人是群居动物，相互之间需要给予和温暖，这是一种能力，也是一种责任，要让孩子有意识地承担。

（十六）

任何事业的成功，都无法弥补孩子教育的失败！言教不如身教，给孩子最好的礼物是榜样！人在年轻的时候，千万不要借口工作忙而忽略对孩子的教育，要知道，在年老的时候，一切荣华富贵都是过眼烟云，而一个不成器的孩子，足以让你晚景惨淡，但是一个成功孝顺的孩子，足以让你生活无忧。

【家人、友人】

（一）

脾气越大，身体越差；脾气越温，福报越深。声音越大，修养越差；声音越柔，德行越厚。性子越急，智慧越低；性子越稳，智慧越深。妻子越贤，夫祸越少；丈夫越仁，妻子越美。子女越孝，父母越安；父母越慈，子孙越贤。做人要方，做事需圆；小事糊涂，大事清楚。小胜靠智，大胜靠德；能忍是聪，会让是明。凡事看开，幸福一生。

（二）

请你晚上吃饭的人也许不少，能给你买早餐的人少之又少；想请你喝酒的人也许不少，喝醉照顾你的人少之又少；生病的时候关心的人也许不少，能给你买药、带你去看病的人少之又少；嘘寒问暖的人也许不少，能真给你送衣送伞的人少之又少。用心体会，到底什么人，真正值得我们知足与珍惜？行走江湖，更要关心家人。

（三）

家是男人停泊的港湾，女人回归的彼岸；是放爱不是放钱的地方，是让身心放松的地方。家是老人的笑脸，孩子的笑声；家是女人的依靠，男人的牵挂。家是男人努力付出不觉得累，女人辛劳经营不觉得苦，是男人和女人共同精心打造的温馨小窝。

（四）

擦肩而过的，叫路人；不离不弃的，叫亲人；时牵时挂的，叫友人；生死相随的，叫爱人；默契能懂的，叫情人。不管哪种关系，若长久维系，无须锦上添花，只需雪中送炭，足矣。风轻云淡时，一句问候；细水长流中，一个惦记；郁闷困惑时，一丝安慰；穷困潦倒时，一些给予；孤独无助时，一臂之力；落魄失意时，不离不弃！

（五）

真正的爱就是陪伴与懂得，过节了，用心陪陪家人吧！每个人走过这百年的旅程，总要从中有所收获：从误解中收获宽恕，从伤害中收获饶恕，从烦恼中收获智慧，从痛苦中收获善良，人生不能是一场空白。当然，人生也不能是一场伤害。多宽厚，多担待，多谨慎。

（六）

家，很平淡，只要每天都能看见亲人的笑脸，就是幸福的展现；爱，很简单，只要每天都会彼此挂念，就是踏实的情感。时间，会沉淀最真的情感；风雨，会考验最暖的陪伴。

（七）

做人，不一定要风风光光，但一定要堂堂正正；处世，不一定要尽善尽美，但一定要问心无愧。以真诚的心，对待身边的每一个人；以感恩的心，感谢拥有的一切；以宽阔的心，包容对不起你的人。没有人能预知未来，生命有时是如此脆弱，健健康康地过好每一天！人活着就累，所以叫人类！加倍珍惜身边对你好的人！也许转身就是一辈子！

（八）

爱，是一种感受，即使无奈，都会觉得幸福；

爱，是一种体会，即使心悴，都会觉得甜蜜；

爱，是一种经历，即使磨难，都会觉得美丽。

愿所有朋友珍惜且爱着自己的家庭，这是我们幸福的源泉。

（九）

干不完的事，停一停，放松心情；挣不够的钱财，看一看，身外之物；看不惯的世俗，静一静，顺其自然；生不完的闷气，说一说，心境宽广；接不完的应酬，辞一辞，有利健康；走不完的前程，缓一缓，漫步人生；尽不完的孝心，走一走，回家看看。

（十）

完美父亲的12个条件：

1. 有热衷投入的事业；

2. 有慈悲为怀的品格；

3. 有温馨和睦的家庭；

4. 有安全无忧的生活；

5. 有博览群书的知识；

6. 有倾其所有的意识；

7. 有积极豁达的态度；

8. 有健康有益的爱好；

9. 有深沉活力的气质；

10. 有肯于担当的气魄；

11. 有分享成长的乐趣；

12. 有积淀美好的情怀！

做孩子心目中完美的父亲。

（十一）

人是活给自己的，别奢望人人都懂你，别要求事事都如意。苦累中，懂得安慰自己。没人心疼，也要坚强；没人鼓掌，也要飞翔；没人欣赏，也要芬芳。生活，没有模板，只需心灯一盏，烦时，找找乐，别丢了幸福；忙时，偷偷闲，别丢了健康；累时，停停手，别丢了快乐。只要心中有家，人生就不会迷路。

（十二）

生命中，有喜欢做的事，有健康的身体，有爱你的人，有一个乖巧阳光的孩子，有几个一段日子不见就想的朋友，这就是幸福！

（十三）

家不在于大小，在于温馨；心灵不在于距离，在于相通；感情不在于热烈，在于长久；祝福不在于多少，在于真诚；朋友不在于远近，在于永远；牵挂不在于深浅，在于真心；知己不在于相处，在于懂得；人生不在于顺逆，在于追求；梦想不在于伟大，在于坚持；生命不在于长短，在于精彩。

（十四）

一个人的成就，不是以金钱衡量的，而是一生中，你善待过多少人，有多少人怀念你。生意人的账簿，记录收入与支出，两数相减，便是盈利。人生的账簿，记录爱与被爱，两数相加，就是成就。无论你多有成就，真正的成功，就是珍惜身边的人，多陪伴家人。

（十五）

三件让人幸福的事情：有人爱，有事做，有所期待。有人爱，不仅是被人爱，而且有主动爱别人爱世界的能力；有事做，让每一天充实，事情没有大小，只有你爱不爱做；有所期待，生活就有希望，人不怕卑微，就怕失去希望，期待明天，期待阳光，人就会从卑微中站起来拥抱蓝天。

（十六）

誓言再美，也比不上一颗融入生命的心；承诺再多，也比不了一直心疼你的人。友情，无须多言，人生路途中风雨如伞；爱情，无须轰轰烈烈，平平淡淡中相依相伴。很多时候，有一份懂得，便会温暖心怀；有一份聆听，便会驱走烦恼。生活中，有爱的陪伴，即使苦累心也甜。

（十七）

我们经常犯的错误就是把最差的脾气和最糟糕的一面都给了最熟悉和最亲密的人，却把耐心和宽容给了陌生人。事实上，不管是亲情、友情、爱情还是婚姻，都是易碎品，一旦出现过裂缝，便很难恢复原貌。即使是最亲密的人，也会因为我们的不尊重和缺乏耐心而受到伤害。珍惜善待身边的人，是我们应有的处世法则。

（十八）

人到了一定年纪才明白，要真诚感谢守候你一生的人，因为他是你一生的港湾；要微笑面对曾经恨过你的人，因为他让你更加坚强；要真诚感谢曾经爱过你的人，因为他让你懂得了爱；要感谢背叛你的人，若不是他，你就不会懂得世界；对你曾偷偷喜欢的人，要真心祝他幸福，因为你喜欢他时也希望他快乐；对值得信赖的人，要好好与他相处，一生中遇不到几个真诚的朋友或真正的知己。

（十九）

两个人沉默久了，就连发个信息，打个电话都需要勇气，慢慢地就越走越远了，人与人之间没有谁离不开谁，只有谁不珍惜谁。无论是夫妻、亲人、朋友、蓝颜还是红颜，一个转身，两个世界。一生之中有一个爱你、疼你、牵挂你的人，这就是幸福。世界上不是所有的人都可以掏心掏肺互诉衷肠，路过的都是景，擦肩的都是客。只有默默相守愿意放下脚步的那个才叫情，这就是人生。

（二十）

人生就像坐火车。车到中途，上上下下是常事，多少人彼此擦肩而过之后便老死不相往来，只有知心朋友和爱你的人一直陪你走向人生的最后一站。不要太忧郁，不要太在乎，真正值得你在乎的人和事，总在你的左右。人生的火车，到一站看一处风景，不知不觉已是终点站。随缘，知足，人生旅途才会充满幸福。

（二十一）

慢慢地，我们都会变老，从起点走向终点，自然而必然。在成长的旅途中，匆匆而又忙忙，跌跌而又撞撞，奔波而又小心，劳累而又费心，一生，留下什么，又得到什么。细想，活着，就该尽力活好，别让自己活得太累。人不可太精，事不可太勤，不要累人、累己、累心。记住，你好，全家才会安好。

（二十二）

幸福，在于彼此温暖的心田；陪伴，在于两情相悦的一种习惯；懂得，在于两心互通的一种眷恋。人，总要有一个家遮风避雨；心，总要有一个港湾休憩靠岸。

（二十三）

好好地活着，别在乎太多；

认真地活着，别奢求更多。

人只能活一次，千万别活得太累。

一辈子很长，也很短。

很多事情我们无能为力，我们唯一能掌控的就是要好好地活着。

累了，就先歇歇；

烦了，就先放放。

活着，不要太累。

为自己，也为爱自己的人。

（二十四）

平凡中的陪伴，最心安；懂你的人，最温暖！家是一个温馨而甜蜜的字眼，家是使你快乐的源泉！家是男人的世界，女人的天堂，儿女的乐园！家字很好写，经营却不易！我爱我家！

（二十五）

七句老人言：

不要攀、不要比、不要自己气自己。

活儿多干、话少说，人人心里有秤砣。

少吃盐、多吃醋、少打麻将多散步。

夫妻爱、子女孝、家和比啥都重要。

行点善、积点德，未来道路更宽阔。

吃点亏、受点苦、笨点、傻点也是福。

（二十六）

我们常想，在这个世上至少有三个方面，让我们不离不弃终身感动。一是父母，给了我们生命，目送着我们走向远方，无怨无悔地付出直到无所付出；二是子女，从呱呱坠地的那一天就与我们结下了血脉之缘，从此无比信任相伴到老；三是故乡，无论飘得多高，终有一天我们还是要想着或踏上这条回家的路。

（二十七）

幸福，是用来感觉的，而不是用来比较的；生活，是用来经营的，而不是用来计较的；感情，是用来维系的，而不是用来考验的；爱人，是用来疼爱的，而不是用来伤害的；金钱，是用来付出的，而不是用来衡量的。生活就像水中的一只鸭子，表面从容淡定，其实水底下在拼命地划水，想要过好生活，就要拼命划！否则，当父母需要你时，除了泪水，一无所有；当孩子需要你时，除了惭愧，一无所有；当自己回首过去，除了蹉跎，一无所有。

（二十八）

你穷，有人跟着你，这就是幸福；你病，有人照顾你，这就是幸福；你冷，有人抱着你，这就是幸福；你哭，有人安慰你，这就是幸福；你老，有人伴着你，这就是幸福；你错，有人包容你，这就是幸福；你累，有人心疼你，这就是幸福。幸福不是你能左右多少人，而是多少人在你的左右！

（二十九）

成功意味着为更多的生命服务。当我们能够在爸爸妈妈那里做孩子，在伴侣面前做伴侣，在孩子面前做父母，站对自己的位置，不再失责的时候；当我们的爱真正能付出，用智慧传播智慧、用生命影响生命、用爱来传播爱的时候，或许是我们人生最大的成功。

（三十）

何为成熟的人呢？

对自己人、对家人、对爱人，

很温柔，温柔得如同孩子；

对问题、对困难，则蔑视，

毫无惧意，顶天立地，

不慌不忙，淡定从容！

一个懂得爱的人，

家中宁可扮演输家，

爱，就是要懂得让步！

让步，在情感中不是退却，

而是一种尊重。

这才是成熟的人崇高的人格，

胸襟和涵养！

（三十一）

小时候，在外面买东西回家，总把价格给爸妈往高了报；如今，买了东西回家，总是告诉父母很便宜。小时候，在外受了委屈回家，总是在爸妈面前哭诉；现在，受了气回家，总想着办法在爸妈面前保持着微笑……一样的事情，不一样的“谎言”，折射出成长，诠释了担当。

（三十二）

如果你活得格外轻松顺遂，一定是有人替你承担了你该承担的重量。替你负重前行的人，就是这个世界上最爱你的人，他（她）总是怕你太累，而把最多的重量放在自己肩上。如果一个人对你好，绝对是命运的恩赐，而不是理所应当。哪怕是夫妻，哪怕是父母。

（三十三）

生活就是原谅，家庭就是容忍。生活中的温馨，多是源于原谅；家庭中的许多欢笑，多半来于包容。原谅就是心胸，容忍就是气度。没有度量，不会原谅；没有涵养，不会容忍。原谅一个人的任性，容忍一个人的无理甚至缺点，都需要耐性和冷静，更需要分得清轻和重。想要人生的安稳，就一定离不开原谅和包容这两样！

（三十四）

修与悟

对亲人保持尊重和耐心；

生气时言语也不过激；

心情糟糕也能照顾好自己；

不直白地说对方的短处；

能分清场合说话得体；

分手时平静告别；

宽容他人约束自己；

少用否定词；

懂得倾听；

用心经营感情。

（三十五）

人对物质生活应该知足，同时对周围的人和事也要知足。在一个家庭中，互相抱怨，互相看不起，慢慢地这个家庭就衰败了。夫妻之间要互相知足，你遇到什么样子的人，都是自己的福。你没有那个福，想要找个大富贵的人来结婚，很难。人算不如天算，人常常为了蝇头小利争着，争到了利，却输掉了自己的德，到头来没什么好结果。还是大度一些，吉人自有天相，积善成德，厚德载物。

（三十六）

幸福是，用你的双眼，去看一个未来平凡的世界、平凡的人生。在这个世界上，房子有价格，车子有价格，面子有价格，甚至连伴侣也有价格。然而，一切能用钱买到的东西，都不是最值钱的。唯有感情，始终只能物物交换，若你想得一颗真心，唯有用你自己的真心来换。

（三十七）

生活，就是一种体谅、一种理解。懂得体谅，懂得理解，懂得宽容，日子就会温馨，人生也会安宁。别为难自己，别苛求自己，心宽了，烦恼自然就少了，日子自然就顺了，人生自然就自在了。千般跋涉，万般找寻，需要的不过是一颗平常心。

（三十八）

人生过半，最奢侈的是：一颗不老的童心，一个生生不息的信念，一个健康的身体，一个永远牵手的爱人；一个自由的心态，一份喜欢的工作，一份安稳的睡眠，一份享受生活的美好心情。

拥有“四老”，一切皆好：老妻、老宅、老本、老友是也！

（三十九）

每个人都有各自的幸福，也都有各自幸福着的方式。对有的人来说，幸福来自一枚钻戒；对有的人来说，幸福来自一杯奶茶；对有的人来说，幸福就是爱人对自己的一个微笑、一句关心的话，一段安静日子。不要打扰他人的幸福，幸福也是一种隐私。你以为是一种苦难，或许在别人心中那就是幸福。活好自己就好。

（四十）

人总有脆弱的时候，并不需要太多的浪漫和语言。累了有一个肩膀可以依靠；痛了有一句懂得可以舒缓。即使两两相望，也是一份无言的喜欢。即使默默思念，也是一份踏实的心安。人总要有一个家遮风避雨；心总要有一个港湾休憩靠岸。最长久的情，是平淡中的不离不弃；最贴心的暖，是风雨中的相依相伴。

（四十一）

俗话说，“人有至宝，妻贤子孝”。家庭关系是人生中最亲密、稳定、持久的关系。家人之间要学会彼此尊重、协作互助。与父母相处的核心在于孝敬，多点陪伴，少点苛责，用他们需要的方式感恩和回报；与配偶相处要学会理解、包容、忠诚和承担责任；与子女相处要做好榜样，给予信任和自由，重视沟通。做人从家庭做起，从自己做起！

（四十二）

人和人之间的感情，莫过于亲情、爱情和友情。亲情和爱情就像血液必须流过心脏，永远躲避不开也割舍不掉。唯独友情，就像夜空里的星星和月亮，彼此关照，彼此星辉，彼此鼓励和彼此支撑，友情，是值得用一生去托付的情。

（四十三）

男人的深度，彰显的是人生的阅历，胸怀的宽广；是进则天下、退则田园的进取与淡泊；是面对世事变迁生命无常的淡定与从容。男人的深度是一种生命的厚度。即便再聪颖、再努力，没有时间的打磨，不经世事的生命无法像大海一样深广。

（四十四）

家是一个可以为我们遮风挡雨的地方，家是一个可以给我们温暖、希望的地方，家是一个可以让我们停靠的港湾，家也是我们精神上的寄托。家要安静，不可吵闹；家要清洁，不可凌乱；家要真诚，不可虚伪；家要自由，不可强制；家要温存，家要小节。家要关心、体贴、理解、包容、忍让。如此，家里才有幸福！

（四十五）

记住别人的好，可以培养自己谦虚的品质。人无完人，对人宽容就是对己宽容；善待别人，其实就是善待自己！专挑别人缺点、不能容人的人，必然自我感觉良好，看不到自己身上的缺点，从而丧失改进提高的机会；记住别人“滴水之恩”的人，则往往能见贤思齐，虚心学习他人身上的优点，因此自己身上的“好处”也会越来越多，人际吸引力就会越来越强，无形中就拥有了更多的精神财富。

（四十六）

人生一世，不过百年。尽责担当，别留遗憾。父母生我，行孝为先。子女我生，育养全面。善待爱人，终身相伴。工作事业，切莫怠慢。人之本分，生活源泉。慎之又慎，善终圆满。勤俭善良，苦学肯干。洞悉明理，本心向善。交必良友，受益匪浅。大智大德，我辈指南。

（四十七）

好多事儿再次验证了古人的智慧：娶妻娶德不娶色，嫁人嫁心不嫁财，交友交心不交利。以情相交，情断则伤；唯以心相交，方能成其久远。以善为念，学会感恩；以诚相待，以心相交！与高者为伍，与德者同行，必得善果！心存至善，你的人生必有一片祥云。

（四十八）

《易经》有云："积善之家，必有余庆。"这里的"余庆"可不单指自己一身，而是指惠及后世子孙。因此，司马光在家训中曾说道："积金以遗子孙，子孙未必能守；积书以遗子孙，子孙未必能读；不如积阴德于冥冥之中以为子孙长久之计。"

（四十九）

有付出就有回报，爱别人别人才会爱你，帮助别人别人才会帮助你。只有发出爱，你才会吸引爱。所以不要只爱你自己，也要爱周围所有的人。你付出的爱越多，你积聚爱的气场就会越大，就会有更多的人爱你。

（五十）

心里有你的人，懂你的眼泪，懂你的逞强，能看穿你口是心非背后所有的悲伤。这世上，钱能买得起真正的奢侈品，但买不到一颗真正惦记你的心！

（五十一）

人生如爬山，每个人都有自己的不易。有人嫌苦从未前行；有人怕累起步就停；有人努力爬了一半，怀疑到不了山巅折功而返；有人却心怀梦想，竭尽全力、洒尽汗水、历尽挫折终登巅峰。于是山脚的人望顶兴叹、自愧不如。殊不知，登顶之人未必有强过你的能力，只是多了些信心和坚持！

（五十二）

"时光荏苒，生命短暂，别将时间浪费在争吵、道歉、伤心和责备上。用时间去享受吧，哪怕只有一瞬间，也不要辜负。"跟儒家学乐观，跟道家学旁观，跟佛家学达观。心中安然，与人为善。在岁月中一路成长，在阅历中一生修行，然后抵达人生的通透之境。人生中与随和的人相伴，往往可以走得更远。这个世界，多少友情因计较而断，多少爱情因计较而散，多少亲情因计较而疏远。而一个脾气好的人，却可以把这一切都留下来。

（五十三）

亲人是命中注定的朋友，
朋友是自己找来的亲人。
生命是一场漂泊的漫旅，
遇见谁都是美丽的意外。
珍惜着被称作朋友的人，
那里是漂泊心灵的互爱。

（五十四）

惦记无声，却很甘甜。

问候平常，却很温暖。

信任无言，却最真切。

友情无形，却最珍贵。

祝福简单，却常留心间。

（五十五）

在人生的旅途中，尽管有坎坷、有崎岖，但有真正的朋友在，就能给你鼓励、给你关怀，并且帮你度过最艰难的岁月。真正的朋友，无须想起，因为从未忘记。

第四章　做　事

【职　场】

（一）

职场：先升值，再升职。

沟通：先求同，再求异。

执行：先完成，再完美。

学习：先记录，再记忆。

设计：先仿造，再创造。

创业：先成长，再成功。

发展：先站住，再站高。

人际：先交流，再交心。

（二）

工资发给日常工作的人，高薪发给承担责任的人，奖金发给做出成绩的人，股权分给能干忠诚的人，辞退信送给没结果还要个性的人，淘汰的永远是那些不愿改变的人，事业属于那些先投入先付出的人。

（三）

不管在什么地方上班，请记住，工作不养闲人，团队不养懒人。没有哪个行业的钱是好赚的。赚不到钱，赚知识；赚不到知识，赚经历；赚不到经历，赚阅历！只有先改变自己的态度，才能改变人生的高度。让人迷茫的原因只有一个，那就是本该拼搏的年纪，却想得太多，做得太少。

（四）

最受欢迎的职场精英：工作起来专注专业，让人着迷；娱乐起来玩得很开，偶尔可以放松一下；对待家人有担当，负起自己应负的责任；对待朋友豪爽大气，不扭捏不耍心眼；对生活永远充满激情，可以切换不同状态；办事利索高效，做人简单坦诚；人生目标坚定明确，生涯规划清晰合理。

（五）

活鱼逆流而上，死鱼随波逐流。生活累就对了！苦才是人生，累才是工作，变才是命运，忍才是历练，容才是智慧，静才是修养，舍才是得到，做才是拥有！如果，你感到自己很辛苦，就应告诉自己：容易走的都是下坡路，苦正因为你在向上走。

（六）

做个好生意人吧。

生客卖礼貌；熟客卖热情；急客卖效率；慢客卖耐心；有钱的卖尊贵；没钱的卖实惠；时髦的卖新潮；专业的卖知识；豪爽的卖仗义；小气的卖利益；享受的卖服务；虚荣的卖荣誉；挑剔的卖细节；随和的卖认同；犹豫的卖保障。

（七）

职场七大决胜秘诀

1. 敬畏规则是最大的美德，不遵守制度的人是不可靠的人！
2. 每一位同事都是生命中的贵人，同事之间的关系本质是相互成就和爱！
3. 为同事创造价值、为客户创造价值，我才有价值！
4. 没有团队，我一事无成，获得奖励，首先感谢团队！
5. 蔑视不负责任的人！
6. 今天的工作必须下班前完成！
7. 今天工作不努力，明天努力找工作！

（八）

工作遇到挫折，你退缩了，说难；生活遇到困难，你抱怨了，说苦；总是怨天尤人，整日唉声叹气，羡慕别人的成就，悲观了自己的路。其实，工作不如意，可以慢慢来，因为经验需要积累；生活不开心，别着急，生活本就是大杂烩；别人今天的成功，是他的过去所成就的，你今天虽不如意，但是你可以把握明天，你还有未来。

（九）

职场语录

1. 狂妄的人有救，自卑的人没有救。

2. 你什么时候放下，什么时候就没有烦恼。

3. 人之所以痛苦，在于追求错误的东西。

4. 与其说是别人让你痛苦，不如说是自己的修养不够。

5. 命运负责洗牌，但是玩牌的是我们自己。

6. 活着就是有福气，好坏得靠自己。

（十）

老板巡视工厂，瞧见一员工正埋头卖力工作。他拍拍员工肩膀说：加油！我以前和你一样。员工也伸手拍下老板肩膀：你也加油！我以前也和你一样。

启示：不管你多富有，若无危机感，别人今天的落魄，就是你明天的影子；不管你多贫穷，若有危机感，别人今天的成功，也是你明天的影子！21世纪唯一不变的就是“变”！穷人不学“穷无止境”，富人不学“富不长久”！

（十一）

经营一份事业，不仅是为了赚钱，而且是为了让自己的人生变得独立而精彩。很多人都在追求物质财富，也在追求自我成长。走过一段历程后发现：当人内心强大，修养足够时，赚钱只是顺带的事；成功也是优秀的副产物。不断提升自我价值，让自己变得不可替代。人的成熟跟成功都一样重要！先做一个值钱的人，再做一个有钱的人！

（十二）

“有问题”便是“大机会”：

公司的问题，就是我们晋升的机会；

客户的问题，是销售的机会；

自己的问题，是成长的机会；

同事的问题，是建立人脉的机会；

老板的问题，是赢得信任的机会；

竞争对手的问题，就是我们变强的机会！

（十三）

成功的人有两种：一种是心甘情愿吃亏的人，一种是愿意去干事的人。干事业：难在看懂，停在情绪，断在行动，慢在依赖，快在独立，赢在跟对，垮在意志，苦在单干，巧在借力，亏在自私，错在指责，胜在检讨，差在不改，累在盲目，贵在付出，赔在自大，输在少学，败在放弃，成在坚持。成功者永不放弃，放弃者永不成功。常看，常悟，常行动、常进步！

（十四）

创业者感悟：

人生最苦的日子，往往都是最值得回味的日子，而且是迈过下一道坎的重要力量。能否让自己变得坚强，就在于你是否真正地为自己坚持过。生命中最难的时刻，就是人生拐点的开始。人生的酸苦经过时间的发酵，会变成人生的美妙。人最害怕的不是走远路，而是不知道走哪条路。

（十五）

献给那些吵不离、骂不散的团队：

多理解，多包容！谁都有错的时候！

理解、包容是一种智慧。珍惜才会拥有，感恩才会天长地久！

（十六）

职场生存，适应和胜任本职工作，要有三个基本能力：准确简洁、逻辑清晰的口头和书面表达能力；严谨细致、干净利落的办事能力；善于沟通、商量办事的协作共事能力。

（十七）

职场情商训练法如下。

1. 把看不顺的人看顺。

2. 把看不起的人看起。

3. 把不想做的事做好。

4. 把想不通的事想通。

5. 把快骂出的话收回。

6. 把咽不下气的咽下。

7. 把想放纵的心收住。

你不需每时每刻都这样做，但多做几回你就会：情商高了；职位升了；工资涨了；人爽了。

（十八）

常言说，“磨刀不误砍柴工”，遇事要“三思而后行”。这就是告诫人们，凡事要深度思考。其实，深度思考比勤奋更重要。深度思考是将时间和精力投入事情最高效的环节中。人生不是完全由深度思考决定的，但深度思考却能起到决定作用。善于深度思考的人，在职场上会充分考虑自己的优势和劣势，扬长避短，从而找到适合自己的舞台。

（十九）

职场人生：

欣赏别人是一种境界；

善待别人是一种胸怀；

理解别人是一种涵养；

帮助别人是一种快乐；

学习别人是一种智慧。

骗我的人增长我的见识；

绊倒我的人强化我的能力；

斥责我的人助长了我的智慧；

遗弃我的人教导了我的独立；

伤害我的人磨炼了我的心志。

（二十）

满怀感恩去工作，感恩做事，就能带来更多值得感激的事情。宇宙中有一条永恒的法则："受人恩惠不是美德，报恩才是。当人拥有感恩之心的时候，美德就产生了。"不要以为工作是平淡乏味的，当你满怀感恩之心去工作时，你就很容易成为一个品德高尚的人，一个更有亲和力和影响力的人，一个有着独特的个人魅力的人。上班了，好好干吧！

（二十一）

曾国藩曾说："轻财足以聚人，律己足以服人，量宽足以得人，身先足以率人。"其意为仗义疏财能够团结人，严于律己能够使人信服，宽以待人能够得到人心，身先士卒能够领导众人。

（二十二）

俗话说："死要面子活受罪。"事业做不好，再华丽的面子也都是虚的，盛世难逢，市场残酷，创业面临前所未有的挑战，要拿出勇气来干出一份属于自己的事业。行动是最好的见证，放下面子，挫而愈坚，辉煌就在你前头。

（二十三）

没人在乎你怎样在深夜痛哭，也没人在乎你发奋努力坚持，苦熬几个秋。外人只看结果，自己要去独撑过程。等我们都明白了这个道理，便不会再在人前矫情。四处诉说以求宽慰，不如默默埋头去求取成功！

（二十四）

做个低调的人吧，藏锋守拙，待机而发，大智若愚、大巧若拙，心态平和踏实，虚心和善，具有认真谨慎的工作态度。这样的人往往具有十分缜密的个人思维习惯，处乱不惊，目光长远，再加上艰苦的磨炼和顽强的意志，为事业成功奠定了坚实的基础。

（二十五）

从前，一个卖被子的，一个卖烧饼的，在一个寒冷的夜晚同时住进了一家破庙。两个人没有交流，互不理会，一个吃饱了睡在庙里东南角，干冷着；一个盖上被子睡在了西北角，干饿着！两个人心想：要是对方主动找我，我肯定和他合作。结果第二天早上，一个冻死了，一个饿死了！记住：主动找你的人，不一定是求你，也可能是帮你，合作才能共赢！

（二十六）

做什么，靠谱很重要，始终如一，锲而不舍。干事业，就要找一群靠谱的人，去干那些靠谱的事。随着社会的进步与发展，单打独斗的时代已是明日黄花。“合作共赢”“平台整合”“共享发展”，才是时代的主旋律。真正的团队不在人多，而在心齐和相互信任。在团队合作、管理过程中，有效沟通、掌握有效沟通渠道是凝聚竞争力、强化执行力、提升业绩的关键。

【选　择】

（一）

面对不愿面对的事情，可能会很困难，但你面对了会发现事情会越来越容易；逃避不得不面对的事情，可能会一时得到喘息，但事情会变得越来越麻烦！所以，勇敢面对该面对的一切！你的运势因为你的选择而变得充满力量，转折就在你的一念之间！只要坚持加油就好！无论如何选择，只要是自己的选择，就不存在对错，更无须后悔。过去的你不会让现在的你满意，现在的你也不会让未来的你满意。若当初有胆量去选择，就应该有勇气将后果承受。所谓一个人的长大成熟，便是敢于面对自己和这个世界：在选择前，有一张真诚坚定的脸；在选择后，有一颗绝不改变的心。

（二）

你想得越多，顾虑就越多；什么都不想的时候反而能一直往前。你害怕得越多，困难就越多；什么都不怕的时候一切反而没那么难。别害怕，别顾虑，想到就去做。这世界就是这样，当你不敢去实现梦想的时候，梦想会离你越来越远；当你勇敢地去追梦的时候，全世界都会来帮助你。

（三）

鸡蛋，从外打破是食物，由内打破是生命。人生亦是，从外打破是压力，从内打破是成长。如果你等待别人从外打破你，那么你注定会成为别人的食物；如果能让自己从内打破，那么你会发现自己的成长相当于一种重生。

（四）

有人问农夫："种了麦子了吗？"农夫："没，我担心天不下雨。"那人又问："那你种棉花没？"农夫："没，我担心虫子吃了棉花。"那人再问："那你种了什么？"农夫："什么也没种，我要确保安全。"

（五）

每一次放弃都必须是一次升华，否则就不要放弃；每一次选择都必须是一次升华，否则不要选择。做人最大的乐趣在于通过奋斗去获得我们想要的东西，所以有缺点意味着我们可以进一步完美，有匮乏之处意味着我们可以进一步努力。当一个人什么都不缺的时候，他的生存空间就被剥夺掉了，他离幸福就慢慢远了。

（六）

越是泥泞的道路，留下的足迹越清晰；越是陡峭的山峰，看到的景致越美妙。世上没有平白无故的成功，所有的鲜花都是汗水浇灌而来的。一旦选准自己要走的道路，就勇敢地走下去，再难也要坚持，再远也不要放弃。天道酬勤，一分耕耘未必有一分收获，但九分耕耘一定会有一分收获。

（七）

路，不通时，选择绕行；

心，不快时，选择看淡；

情，渐远时，选择随意。

有些事，挺一挺，就过去了；

有些人，狠一狠，就忘记了；

有些苦，笑一笑，就冰释了；

有颗心，伤一伤，就坚强了。

（八）

在猴子面前放一根香蕉和一根金条，猴子只会拿香蕉，因为猴子没有学习过，不知道一根金条可以换来千千万万根香蕉。同样地，在人面前放一根金条和一个平台，大部分人会选择金条，却不知道平台可以换来千千万万根金条。所以说，当能力支撑不起欲望之时，还是需要选择潜心学习。视野宽了，知识面达到了，才能选择一个对的方向，一路走下去。

（九）

五句智慧格言：

1. 一个人虽然可以选择许多路，但不能同时走两条路。
2. 一步登不上高山，但一步不慎，却会从悬崖上掉下来。
3. 向昨天要经验，向今天要成果，向明天要动力。
4. 宁肯与好人一起咽糟糠，也不能与坏人一起吃筵席。
5. 人生道路上的每一个里程碑，都刻着两个字“起点”。

（十）

一个人若想成功，要么组建一个团队，要么加入一个团队！

在这个瞬息万变的世界里，单打独斗者，路会越走越窄，选择志同道合的伙伴，就是选择了成功。

（十一）

起点低不代表终点低；等别人给你运气，不如自己给自己勇气；一次行动胜过一千次空想；最大的破产不是财务破产，而是精神破产；白吃的午餐，会让你变成白痴的午餐。记住！挣钱是为了生活，但生活并不是为了挣钱。

（十二）

一件事，如果不喜欢，那就去改变，如果改变不了，那就去适应吧。如果做不到适应，那就只好回避吧。如果连回避也做不到，那就只有放弃吧。能干的人会选择改变，让不喜欢变得喜欢。懒惰的人会选择适应，自己就怕奋斗和努力。懦弱的人会选择回避，眼不见心也烦的。勇敢的人会说：我放弃，一了百了。

（十三）

蜜蜂忙碌一天，人见人爱；蚊子整日奔波，人人喊打！多么忙不重要，忙什么才重要！一次重要的抉择胜过千百次的努力！今天的生活是由以前的选择决定的，而未来的生活是由今天的选择决定的。

（十四）

让自己忙一点，忙到没有时间去思考无关紧要的事，很多事就这样悄悄地淡忘了。时间不一定能证明很多东西，但是一定能看透很多东西。坚信自己的选择，不动摇，使劲跑，明天会更好。

（十五）

成功绝非偶然，一定属于必然。别人舍不得的时候，你舍得；别人忍不得的时候，你忍得；别人记不得的时候，你记得；别人做不得的时候，你做得；别人坚持不了的时候，你咬紧牙关去坚持。成功，就在最黑暗之后那0.1秒，就是所有人都选择放弃的时候，你仍知道自己在干什么。

（十六）

放弃很容易，但你最终会一无所得；坚持很难，但你最后一定会大有收获。你勇敢，世界就会为你让路；你无惧，命运就会为你屈服。我们可以选择停滞不前，也可以选择自我改变。我们可以选择安逸享乐，也可以选择在奋斗中精彩绽放。过去的你，今天的你，都不重要，重要的是未来要成为怎样的人。

（十七）

不要去追一匹马，用追马的时间种草，待到春暖花开之时，就会有一匹匹骏马任你选择。别去刻意追哪一个客户，用追客户的时间去完善自己，完善公司，完善产品，待到时机成熟时，会有一大批客户任你选择。用人情做出来的客户只是短暂的，用人格吸引来的客户才能长久，所以丰富自己比取悦他人要有力量得多。

（十八）

幸福让你甜蜜，考验让你强大，失败让你谦虚，成功让你闪光。低头走路的人只看到大地的厚重，却忽略了天空的高远；抬头走路的人，只看到苍穹的广阔，却忽略了脚下的艰辛与险峻。做一棵大树吧，植根大地，仰望天空；春来花开，秋结硕果。生命不是要超越别人，而是要超越自己。人生的路，靠的是自己一步步去走，真正能保护你的，是你自己的选择。而真正能伤害你的，也是你自己的选择。决定人生的，不是命运，而是你自己的每一次抉择。选择有时大于努力！

（十九）

人有一种遗憾，想做却没有机会；人有一种悲哀，有机会时却没有把握；人生有一种后悔，把握了却不敢行动。你行动的速度，决定你口袋里人民币的厚度。人生短暂，选择好了就别迟疑、别懈怠，太多借口、太多抱怨只能告诉别人你无能！加油吧！你一定是最棒的！

（二十）

人生最大的运气，不是捡钱，也不是中奖，而是有人可以带你走向更高的平台。其实，限制人们发展的，不是智商学历，而是你所处的生活圈子、工作圈子。所谓贵人，就是开阔你的眼界、带你进入新的世界的人。明天是否辉煌，取决于你今天的选择和行动！人生，是一场盛大的遇见。你若懂得，就请珍惜。感恩生命中出现的所有贵人！

（二十一）

人生的路，事业的路，家庭的路，都需要选择和经营。既然选择了前进就没有退路，哪怕前面是刀山火海，哪怕是悬崖绝壁，哪怕是一个人的孤独，选择了就应该坚持。遇到坎坷翻过去就是英雄，遇到悬崖跳下去就是陆地。可能会粉身碎骨，也可能终身残疾。但你尝试了过程，你选择了坚强，你对自己的选择终生无悔！

（二十二）

愿意吃亏的人，终究吃不了亏，吃亏多了，总有厚报；爱占便宜的人，定是占不了便宜，赢了微利，最后失了大贵。再好的东西，你也不可能长久拥有，不必计一时回赠，莫如常怀怜悯之情，常施援助之手，得到人心，他物不缺。别以为成败无因，今天的苦果，是昨天的伏笔；当下的付出，是明日的花开！

（二十三）

船停在码头是最安全的，但那不是造船的目的。人待在家里是最舒服的，但那不是人生的追求。人生就像坐飞机，有头等舱也有经济舱，虽然都是同时到达，但过程却完全不同。人生就像十字绣，表面看着风风光光，又有谁能注意到背面交纵错杂的线头。人生的意义就是对自己的生存方式和发展方向有选择权。不一样的选择绝对有不一样的结果！路在脚下，用心去走！选择比努力更重要。

（二十四）

人的一生，既不是想象中的那么好，也不是想象中的那么坏。每个人的背后都会有辛酸，都会有无法言说的艰难。每个人都会有自己的泪要擦，都会有自己的路要走。只要记得，冷了给自己加件外衣；饿了给自己买个面包，痛了给自己一份坚强；失败了给自己一个目标；跌倒了在伤痛中爬起，给自己一个宽容的微笑，继续往前走，希望就在前面。人生的幸福，一半要争，一半要随。争，不是与他人，而是与困苦。随，不是随波逐流，而是知止而后安。争，人生少遗憾；随，知足者常乐。

（二十五）

在学会进取的同时，也应该学会放弃。放弃是一种智慧，也是一种美丽。放弃的姿势，是我们准确地衡量自己、把握自己之后，作出的最现实的决定，它不是保守，不是退缩，而是为了保护自己想要的一切。

（二十六）

人生，不是总如意；生活，不是都称心；事业，不是永辉煌；前行，总会遇沟坎；情缘，总有苦辣甜。不要求别人，不苛求自己。路，不通时，学会拐弯；结，解不开时，学会忘记；事，难做时，学会放下；缘，渐远时，选择随意。

【奋斗、拼搏】

（一）

宁可拼搏累死在路上，也不能闲死在家里；宁可出去碰壁，也不能在家里面壁。是狼就要练好牙，是羊就要练好腿。什么是奋斗？奋斗就是每一天很难，可一年一年却越来越容易。不奋斗就是每天都很容易，可一年一年越来越难。能干的人，不在情绪上计较，只在做事上认真；无能的人，不在做事上认真，只在情绪上计较。拼一个春夏秋冬！赢一个无悔人生！

（二）

内心强大须训练的六个素质：有肚量去容忍那些不能改变的事；有毅力去改变那些可能改变的事；有能力去发现那些可有可无的事；有智慧去分辨那些非此即彼的事；有恒心去完成那些看似无望的事；有勇气去面对那些已经做错的事。

（三）

站起来的次数能够比跌倒的次数多一次，你就是强者；站不端正的蜡烛，必然泪多命短；不要欺骗任何相信你的人，不要相信任何欺骗你的人；有本事的人，让过去能真的过去，未来能真的到来；自由，并不只是你能做自己喜欢的事，更重要的是，能不做自己不喜欢的事。

（四）

有非常棒的三段话。

第一段话：

你的责任就是你的方向；

你的经历就是你的资本；

你的性格就是你的命运。

第二段话：

复杂的事情简单做，你就是专家；

简单的事情重复做，你就是行家；

重复的事情用心做，你就是赢家。

第三段话：

美好是属于自信者的，

机会是属于开拓者的，

奇迹是属于执着者的！

总结：勤奋持久做事终成果。

（五）

你若不想做，总会找到借口；

你若想做好，总会找到方法！

当别人休息时，你还在努力；

当别人放弃时，你还在坚持；

当别人困惑时，你双眼坚定；

当别人娱乐时，你选择学习；

当别人赖床时，你早已出行；

当别人懈怠时，你挑战纪录；

当别人沉默时，你展现激情；

当别人祝贺时，你含泪致谢；

当别人拼搏时，你早已成功！

送给走在成功路上的你！

（六）

不敢撒娇，因为没有人惯着；

不敢哭泣，因为没有人哄着；

不敢偷懒，因为没有人给钱花。

坚强、独立、拼搏是唯一的选择，

时刻提醒自己不能倒下，一定要坚强！

没有谁天生想当女汉子，只因生活太多无奈，

愿所有正在拼命的姑娘，都可以得到自己想要的生活。

（七）

等将来，等不忙，等下次，等有时间，等有条件，等有钱了……等来等去，等没了缘分，等没了青春，等没了健康，等没了机会，等没了选择，等没了美丽。谁也无法预知未来，很多事情可能会一等就等成了永远！想要做的事就赶紧去做，不要给自己等来太多的遗憾。

（八）

任何团队的核心骨干，都必须学会在没有鼓励，没有认可，没有帮助，没有理解，没有宽容，没有退路，只有压力的情况下，自我鼓励，自我认可，自我帮助，自我理解，自我调节，一起和团队获得胜利。成功，只有一个定义，就是对结果负责。如果你靠别人的鼓励才能发光，你最多算个灯泡。我们必须成为发动机，去影响其他人发光！我们必须成为太阳，将身边每个角落照亮！

（九）

渴望成功之人，往往都要经历一段没人支持、没人帮助的黑暗岁月，而这段时光，恰恰是沉淀自我的关键阶段。犹如黎明前的黑暗，挨过去，天也就亮了。所谓千里马，不一定是跑得最快的，但一定是耐力最好的。可以抱怨，但必须忍耐，积蓄力量，等待机会——这样，人生才会有希望。献给所有奋斗中的朋友！

（十）

每个有奋斗目标的人都必须用好三个无形的助手：激情、执着、谦虚。当激情退却时，执着会帮助我们实现梦想；当执着倦怠时，激情赋予我们能量；当激情与执着让我们冒进时，谦虚会提醒我们不仅要眼观六路，还要耳听八方！

（十一）

为什么成功的路上不拥挤？

因为成功路上：

不懂感恩消失一批；

胆小怕事掉队一批；

心态不好病倒一批；

没有主见迷失一批；

亲人打击消沉一批；

朋友嘲笑退缩一批；

自己乱作阵亡一批；

不去学习淘汰一批；

学了不用滞留一批；

自以为是作废一批。

结论：剩者为王。

建议：坚持别人不能坚持的，才能拥有别人不能拥有的。

（十二）

你可以输给任何人，但不能输给自己；你可以迷失方向，但不能迷失心灵。你是你人生的作者，何必把剧本写得苦不堪言；你是你心情的舵手，何必让脆弱对你寄予厚望。心有多大，就能笑得多灿烂；心有多小，就能哭得多可怜。因为心灵是自己的地方，它可以把天堂变成地狱，也可以把地狱变成天堂。心里充满了希望，你的事业就会辉煌！

（十三）

成功没有快车道，幸福没有高速路。所有的成功，都来自不倦的努力和奔跑；所有幸福，都来自平凡的奋斗和坚持。小时候，幸福是一件东西，拥有就幸福；长大后，幸福是一个目标，达到就幸福；成熟后，发现幸福原来是一种心态，淡定就幸福。

（十四）

你喜欢目标，方法就越来越多。

你喜欢放弃，借口就越来越多。

你喜欢感恩，顺利就越来越多。

你喜欢拼搏，成功就越来越多。

你喜欢逃避，失败就越来越多。

你喜欢分享，朋友就越来越多。

你喜欢独占，孤独就越来越多。

天天保持阳光、积极、包容的态度，好运的正能量就天天跟着你，这就是吸引力法则！

（十五）

人逢绝境再重生，守得云开见月明。就是因为无知，才不怕；就是因为简单，才直接；就是因为绝望，才敢拼。成功不是因为你多聪明、多能耐，而是因为你比别人更懂得去多做少说和谦虚低调加勤快。一个人的成果和价值，要么是别人逼迫出来的，要么是自己强迫出来的。

（十六）

一个成功者，必须是个有信心的人，需要跋山涉水，勇往直前，实在过不去就绕个弯，也要曲折前行，这就是毅力。决心就是力量，坦诚就是效率。平坦不是最佳道路，起伏才有丰富人生。一个人可以不成功，但不可以不成长。凡事找方法去解决者，一定是成功者。凡事找借口推托者，必定是失败者……做一个成功者，就要百折不挠，不达目的决不罢休！

（十七）

不是井里没水，而是你挖得不够深；不是成功来得慢，而是你放弃得快。成功不是靠奇迹，而是靠轨迹！美好生活要有“四度”空间：宽度、深度、热度、速度。成功者的工作状态需具备“五动”：主动、行动、生动、带动、感动。与拥有梦想者同行！与坚定信念者同行！送给奋斗在路上的每个人！

（十八）

不怕在自己的梦想里跌倒，只怕在别人的奇迹中迷路。每一个人的人生都是一条独一无二的路。在路上，俯视是为了体察，而不是轻视；仰视是为了求索，而不是膜拜。太看重自己，不会长进；太看重别人，会丢了自己。有梦想，走一段夜路也无妨，就怕迷失在闪烁的霓虹里。活出自己，是生命最重要的事。

（十九）

最酸的不是醋，而是吃醋。最甜的不是糖，而是幸福。最苦的不是药，而是没人疼。最美的不是容貌，而是心灵。最痛的不是伤口，而是相爱的人不能在一起。最伤心的不是忘记，而是忘不了。最累的不是身体，而是心。最醉人的不是酒，而是人。最难做的不是难事，而是坚持。

（二十）

当你一开口就在讲困难，成长已经远离你；当你一付出就在想回报，机会已经远离你；当你一做事就在想个人利益，收获已经远离你；当你一有起色就在谈条件，未来已经远离你；当你一合作就在想自己如何不吃亏，事业已经远离你。成功的秘诀就是默默苦干不说话，充满自信大步向前。

（二十一）

小成靠勤，中成靠智，大成在德。

勤奋可保温饱，勤奋是人最朴实的品质。人若想取得更大的成就，需要智慧的引领。因为，方向比努力重要，方法比力量重要。要想有海一样的事业，就得有海一样的胸怀，塑造高尚的道德，以德聚人，依靠众人之力成就大业。谋事在人成事在天，顺应天道事终成。

（二十二）

幸福人生的三种姿态：

对过去，要淡；对现在，要惜；对未来，要信。没有人陪你走一辈子，所以要适应孤独；没有人会帮你一辈子，所以要奋斗。与其用泪水悔恨昨天，不如用汗水拼搏今天。当眼泪止住的时候，留下的应该是坚强。

（二十三）

喜欢跑步的人很多，但天天跑步的人不多；拥有梦想的人很多，但坚持一个梦想的人不多；喜欢学习的人很多，但天天学习的人不多。在现实生活中，每个人的思想都很丰富，但是能够持之以恒地坚持做一件事情的人并不多。所以，有人成功，有人失败，有人笑，有人哭，关键看你能否坚持下去。

（二十四）

所谓人才，就是你交给他一件事情，他全力以赴做成了；你再交给他一件事情，他又千方百计做好了。所谓庸才，就是你交给他一件事，不但没有做成，还找理由说是别人的原因，声明和他本人无关。两者区别：一个是做，一个是说；一个不想退路，一个找好退路；一个全力以赴，一个瞻前顾后。人才，从来不是淘汰来的，而是淘汰后活下来的！

（二十五）

小鸡问母鸡：

“马上入冬了，可否不用下蛋，带我出去玩啊？”

母鸡道：

“不行的，我要工作！”

小鸡说：

“可你已经下了许多蛋了。”

母鸡意味深长地对小鸡说：

“一天一个蛋，菜刀靠边站，半年不生蛋，高压锅里见。”

孩子你要记住：

存在是因为你创造价值！

淘汰是因为你价值丧失。

过去的价值不代表未来的地位，

所以每天都要努力！

生命不息，奋斗不止。

奋斗止了，生命就没了。

献给正在奋斗的你！

（二十六）

人背不能怪社会，人穷不能怪亲朋。大凡爱占小便宜的人，斤斤计较，无所事事，混天聊日，到头来只看见蝇头小利，却没见哪个真正发财大富大贵的。年轻不勤劳，老了后潦倒，壮年时瞎糊混，年纪大了更贫困，这是规律。一年之计在于春，一生之计在于勤！人的一生就是一个储蓄的过程，在奋斗的时候储存了希望；在耕耘的时候储存了种子；在旅行的时候储存了风景；在微笑的时候储存了快乐。聪明的人善于储蓄，在漫长而短暂的人生旅途中，学会储蓄每一个闪光的瞬间，然后用它们酿成一杯美好的回忆，在四季的变幻与交替之间，散发浓香。

（二十七）

人生就像一杯没有加糖的咖啡，喝起来是苦涩的，回味起来却有久久不会褪去的余香。人生如何，全在自己体会。不求与人相比，但求超越自己！看透的人，处处是生机；看不透的人，处处是困境。拿得起的人，处处是担当；拿不起的人，处处是疏忽。放得下的人，处处是大道；放不下的人，处处是迷途。想得开的人，处处是春天；想不开的人，处处是凋枯。做什么样的人，决定权在自己；有什么样的生活，决定权也在自己。

（二十八）

成功不是先有钱，而是先有胆！如果今天你很贫穷，因为你怀疑一切；如果你什么都不敢尝试，你将永远一事无成。商机就是：在别人怀疑时，你行动了；在别人行动时，你赚钱了；在别人赚钱时，你成功了！你行动的速度决定了你口袋里人民币的厚度！世界在变，你不变，对不起，你将被淘汰！

（二十九）

时间，抓起了就是黄金，虚度了就是流水；书，看了就是知识，没看就是废纸；理想，努力了才叫梦想，放弃了只是妄想。努力，虽然未必会收获，但放弃，就一定一无所获。再好的机会，也要靠人把握，而努力至关重要。致正在奋斗着的你我！

（三十）

很难给生命增加时间，但可以给时间增加生命力。可以因梦想而忙碌，但不要因忙碌而失去梦想。要是没有人生的航向，来自任何方向的风都不是顺风。人生真正的魅力，在于终身奋斗，一切要让时间来赞许，让岁月给出答案。

（三十一）

一个人，不怕将来后悔做过什么，怕的是后悔没做什么。而奋斗的意义也不仅仅是为了赚钱，更是为了抚平你自己的那份不甘心，实现自己来到世间的价值。生命里，真正让你难以忘怀并深怀感恩的，绝对不会是路上的苦楚和风雨，而是最初那个不顾一切清醒且勇敢的自己。珍惜缘分，珍惜时光；以善为念，学会感恩；以诚相待，以心相交！与高者为伍，与德者同行，必得善果！

（三十二）

草原上有对狮子母子，小狮子问母狮子："妈妈，幸福在哪里？"母狮子说："幸福就在你的尾巴上。"于是小狮子不断追着尾巴跑，但始终咬不到。母狮子笑道："傻瓜！幸福不是这样得到的，只要你昂首向前走、奋斗，幸福就会一直跟随着你！"

（三十三）

世上有条很长很美的路叫梦想，还有堵很高很硬的墙叫现实。

翻越那堵墙，叫作奋斗；

推倒那堵墙，叫作突破。

在成长的路上，

我们打破的不是现实，而是自己。

在人生的跑道上，

战胜对手，只是赛场的赢家。

战胜自己，才是命运的强者！

（三十四）

每个人心中都有一片海，自己不扬帆，没人帮你启航，久了就是一片死海；

每个人心中都有一个梦，自己不去实现，没人替你绽放，久了心中就没了寄托；

每个人心中都有一朵花，自己不浇水，没人帮你留芳香，久了心中就会充满荒凉！

人生，就是一场自己与自己的较量。

告诉自己，困难使我们变得坚强，奋斗就能创造辉煌！

（三十五）

人生因付出而快乐，幸福因分享而增值。生活中最痛苦的是自扰；做人最苦恼的是委屈。你向生活要得越多，你就会变得越紧张、越功利、越复杂，生活就越不容易。反之，你对生活要求得越少，就越容易知足，越容易快乐。生命是一段旅程，活着是一种心情。让心情，在阳光下学会舞蹈；让灵魂，在痛苦中学会微笑；让收获，在辛勤汗水中丰润；让和谐，在团结互助中圆满。世间最宝贵的是今天，从当下做起，奋斗并不歇息，胜利就会向你招手。

（三十六）

如果爱里没有责任，爱就变得自私。如果爱里没有节制，爱就容易放纵。如果爱里没有平等，爱就变成一种施舍。如果爱里没有尊重，爱就变成一种专制。如果爱里没有喜乐，爱就不能成为真爱。如果爱不能光明正大，爱就是罪恶的化身。爱自己的最好方式，就是努力奋斗，让自己优秀起来。

（三十七）

当我们遇到不如意的事时，这一切也许是一种最好的安排！不要懊恼，不要沮丧，更不要只看在一时。把眼光放远，把人生视野扩大，不要自怨自艾，更不要怨天尤人，永远乐观、奋斗，相信天无绝人之路。

（三十八）

天道酬勤，地道酬善，人道酬信。人生之路，赢在勤奋，胜在坚持。没有刻苦勤奋，没有持之以恒，人生将会黯淡无光、毫无生机。勤奋养运气，读书养才气，宽厚养大气，诚信养人气。越勤奋，机会越多，就算天上掉馅饼，也是由起得早的人先得到。成功没有侥幸，若没有勤奋，没有感恩，没有他人的帮助，一切都无从谈起。

（三十九）

人生，就是一场自己与自己的较量：让积极打败消极，让快乐打败忧郁，让勤奋打败懒惰，让坚强打败脆弱。在每一个充满希望的清晨，告诉自己：努力，就总能遇见更好的自己。

（四十）

生活有两大误区：一是活给别人看；二是看别人生活。其实，只要自己觉得幸福就行，用不着向别人证明什么；也不要光顾着看别人，却走错了自己脚下的路。幸福如人饮水，冷暖自知；收获来自勤奋，从早开始。

（四十一）

成功不是赢在起点，就一定是赢在转折点，笨鸟先飞，天道酬勤，边走边悟，敢于折腾，享受孤独，要懂得沉淀和调整，要学会随时清零。要坚持，相信梦想的力量，一定要做一个实干家，向身边的每一个人虚心学习！

（四十二）

忙碌是一种幸福，让我们没时间体会痛苦；奔波是一种快乐，让我们真实地感受生活；疲惫是一种享受，让我们无暇空虚；坎坷是一种经历，让我们真切地理解人生。勤奋，成就生活之美！

（四十三）

什么是事业？什么是创业？

就是一个“疯子”带着一群“傻子”，在一起做一件未来可能很了不起的事情！“疯子”带着的是疯狂的梦想，“傻子”带着的是痴狂的勤奋与坚持。

（四十四）

人生的奔跑，不在于瞬间的爆发，而在于途中的坚持。很多时候，成功就是多坚持一分钟，只是我们不知道，这一分钟什么时候出现。所以，即使累了，也不要轻易停下脚步，因为我们放弃的，不只是一段路程，更是一个梦想！每天送给自己一个礼物，那就是自我鼓励、自我肯定、自我超越！你的能量超乎你的想象。

（四十五）

成功的路长不长，不在于你会经历多少坎坷，而在于你相不相信那个梦想的结果是为你准备的。

当一个机会来临的时候，我们的人生被斩成了两截：一段叫从前，我们不去理会；一段叫从此，我们并肩战斗！

（四十六）

有一种努力叫被动，那是因为钱的激励！有一种拼命叫我愿意，那是因为梦想的动力！钱我没看轻，可我愿为未来缔造价值，我为梦想而生！人的一生，最终你相信什么就能成为什么。因为世界上有最可怕的两个词：一个叫认真，一个叫执着；认真的人改变自己，执着的人改变命运。只要在路上，就没有到不了的地方。美好的一天从拥有梦想开始！

（四十七）

若要快乐，就要随和；若要幸福，就要随缘。快乐是心的愉悦，幸福是心的满足。别和他人争吵，别和自己争吵，别和命运争吵。无计较之心，心常愉悦；尽心之余，随缘起止，随遇而安，心常满足。你随和，愉悦的是自己的心；别人计较，苦闷的是他自己。一天的心情靠随和，一生的幸福靠随缘。你今天所做的一切，都会成为明天成功的基础，推你步入一个可持续发展的轨道。宁可因梦想而忙碌，不要因忙碌而失去梦想。有了梦想，你就会飞翔；有了努力，生活就充满了阳光和希望。正是今天历经困苦，才会让你未来的道路，越走越宽广。

（四十八）

清晨，是一个希望，一个梦想。不管你昨天怎样低落，总会看见太阳的升起；不管你昨天怎样困苦，总会拥有今天的希望。不管你昨天如何开心放纵，今天总会重来。人生因有梦想而充满动力，人生因有梦想而变得美好！不怕你每天迈一小步，只怕你停滞不前。每天进步一点点，能坚持下来的才是成功者！

（四十九）

当一个人不想努力的时候，你怎么帮他都没有用。当一个人不想被点燃梦想的时候，你怎么燃烧都没用。自己想醒，没有闹钟也可以醒来；自己想努力，没有他人的帮助也可以成功；自己想点燃梦想，一根火柴足以形成燎原之火！自己是一切的根源，命运掌握在自己手里，盯住自己的目标，走到哪里，哪里就是舞台！

（五十）

悲哀的人：拿自己的时间，来见证别人梦想成真；可怜的人：自己不敢尝试，还在嘲笑别人为梦想而奔跑！活着，最大的失败不是跌倒，而是从来不敢奔跑。

（五十一）

要像蚂蚁一样挣钱，像蝴蝶一样生活。有时忙碌会丧失思想，却有自我实现的感动，金钱的价值在于能够买到自我。勿锋芒挑剔，勿锱铢必较，勿浪费光阴。人生不易各就各命，切莫让灵魂矮人三分。热爱时全力以赴，厌倦时全身而退。你来，我在，你不来，我也在。

（五十二）

这个世界上至少有两个东西你不能嘲笑：一个是出身，一个是梦想。什么样的出身不重要，重要的是将来成为什么样的人；出生在哪里也不重要，未来在哪里才重要；生来贫穷不可怕，将来贫穷才可怕。只要我们有梦想就会了不起，因为，我们的人生不设限！

（五十三）

“放弃”二字15笔，“坚持”二字16笔，放弃和坚持就在一笔之差！差之毫厘，失之千里。最初的梦想你可曾记得？又岂可半途而废？无论你睡多晚，总有人比你更晚。无论你起多早，总有人比你更早。无论你多努力，总有人比你更努力。不管你有多辛苦，总有人比你更辛苦。所以做事业就要持之以恒，坚持就是胜利！

（五十四）

蜗牛一寸寸地爬，每一寸皆是前行；青蛙一米米地跳，每一米皆是跨越；雄鹰一里里地飞，每一里皆是创新。做人，就要学习蜗牛往上攀爬的精神，保持快乐；借鉴青蛙不停跳跃的毅力，永不气馁；洞悉雄鹰展翅高飞的恒心，永在奋进。活着，就用愉悦的心情和最好的状态，来迎接每一天。

（五十五）

越优秀的人越努力，越富有的人越勤奋，越聪慧的人越谦卑学习！这一现象的根源在于：优秀的人总能看到比自己更好的，而平庸的人总能看到比自己更差的；努力后你会发现自己要比想象的更优秀。永远记住一句话：跟别人学、跟自己比；越努力，越幸运；越担当，越成长；不断地修炼自己，完善自己！把那个沉睡的优秀的自己叫醒，一切皆有可能。

（五十六）

任何一个人，成就一番事业：难在选择，停在情绪，慢在依赖，快在承担，赢在跟对，乱在不定，苦在单干，巧在借力，亏在自私，散在随意，错在指责，胜在反省，累在盲目，贵在付出，输在少学，败在放弃，成在坚持。

（五十七）

没有靠山，自己就是山！

没有天下，自己打天下！

没有资本，自己赚资本！

活着，就该逢山开路，遇水架桥。

（五十八）

每一个奋发的人，都有一段沉默的时光。那一段时光，是付出了很多努力，忍受了很多孤独和寂寞，不抱怨不诉苦，只有自己知道的时光。而当日后说起时，那段时光竟是连自己都能被感动的日子。有能力，就做点大事；没能力，就做点小事；有权力，就做点好事；没权力，就做点实事；有余钱，就做点善事；没有钱，就做点家务事；动得了，就多做点事；动不了，就回忆开心的事。我们肯定会做错事，但要尽量避免做傻事，坚决不要做坏事。生活其实没啥事，一辈子也就这回事！

（五十九）

要想得到这世界上最好的东西，先得让世界看到最好的你！时间，每天都是新的！从醒来的那一刻起就给自己更多崭新的可能：人生不怕重来，就怕跌倒了不起来！世界上所有成功的人，都是不安于现状的人，积极进取的人，把握机会的人！

（六十）

有三种人不要“打扰”他们：没有梦想的人；借口太多的人；没有主见的人。因为他们宁愿受穷受折磨，痛哭流涕去后悔，也不愿改变！改变，就一定会“痛”！不改变，最终只会更加“痛”！你若不干，别人想拉你一把，都找不到你的手！如果你不逼自己一把，你根本不知道自己有多优秀。人都是逼出来的。

（六十一）

人生最遗憾的，莫过于轻易地放弃了不该放弃的。你可以不拥有任何东西，除了对生活的激情和对未来的希望。人生只有一条路不能选择，那就是放弃的路；只有一条路不能拒绝，那就是成长的路。伟人之所以伟大，是因为他与别人共处逆境时，别人失去了信心，他却下决心实现自己的目标。希望总是出现在绝望之时！你努力，不是为了感动谁，也不是为了证明给谁看，而是你知道：努力向前走，就是人生对自己最好的馈赠。或许夹杂着一份不甘心，那是因为在你的内心拥有最好的自己，是一种责任、自立、自尊的精神境界。不问过去如何，珍惜现有的，留一条坦荡的人生之路给自己！人生苦短，不光要善待别人，更要善待自己。

（六十二）

我没有雨伞，自己撑起一片天；
我没有资本，自己拼搏为明天；
我没有后盾，自己勇敢是向前。
岁月给我坎坷，我还是乐观要强；
生命给我打击，我还是灿烂向阳；
旁人给我非议，我还是笑着原谅。
活着就该逢山开路，
靠自己才是正道！

（六十三）

如果你想快点成名，那么就得早点起床；如果你想快点长智，那么就得慢点骄傲；如果你想慢点老化，那么你就得快点学习；如果你想慢点被淘汰，那么就得快点迈步。不怕路远，就怕志短；不怕缓慢，就怕常停；不怕贫穷，就怕惰懒；不怕对手悍，就怕自己颤。最难的，其实是自己。

（六十四）

一个人最有能量的事情，不是找到了赚钱的项目，找到了升迁的机会，而是心中涌现了崇高的使命！格局是被野心撑大的，事业是由梦想激发的，成功是由磨难炼成的，人生是由经历铸就的，大格局才有大胸怀，大气方可成大器。坦荡从容，永远相信，这个世界没有什么不可能，只要勤奋与坚持，一定可以成功，因为天道酬勤！

（六十五）

做事找靠谱的人，聊天找聪明的人。从全社会来看，聪明的人一定能力不错，但不一定是个靠谱的人，也就是人品不一定有保证。靠谱的人不一定不是聪明的人，但一定在自己力所能及之处，是有能力的人，是诚实守信的人。当然，聪明又靠谱，这样的人更应该好好交往！对人诚恳，做事负责，多结善缘，自然多得人的帮助。淡泊明志，随遇而安，莫作非分之想，心境安泰，必少许多失意之苦。人生坚持才是关键，莫膨胀、莫忘我，对自己要真实、负责！

（六十六）

机遇总是打扮成问题出现在你的面前，在我们的人生路上和生活当中经常会碰到这种抉择，其实危机就是危难中孕育着机遇。有些人总是说：现在已经晚了。实际上，现在就是最好的时光。对于一个真正有所追求的人来说，生命的每个时期都是年轻的、及时的，人生永远没有太晚的开始！

（六十七）

最美好的生活方式，不是躺在床上睡到自然醒，也不是坐在家里无所事事，而是和一群志同道合充满正能量的人，一起奔跑在理想的路上，回头有一路的故事，低头有坚定的脚步，抬头有清晰的远方。终于明白，原来和一群有共同梦想的人一起奔跑就是最好的生活方式。一个人的成就，靠的是严格的自律和高强度的付出。成功的秘密，根本不是秘密，就是不停地做。如果你真的努力了，态度端正了，找对位置了，目标明确了，心胸就豁达了！勇敢地去做自己喜欢做的事情！你会发现自己可以更优秀！

（六十八）

生活就要细思量，莫用舌头论短长；成功就要多努力，认准目标别彷徨；凡事都要认真做，只有这样才变强；人生需要加把劲，别拿豆包不当粮。

（六十九）

世界上有两种人：一种是强者，另一种是弱者。强者给自己找不适，弱者给自己找舒适。很多时候，你的不如意，不是因为你运气不好，不是因为你不够漂亮，不是因为你没有机会，只是因为你还不够努力。越努力，越幸运，是最朴素的道理。

（七十）

《孟子》曰："人有不为也，而后可以有为。"靠谱的人，心里都有一条红线，知道哪些事该做，哪些事坚决不能做！只要肯努力，坚持好的，修正错的，一时没有成就不要紧，埋头苦干，最终必定成功。

（七十一）

每个人都是一本书，当你成功了，你的故事就是传奇！当你失败了，你的故事就是笑话！当你放弃了，你的故事只是一个案例！当你拒绝了，你的故事只是一片空白！当你全力以赴了，你的故事将会是一段美好回忆！人生，只要你用心做了，输和赢都是精彩！期望所有的人都可以，书写属于自己的美好回忆和传奇。

（七十二）

现在偷的每一个懒，都可能是给自己未来挖的一个坑。因为，每一分努力都是实实在在会让你变得更好，不仅影响你的当下，还影响你的未来。而偷懒，其实是提前预支了本不该属于自己的舒适，亲手扼杀了你应有的幸福。勤能补拙是良训，一分辛苦一分才；懒惰、懒惰，必定挨饿。这两句话说得多好！

（七十三）

优秀的人，不一定都是与生俱来就带着光环的，也不一定是比别人幸运。他们只是在任何一件小事上，都对自己有所要求，不因舒适而散漫放纵，不因辛苦而放弃追求。雕塑自己的过程，必定伴随疼痛与辛苦，可那一锤一凿的自我敲打，终究能让我们收获一个更好的自己。

（七十四）

工作是一种修行。你对待工作的态度，会实实在在影响你的人格和气质，长久地做下来，没有一份工作不是枯燥的。不要总打算用业余时间发展兴趣，休闲娱乐，不要把工作当成一件不得不去做的事情。把工作做好，是对自己，也是对社会的一种忠诚，更是生活的源泉和保障。很多事情，开始是十分耕耘，三分收获；后期是三分耕耘，十分收获。成功的方法就是不计成本地努力，秘诀就在"单纯"和"执着"。而聪明人机会是很多的，可是往往定力不够，难以成事。把聪明转变成智慧，身体力行，才能够事半功倍。

（七十五）

"决定一个人富有的三个条件，一是出身，二是运气，三是努力，而这三者之中，努力是最微不足道的。”美国经济学家奈特的这句话让人感到震撼，也许会让努力的人突感悲凉！其实耐心地想想：出身不可控，运气不可控，唯一可控的就是努力！当你没有选择余地的时候，你就努力吧！

（七十六）

一个人的成就，当然离不开天分，也离不开运气，更需要的是缜密的思考、严格的自律和高强度的付出，把握机遇，抓住机遇，一步步地坚持走到底。人生进取，最难的不是别人的拒绝与不理解，而是你愿不愿意为你的梦想而做出改变！生活总是现实的，没勇气的人用悬崖来自尽，奋进的人用悬崖来蹦极，这就是人与人的区别。你受得了何种委屈，决定你能成为何种人！

（七十七）

努力的意义：

不要当父母需要你时，

除了泪水，一无所有。

不要当孩子需要你时，

除了惭愧，一无所有。

不要当自己回首过去时，

除了蹉跎，一无所有。

这就是奋斗的理由。

（七十八）

有目标的人在奔跑，没目标的人在流浪；

有目标的人在感恩，没目标的人在抱怨；

有目标的人睡不着，没目标的人睡不醒；

给人生一个梦，给梦一条路，给路一个方向！跌倒了要学会自己爬起来，受伤了要学会自己疗伤！生命只有干出来的精彩，没有等待出来的辉煌！

（七十九）

看别人吃饭，自己不会饱，看别人跑步，自己不会强壮。“其实你观望的不是项目的好坏，而是观望别人如何成功，当你看见别人成功你再去做，晚了！”看着对方低迷时，你庆幸；看着对方收获时，你心动。只是，你似乎忘了，这些都是别人的经历，和你半毛钱关系也没有，你花了自己的时间来见证别人如何成功！成功属于敢想敢做者！看的是书，读的却是世界；沏的是茶，尝的却是生活；斟的是酒，品的却是艰辛。别在最需要奋斗的年纪选择安逸，别在最需要改变的时刻选择退缩，把握住现在，才能谈得上未来。每一个人都在奋斗，在竞争。奋斗是必然的，能让我们更好地生活着，奋斗是一个人生存的意义，一个人如果不奋斗，那么他的人生就没有价值了，奋斗能给我们很多东西，荣誉、金钱……将让你的人生更有价值，更丰富多彩，更充实。

（八十）

成功就是在不断地克服困难，在困难中创造自己的价值。有心人会在困境中找出路，而无心的人只会在众多的机会中找借口。在竞争异常激烈的时代，只有通过不断的学习，把握尽可能多的技能知识，不断地充实自己，才能在竞争中立于不败之地。人生最大的财富是希望，不是等待暴风雨过去的安逸，而是在惊涛骇浪中奋进的高昂，坚持不一定赢，但放弃连输的机会都没有。只要肯干，离目标就越来越近。

（八十一）

别轻易求人。自己能解决的问题，就别把问题扔给别人。尊重独立性，不侵犯他人，珍惜自己，快乐生活。成功的路上，只有奋斗才能给你最大的安全感和答案。不要轻易把梦想寄托在某个人身上，也不要在乎身边的闲言碎语，因为未来是你自己的，不是你能不能，而是你要不要。我若不勇敢，谁替我坚强！

（八十二）

乐观的人看见问题后面的机会，悲观的人只看见机会后面的问题。机会是从来不会主动敲响你的门的，无论你等待多少年。它只会如一阵风一样拂面而过，需要你的反应能力和追随速度。朝着一个目标前进，尽量使用你的潜能，你会发现机会的存在。

（八十三）

没有人会特地等你，不管那个人给了你多少正能量。重要的是你需要挖掘自己的力量，尽力赶上，并肩同行。人都会累，互相包容、互相鼓励很重要。收获不是巧合，而是每天的努力与坚持得来的。人生因有梦想而充满动力。坚持，是生命的一种毅力！执行，是努力的一种坚持！想要破茧成蝶，必须百倍努力，相信自己依靠自己！

（八十四）

面对一块石头，你若把它背在背上，它就会成为一种负担，你若把它垫在脚下，它就会成为你进步的阶梯。生命给你一块木头，你可以选择慢慢腐烂，也可以选择熊熊燃烧。生活的好多意义，在于曾经憧憬过什么。人生的好多意义，不在于获得什么，而在于曾经渴望过什么，追求无悔，努力无憾。

（八十五）

成功的人不一定比别人聪明，也不一定比他们更有运气，很重要的一点就是认准目标，然后坚持下去。只要勤奋与坚持，一定可以成功。以前是爱拼才会赢，现在是知道能赢才去拼。

（八十六）

你怕被骗，我也怕被骗，可是我敢尝试，你不敢，这就是区别。你若不伸手，想拉你一把，都找不到你的手。相信永远比怀疑来得有价值。勇敢伸手会让你更有机会成功，不伸手只有羡慕和后悔。今年别再活在你给自己创造的虚拟世界里，快放下身子，来点实干吧！

（八十七）

如果哪一天你坚持不下去了，就到凌晨三点的大街上走走看看。这个城市从来不缺的就是那些为了生活而劳碌奔波的人。这不是鸡汤而是现实，今日愿你努力奋斗，未来你会感谢现在。

（八十八）

时代总会淘汰一部分人，也会成就一部分人，懒惰和只图安逸还有反应迟缓者必定倒下。能站起来的，往往是干实事的人，靠谱的人。社会总财富是固定的，永远不会均得。想过上好日子的人，或许先受苦中苦。

（八十九）

没有行与不行，只有做与不做。想干总有办法，不想干总有理由。没有办不成的事，只有办不成事的人。不是井里没有水，而是挖得不够深。不是成功来得慢，而是放弃得太快。坚持到底就是胜利！一个人能不能成事，能成多大的事，在很大程度上取决于认知的高度。只能看到眼前利益的是庸者，懂得谋局布局的是能者，可以借势造势的则是智者。你的认知，决定了你人生的层次。

（九十）

人生不苦不是人，人生不累不做人；人生不难不为人，人生不乐不像人。这个世上，所有的苦不会白受，所有的劲不会白费；努力没有起点，成功没有终点；只要肯努力，总有一天会得到累累硕果！

（九十一）

人生没有四季，只有两季：安逸就是淡季，努力就是旺季。放弃很简单，但坚持一定很酷；每一个坚持奋斗的人，样子都格外美。特别喜欢一句话：“聪明是一种天赋，善良是一种选择，勤劳是一种本分。”

（九十二）

自信，是人生顶级魅力，求人不如求己。有信心的人，可以化渺小为伟大，化平庸为神奇。为人处世，最大的底气是那种自信的神态，拥有充盈的内心，即使身处沼泽泥潭，依然不忘初心，能够无畏而前行。一等二靠三落空，一想二干三成功。有时候，等待会等来遗憾，所谓的来日方长，不过是变幻无常。很多时候，失败的原因都是想得太多，做得太少。新年新气象，干是根本。

（九十三）

曾国藩在写给诸弟的信中说：吾人只有进德、修业两事靠得住。从长远来看，人只有靠人品去经营，才能走得更远；想赢得人生，必须勤奋，生活美满幸福，还得凭借自己的努力。

（九十四）

懒可以毁掉一个人，勤可以激发一个人，不要等夕阳西下的时候，才对自己说“想当初、如果、要是”之类的话！一切不为别人，只为做一个连自己都羡慕的人。“勤谨勤谨，吃饭抓准！”人的一生勤劳、谨慎，才是成事之道，立身之要，切记！

（九十五）

现实总让你伤心，残酷到戳着你的心，可我们没有理由不前进，没有借口不打拼。努力到无能为力，拼搏到感动自己，在阳光下灿烂，在风雨中坚强，最棒的三个字是：“靠自己”。每天给自己一个希望，努力做好自己，不为明天烦恼，不为昨天叹息。当梦想还在，告诉自己：努力，就总能遇见更好的自己！

（九十六）

我们不必羡慕他人的位置，只需演好自己的角色。没有蓝天的深邃，可以有白云的飘逸；没有大海的壮阔，可以有小溪的优雅。只要怀揣希望，保持乐观心态，逐梦前行，自己就是人生主角。不甘于平庸，才会一直进取；能承受打击，才能顶天立地。别人有好运气，一定不要羡慕，比运气更重要的，是自己拥有把握运气的能力，这样才能做事顺风顺水；只有努力奋斗，好运才能常伴左右。

（九十七）

任何的收获不是巧合，而是每一天的努力与坚持得来的！人生因有梦想而充满动力，不怕你每一天迈一小步，只怕你停滞不前；不怕你每一天做一点事，只怕你无所事事。坚持，是生命的一种毅力；执行，是努力的一种坚持。

（九十八）

一个人，如果不为自己的梦想去创业，一定会为别人的梦想去打工！人的一生最大的失败，不是跌倒，而是从来不敢奔跑，没有勇气付出行动去实现自己的梦想！这是一个快鱼吃慢鱼的社会，如果只是等待，唯一会发生的事只是时间变了！知道趋势只是专家，掌握趋势并有胆识去做，才是赢家！不奋斗，你的才华如何配上你的任性；不奋斗，你成长的脚步如何赶上父母老去的速度；不奋斗，世界那么大，你靠什么去看看。一个人老去的时候，最痛苦的事情，不是失败，而是我本可以。每个人的心里都有一片海，自己不扬帆，没人帮你启航。只有拼出来的成功，没有等出来的辉煌，努力到无能为力，拼搏到感动自己！现在好！明天好！未来更好！

（九十九）

坚持，不是为了感动谁，也不是为了证明给谁看，而是我知道，一路奔跑，总比原地踏步要好！再远的路，走着走着也就近了；再高的山，爬着爬着也就平了；再难的事，做着做着也就顺了；再疏远的人，交往交往也就亲了！每次重复的能量，不是相加，而是相乘，水滴石穿不是水的力量，而是重复和坚持的力量！

（一百）

别觉得自己活得苦，活得累，活得委屈，其实每个人活得都不容易。只不过别人的难处，别人的辛苦，你没有看到罢了。所以活着就有疲惫，就有汗水，不断努力，只为遇见更好的自己！三五年后你成为什么样，一定取决于今天你下了什么决定，也取决于你做出了怎样的努力！

（一百零一）

前进的理由只需一个，后退的理由却有一百个；许多人整天找一百个理由证明他不是懦夫，却从不用一次行动证明他是勇士。

（一百零二）

人的价值不在于身价，而在于为他人带去正能量的价值；生命的意义不在于拥有的财富，而在于活着的真实。骗人莫骗情，欺人勿欺心。以心待人，才有真诚；以善爱人，才有可能。以欢喜之心看事，事事皆为我而生；以感恩之心看人，人人皆为我而来。生命的价值是有所努力，人生的幸运是可以努力。

（一百零三）

自律，其实就是自我约束与自我管理。一个人要想有多优秀，就看你能自律到什么程度。思想决定行动，行动决定性格。只要每天能比前一天有一点突破、一点改善，而且朝着正确的目标持续地做下去，实践证明：30天就可以改掉一个坏习惯，也可以培养一个好习惯。不自律，会毁了人的一辈子；自律，真的可以改变人生。

（一百零四）

别把欲望与理想混为一谈，欲望的尽头是物质，理想的终极是精神；人，既不能沦为物质的奴隶，又要优雅地追求理想，这是人生最难能可贵的精神状态！你今天敢于做别人不敢做的事，你明天才可以拥有别人不能拥有的东西！成功的路上，只有奋斗才能给你最大的安全感和答案！不要轻易把梦想寄托在某个人身上，也不要在乎身边的闲言碎语，因为未来是你自己的，不是你能不能，而是你要不要！每天都给自己一个完美的交代，为自己而努力！

（一百零五）

谦虚的态度、自信的内心、勤奋的工作，这三点是新时代不可或缺的品质，也是在现实历练中，经得起检验的成功法宝。每个人真正要强大起来，都要度过一段没人帮忙、没人支持的日子。所有事情都是自己一个人撑，所有情绪和思想都只有自己知道。但只要咬牙撑过去，一切就不一样了。无论你是谁，无论你正在经历什么，坚持住，你定会看见最坚强的自己。人活着不是靠泪水博得同情，而是靠汗水赢得掌声！

（一百零六）

任何一个人，成就一番事业：难在看懂，停在情绪，慢在依赖，快在承担，赢在跟对，乱在不定，苦在单干，巧在借力，亏在自私，散在随意，错在指责，胜在反省，累在盲目，贵在付出，输在少学，败在放弃，成在坚持！真正想做成一件事，不取决于你有多少热情，而是看你能坚持多久，千万别认为光热情就能得偿所愿。水滴石穿，不仅是水自己的力量，还是持续的力量。贵在坚持，强在始终如一，梦想是要靠行动来实现的！

（一百零七）

这世界很公平，你想要比别人强，你就必须去做别人不想做的事，你想要更好地生活，那么你就必须去承受更多的困难。不吃拼搏的苦，就会吃生活的苦，你努力到无能为力，拼搏到感动自己，才能赢得人生精彩，真正的强者不是没有眼泪，而是含着眼泪继续奔跑！

（一百零八）

当一个人熬过了最艰难的时候，就不想再去寻找任何依靠。沉默不是因为词穷，而是因为从容，不抱怨，不忌恨。成功的人与不成功的人最大的区别就在于：不成功的人，行动只是想想，一想就放弃。而成功的人，放弃只是想想，行动一直在坚持。总有人说努力不一定成功，但是，成功绝对离不开努力。

（一百零九）

得之易，事之轻；得之难，事之重。成就一件大事，没有轻而易举得到的；那要经过千难万险，反复博弈，有时几乎全军覆没，有时又希望重现，反复无数次。只有坚强的智者，不骄不馁，步步为营，柔韧务实，做好每一个细节，才能成为最后的笑者。一个人今天受的苦，吃的亏，担的责，扛的罪，忍的痛，到最后都会变成光，照亮自己的路。有人羡慕优秀的人天赋出众，事实上，只有极少数人天赋异禀。更多的人能够出类拔萃，是因为对事业全身心地投入与付出。拥有得天独厚的优势固然重要，但更多时候，优秀靠的是日复一日的努力与积累。

（一百一十）

人生在勤，不索何获。

生命的最初不过是一片荒芜的空地，勤耕耘，才能有所收获。荒原上成熟的稻谷，昂首挺胸的多是空壳，弯腰低头的才拥有真正充盈的生命。人的一生何尝不像稻谷生长的过程，只有怀揣着一颗勤劳、谦虚的心才能收获美好。你要堕落，神仙也救不了。你要成长，绝处也能逢生。请忘掉所有那些“不可能”的借口，去坚持那一个“可能”的理由。告诉自己：你付出了，努力了，坚持了，就会遇见更好的自己！

（一百一十一）

决定一个人成就的，是坚持和付出，当你真的努力了，付出了，你会发现自己潜力无限。任何事情，坚持了就是神话，放弃了就是笑话！这个道理听起来很简单，但很多人却做不到，不停地选择，不停地放弃，回头却发现什么事都没做好。只要坚持，就一定能遇到最美的自己。真正牵绊自己前行的不是年龄，而是懒惰和怀疑。作家三毛说：“等待和犹豫是这个世界上最无情的杀手。”你一直在等一个最合适的时机做你想做的事，然后又一直在犹豫中虚度时光。开始吧，出发吧，大胆前行，总会实现目标。

（一百一十二）

世界上没有哪一种成功，是随随便便一蹴而就的，许多有巨大成就的人，并不一定有过人的才华，但必须要有坚毅的品质，可以随时燃烧自己的激情。

（一百一十三）

自立是一种对生命积极、自主、负责的态度。别拿着别人的地图找自己的路，也别做现成答案的乞讨者。要做自己生命的拓荒者，去探寻自己知识与智能的未来，如此你才能走出自己的人生精彩！

（一百一十四）

人生在世，常与得失相伴，并在不断地取舍过程中学会选择与放弃。没有人可以处处做到最好，但我们可以选择一条最适合自己的道路，然后义无反顾地走下去。一分耕耘，一分收获，专注播种当下，你终将赢得未来。任何时候有危机不可怕，就怕危机来了，还意识不到，不愿意去改变，不愿意去接受，永远以自己的思维去处理事情。时代在变，一切都在变，以不变应万变的时代已经过去了。危机就是危险中充满了机遇，消除危机，抓住机遇，你就是成功人士！

（一百一十五）

没有人会为你的贫穷负责，却有人为你的富有而喝彩！所以不要活在别人的嘴巴里，做好自己！有路，就大胆去走；有梦，就大胆飞翔；若要成功，就要大胆去闯。大胆尝试才是信仰。不敢做，不去闯，梦想就会变成幻想。前行的路，不怕万人阻挡，只怕自己投降；人生的帆，不怕狂风巨浪，只怕自己没胆量！天道酬勤，人道酬善，商道酬信，业道酬精！

（一百一十六）

不要把自己活得像落难者一样，急着告诉所有人你的不幸。有那么一天你会发现，酸甜苦辣要自己尝，漫漫人生要自己过，你所经历的在别人眼里都是故事。也别把所有的事都掏心掏肺地告诉别人，成长本来就是一个孤立无援的过程，你要努力强大起来，然后独当一面。

（一百一十七）

人再优秀，也总有人对你不堪，你再不堪，也有人认为你是唯一。考虑一千次，不如去做一次！犹豫一万次，不如实践一次！华丽的跌倒，胜过无谓的徘徊！人生的价值在于自己看得起自己，人生的意义在于努力进取。只要还有明天，今天永远都是起点。

（一百一十八）

每一个优秀的人，都有一段沉默的时光。那一段时光，付出了很多努力，忍受了很多孤独和寂寞，不抱怨不诉苦，只有自己知道，是目标和理想给你动力，给你支撑。其实，这些连自己都能被感动的日子，是你耕耘的季节。

（一百一十九）

人最宝贵的东西是生命，生命只有一次，相同的时间里，比别人体验更多你就拥有更多，趁着年轻，趁着时间与身体还允许你行走，请珍惜你上场的机会，去折腾。在折腾中进步，在进步中实现梦想。

（一百二十）

人生的任何一次成功与失败，都不是横空出世的奇迹，而是有迹可循的因果。选择了奋斗，就选择了幸福。生活有苦有甜，目标或远或近，无论你许下怎样的新春愿望，奋斗才是成功和幸福的唯一途径。

（一百二十一）

人生的态度，在于进取，也在于知足。人生的幸福，在于得到，也在于放下。人生的质量，在于内容，也在于积淀。人生的秘诀，在于机遇，也在于自己的努力。

（一百二十二）

今天你敢于做别人不敢做的事，明天才可以拥有别人不能拥有的东西，成功的路上，只有奋斗！天上没有掉馅饼的事，要有：像鹰一样的眼光，像狼一样的精神，像熊一样的胆量，像豹一样的速度。

（一百二十三）

认认真真做实事，平平常常做好人。

十年苦难人笑痴，一朝成功天下知。

为者常成，行者常至。路虽远，行则将至。事虽难，做则必成。幸福都是奋斗出来的，天道酬勤，日新月异。

（一百二十四）

不要纠缠在别人的情绪中，不要拿别人来折磨自己。每个人的世界，都是自己创造的。不管做什么，都要给自己留点空间，好让自己可以从容转身；任何时候都要记得，给人生留点余地，得到时不自喜，失去时不抑郁。真正成功的人，绝不是因为聪明机巧，相反他们在年轻的时候就塑造了非常优秀的品质，那就是简单、正直、没有私心与坚忍不拔。吃苦、耐劳、坚韧，像骆驼一样。

（一百二十五）

当你停下休息的时候，不要忘了别人还在奔跑。对未来的最大慷慨，是把一切献给现在。每个人都在努力，都在奋不顾身，不是只有你受尽委屈。不努力，现在少流汗水，以后就会多流泪水。要么拼命，要么滚回家去。不然，你还谈什么理想，谈什么奋斗，都是空谈。心里坦然，生活随缘。现实生活里都会遇到不同的危机。少年时的困惑，青年时的坎坷，中年时的无奈，老年时的失去，这一切人生都要面对和经历。但无论在哪个阶段，都要保有一颗善良和稳定的心；活好当下，把握现在，才是对生活最好的回应。

（一百二十六）

溪流里纳不下江河湖海，一个人的见识和格局，关系着一个人命理运势的高度。成大事之人，一定有深谋远虑的见识，“思想先行，行动跟进”，才能快人一步，做成大事业。见识和格局，决定了你的层次和发展。凡是乐观开朗的人，运气都不会太差。反之，如果是心怀不满且满嘴牢骚的人，势必难得幸福。当然，付出“努力”和“耐力”是必不可少的前提，如此乐观的人生，一定会得到幸运之神的垂青。

（一百二十七）

才华是刀刃，辛苦是磨刀石，再锋利的刀刃，若日久不磨，也会生锈。

（一百二十八）

如要锻炼一个能做大事的人，必定要叫他吃苦受累，百不称心，才能养成坚忍的性格。好比香料，捣得越碎，磨得越细，香得越浓烈。

（一百二十九）

你无须告诉每个人，那一个个艰难的日子是如何熬过来的，大多数人都看你飞得高不高，很少数人在意你飞得累不累。所以，做该做的事，走该走的路，不退缩，不动摇。无论多难，也告诉自己：再坚持一下，别让你配不上自己的野心，也别辜负了曾经历的苦难与磨炼。

（一百三十）

从前，一群青蛙组织攀爬比赛。最后，其他青蛙都退出了比赛，只剩下一只，费了好大的劲，终于成为唯一到达塔顶的胜利者。之后，有只青蛙向他请教成功的法宝，却惊奇地发现，胜利者是个聋子，关于不可能爬上去的议论他一句也没听到。——成功者，永远不要听信那些习惯消极悲观看问题的人。

【做事感悟】

（一）

个人的五大管理：

健康管理。之所以放首位，是因为离开健康谈其他，一切都是浮云。学会养生，有个好的生活习惯。

时间管理。时间就是生命，向时间要效益，增加生命的厚度。

幸福管理。活在当下，珍惜眼前人，做好眼前事。

知识管理。人与人之间的差距，在脖子以上。勤于学习，善于思考。

人际管理。良好的人际关系能助人快速成长。勇于奉献，善于包容。

（二）

人生像是碰碰车，碰对了方向，光彩一辈子；碰对了环境，舒坦一辈子；碰对了时运，顺当一辈子；碰对了爱好，充实一辈子；碰对了爱人，幸福一辈子；碰对了领导，宽松一辈子；碰对了朋友，快乐一辈子。

（三）

人最大的破产是信用破产，哪怕你一无所有，但只要信用还在，就还有翻身的本金，保护好信用，珍惜别人给的每一次信任，因为有时候机会只有一次。朋友有时候就像钞票，有真也有假，要的是质量而不是数量，时间是最好的验钞机，永远不要透支自己的信用。

（四）

路不通时选择拐弯，心不快时选择看淡。今天再大的事，到了明天就是小事；今年再大的事，到了明年就是故事；今生再大的事，到了来世就是传说，我们最多也就是个有故事的人。生活中、工作中遇到不顺的事，对自己来说都会过去，新的一天会重新开始。放下所有一切让你心烦的事情，每天都要用笑去面对！

（五）

很多时候，事情的结果不是我们所能掌控的，就算我们用心去做一件事，努力将它做得再好，结局往往也不一定能是我们所期望的，这就是无常。可是我们仍然需要去努力，仍然需要对未来充满希望，因为只有这样，才有成功的可能。就算没有成功，但因为我们努力了，也可以坦然、安然。

（六）

人活着，没必要凡事都争个明白，水至清则无鱼，人至清则无朋。跟家人争，争赢了，亲情没了；跟爱人争，争赢了，感情淡了；跟朋友争，争赢了，情义没了。争的是理，输的是情，伤的是自己。黑是黑，白是白，让时间去证明。放下自己的固执己见，宽心做人，舍得做事，赢的是整个人生；多一分平和，多一点温暖。

（七）

勿求理解，只要宽容。与其斤斤计较，不如一笑置之，而尤其不要试图改变他人。网开一面，也许会四方来归；披荆斩棘，或是不如绕道而行。

（八）

一个人的成熟，不是出口成章，说出多深刻的道理，也不是头上多几根白发，脸上多几道皱纹，而是开始真正地明白，现实始终是残酷的，梦想还是得努力实现的；学会了控制自己的情绪，即使眼泪在眼眶里打转还能够微笑着继续往前走。成熟就是你越来越能接受现实，而不是越来越现实。

（九）

我们总在最好的时光里挥霍青春，却又在青葱岁月一去不复返的时候开始缅怀青春。我们总是这般，明知道很多东西在失去后才会珍惜，却怎么也无法珍惜当下。很多道理，我们都心知肚明，却总在那个时候失去理智。

（十）

人生，是一场盛大的遇见，请珍惜。生活，简单一点好。喜欢就是喜欢，错了就是错了，过去就是过去，没什么大不了的，我就是我，我的生活，只有我能够做主。该来的自然来，会走的留不住。不违心，不刻意，不必太在乎，放开执念，随缘生活。如此，最好。

（十一）

你不能左右天气，但你可以改变心情。你不能改变容貌，但你可以展现笑容。你不能控制别人，但你可以掌握自己。你不能预知明天，但你可以利用今天。你不能样样胜利，但你可以事事尽力！

（十二）

逆境使人成熟，绝境使人醒悟。你等到每件事都确定是对的才去做，你也许永远都成不了什么事。学会驾驭自己的生活，即使困难重重，我们也要满怀信心地向前。相貌是心灵的写照，脸庞是情感的凝固，面带愉悦，笑对人生，淡然在心。我们能作茧自缚，我们就能破茧成蝶！

（十三）

放飞梦想，是一种感觉，尽管苦累，却是自由；放飞心情，是一种浪漫，无论冷暖，都是洗礼；放飞自己，是一种歌唱，无关沉浮，都是美丽。走在路上，行在心上，让生命在放飞中灿烂，在放飞中唯美，在放飞中永恒！

（十四）

生活不会按你想要的方式进行，它会给你一段时间，让你孤独、迷茫又沉默忧郁，但如果靠这段时间跟自己独处，多看一些书，去做可以做的事，放下过去的人，等你度过低潮，那些独处的时光必定能照亮你的路，也是这些不堪陪你成熟。所以，现在没那么糟，看似生活对你的亏欠，其实都是美好的祝福。

（十五）

累的时候，换个角度看世界；压抑的时候，换个环境深呼吸；困惑的时候，换个位置去思考；犹豫的时候，换个思路去选择；郁闷的时候，换个环境找快乐；烦恼的时候，换个思维去排解；抱怨的时候，换个方法看问题；自卑的时候，换个想法去对待。生活中学会换位思考，你的世界才会简单，身心也会越来越自在。

（十六）

人的一生总是在无止境地忙碌，不断和时间赛跑。生活中，也始终不能停歇对种种外境的追逐，没有穷尽的理想，不断膨胀的欲望，鼓动着人心事事追求高效、速成、完美，而遇事则越发浮躁、缺少包容和耐心。偶尔停一停，让你的心休息一下，别忘了欲速则不达，静观透万物。

（十七）

生活本来很不易，不必事事渴求别人的理解和认同，静静地过好自己的生活。心若不动，风又奈何。你若不伤，岁月无恙。平平淡淡，何来波澜。信任就像一张纸，皱了，即使抚平，也恢复不了原样了！不要去欺骗别人，因为你能骗到的人，都是相信你的人。

（十八）

学会放手。我们已过中年，大事已随风而逝，这个年龄已经不允许你不成熟。当你无力把握命运，就学会放手。给自己身心一个全新的开始，只要信心在，希望就在；勇气在，光明就在；努力在，成功就在。向前看，我们有许多事要做，做我们这个年龄应该做的事。定位准确，才能好好生活。

（十九）

世界很小，一转身，就不知道会遇见谁；世界很大，一转身，就不知道谁会消失。时间是个好东西，原谅了不可原谅的，过去了曾经过不去的。生命里，有春的希望，有夏的浪漫，有秋的成熟，有冬的安享。每一个今天，都是我们余下生命中，最年轻的一天，珍惜！

（二十）

做人低调方优雅，做事高调才优秀；做人简单方安心，做事周密才安全；做人糊涂方无忧，做事精明才无虑；做人尽心方无愧，做事尽力才无憾；做人忍让方有路，做事果断才有为；做人天真可为友，做事顶真可共事；做人宽容得认可，做事严格得认同；做人像水自然顺，做事像山必然胜。

（二十一）

人生的一切，不是算来的，而是得来的；不是求来的，而是修来的。吃苦不是生活，活着应该快乐。拥有的，要珍惜，知足；做人一定要有一颗平常心，肤浅的羡慕，无聊的攀比，笨拙的效仿，只会让自己整天活在他人的影子里面。我们应当认清自己，找到属于自己的位置，走自己的道路，过自己的生活。

（二十二）

静静想想，人生之路，有甜美，也有汗水。生活中，总有一些事，让我们不满意；生命中，总有一些人，让我们不顺心；人生中，总有一些挫折，让我们情绪低落。累了，将心靠岸，歇一歇；闷了，将心放低，诉一诉。人生其实挺难，跌跌撞撞，忙忙碌碌，起早贪黑，含辛茹苦，但是生活这样才有意义。人生应当看清、看透，不看破。我们的使命，就是让困苦的生活变得更精彩。

（二十三）

岁月不经意地更替，世事沉浮万千，一世的荣华如尘烟，用微笑去面对现实，用心去感悟人生的精彩。

（二十四）

“忍耐”是一生的修行。过程是痛苦的，但结果是美妙的；不论是在逆境还是在顺境都要忍，肚量能容事，善意会化解，就会有雨过天晴。忍耐是一种以退为进的生存智慧；忍耐不是软弱，也不是逃避，而是一种自我的超越境界。

（二十五）

曾国藩曾说过：“与多疑人共事，事必不成；与好利人共事，己必受累。”多心之人把简单的事情想得很复杂，变成难办的事；单纯之人把复杂的事情想得很简单，变成易办的事。

（二十六）

不要拿着别人的地图，寻找自己的路。每个人，都是独特的风景。你站在桥上看风景时，看风景的人在楼上看你。不必艳羡他人，家家都有一本难念的经。你该学会相信自己，再学会欣赏自己，试着把自己最亮丽的一面找出来，并呈现在阳光下。生命是自己的，除了必要的担当，更该为自己活着。

（二十七）

人生八个最难得：一是洋溢在脸上的自信；二是融化在血里的骨气；三是打造

进灵魂的信念；四是蕴藏在心中的梦想；五是充盈在大脑里的知识；六是父母所给予的聪慧；七是深深爱着你的亲人；八是经常惦着你的朋友。

（二十八）

人生“六敢”

敢于梦想，非凡的结果起始于非凡的梦想。

敢于决定，人生的改变就决定于你真正下决定的那一时刻。

敢于承诺，让关联的生命成为助推的力量。

敢于担当，创造被赋予重任的媒介。

敢于借力，成功需要借梯上楼再拉梯一把。

敢于共享，焦点利众方能得众人之响应与拥护。

（二十九）

心若年轻，则岁月不老！事在人为是一种积极的人生态度，顺其自然是一种达观的生存之道，水到渠成是一种高超的入世智慧，淡泊宁静是一种超脱的生活态度。无事时，澄然；有事时，断然；得意时，淡然！心若年轻，则岁月不老，无论时光如何流转，守住心中那一季春暖花开，其实，我们想要的幸福一直都在！

（三十）

别把欲望与理想混为一谈，欲望的尽头是物质的拥有，理想的终极是精神的充盈。占据的东西，就算再多，皆会离你而去，攥得再紧，到最后你都是两手空空。我们要学会选择，能够填补心灵空虚的，不要轻易错过；要学会装糊涂，别斤斤计较，莫计人生小账。

（三十一）

做个有层次的人

1. 守时：无论是开会、赴约，有教养的人从不迟到。他们懂得，即使是无意迟到，对其他准时到场的人来说，也是不尊重的表现。

2. 谈吐有节：注意从不随便打断别人的谈话，总是先听完对方的发言，然后再去反驳或者补充对方的看法和意见。

3. 态度和蔼：在同别人谈话的时候，总是望着对方的眼睛，保持注意力集中；而不是翻东西，看书报，心不在焉，显出一副无所谓的样子。

4. 语气中肯：避免高声喧哗，在待人接物上，心平气和，以理服人，往往能取得满意的效果。扯开嗓子说话，不仅不能达到预期目的，反而会影响周围的人，甚至使人讨厌。

5. 注意交谈技巧：尊重他人的观点和看法，即使自己不能接受或明确同意，也不当着他人的面指责对方是“瞎说”“废话”“胡说八道”等，而是陈述己见，分析事物，讲清道理。

6. 不自傲：在与人交往相处时，从不强调个人特殊的一面，也不有意表现自己的优越感。

7. 信守诺言：即使遇到某种困难也不食言。自己说出来的话，要竭尽全力去完成，身体力行是最好的诺言。

8. 关怀他人：不论何时何地，对妇女、儿童及上了年纪的老人，总是表达关心并给予最大的照顾和方便。

9. 大度：与人相处胸襟开阔，不会为一点小事情而和朋友、同事闹意见，甚至断绝来往。

10. 富有同情心：在他人遇到某种不幸时，尽量给予同情和支持。

（三十二）

“种下一个念头，你将收获一个行为。种下一个行为，你将收获一个习惯。种下一个习惯，你将收获一种性格。而如果你种下一种性格，你将收获一种命运。”种下善念，会收获幸福；种下恶念，会收获痛苦。人生，要常常反省自己。

（三十三）

每个人都有自己的事要做，不论是开心的事，还是悲伤的事。每个人都有自己的人要遇，不管是携手的人，还是擦肩的客。所以，不要羡慕别人的生活，不要评价别人对错，不要计较付出与收获。宠辱不惊，去留顺其自然，只要心中充满快乐，你就什么都不缺，你就是最富足的人。上帝对谁都是公平的，一边给你苦难，一边给你快乐。

（三十四）

做事

1. 学会温和，对人对事，不要随意发脾气，谁都不欠你的。
2. 学会宽容，每个人都有自己的难处，大家都不容易。
3. 学会放弃，拽得越紧，自己就越痛苦的是自己。
4. 学会低调，取舍间，必有得失，不用太计较。
5. 学会简单，踏实而务实，不庸人自扰，越简单越快乐。
6. 学会忘记，善忘是一件好事。

（三十五）

人，一辈子都在忙着、累着、奔波着，不论多苦，事，还是没做完；人，一辈子都在省着、攒着、储蓄着，不论多抠，钱，还是没存够；人，一辈子都在忍着、让着、怕着，不论多小心，人还是得罪了不少。人生不会事事如意，何必要强迫自己；尽心了，无论结果如何都可以。红尘过往，没有人握得住地久天长。用平常的心态，经营自己的生活，才能活得轻松、自在。

（三十六）

人无所舍，必无所成。心无所依，必无所获。自己的路只有自己去走，自己的心还需自己去悟。能抓住希望的只有自己，能放弃自己的也只有自己。能怨恨嫉妒的是自己，能智慧温暖的还是自己。心中有岸，才会有渡口，心有所持，才能行之安然。

（三十七）

越是成功的人，受到的批评越多；只有那些什么也不干的人，才能免受批评。如果说批评是冰块，那么表扬就是热毛巾，两者的温度截然相反，但都是治疗伤痛的有效手段。只要虚怀若谷，头脑清醒，批评和表扬都可以作为成长的催化剂。

（三十八）

越是有故事的人越沉静简单，越是肤浅的人越浮躁不安；人最先成熟的不是身体，而是言谈举止间的气质和智慧；人最先衰老的不是容颜，而是不顾一切的勇气。敢于背上超出承受能力的包袱，经历一段后会发现自己比想象的优秀很多；成功的人不仅仅才华横溢，更有坚强的意志及平和、低调、诚实等让人信任的品行。

（三十九）

岁数越大越明白的事

几个无话不谈的朋友是最大的财富。

不管你如何努力，总有人不喜欢你，由他去吧。

认真听取别人的意见，坚决走自己的路。

不管你对别人多好，别人都未必领情，但求无愧于心。

对自己好点，人活一世不是来委屈自己的。

想到就做吧，没准明天就没勇气了。

（四十）

做人的境界：不以物喜，不以己悲。与人争，争权贵，争名利，争天下第一。到头来，不过是，争得浮夸，争得落寞，争得两败俱伤。没有永远的独裁者，没有永远的首富，没有永远的霸唱不败，只因你争不过如手中沙般的岁月，生命经不起你如此挥霍。

（四十一）

无论你干什么，都会有两种结果：一种是笑话，另一种是神话。如果你半途而废，只能成为别人眼中的笑话；但如果你成功了，你就变成他们眼中的神话。要么不做，要么做好。你必须非常努力，才可以看起来毫不费力。人生从来都没有等出来的精彩，只有拼出来的辉煌！

（四十二）

蚂蚁在地上爬时，再小的石头都是天大的障碍；如是大象行走，石头根本不在话下，只有大山才是障碍；如是老鹰飞翔，再高的山峰也能轻易飞过。有高度的人是没有困难的，因为行走的高度不一样，做事的格局也不一样。我们要修炼的是如何提升自己的高度，而不是每天专注于困难。心大了，事就小了！生命是一场自我的修行，只有起点，没有终点，无论经历什么样的挫折，我们一直在路上！

（四十三）

人生路漫漫，条条通罗马。人生的路，总有几道沟坎；生活的味，总有几分苦涩。有些事，无能为力，就顺其自然；有些人，不能强求，就一笑了之；有些路，躲避不开，就沿途而行；有些理，又说不通，就听其所言。不同的道路走出不同的人生，花开万紫千红才是美的风景。

（四十四）

我们有时会错误地以为，得不到的，才是珍贵的，已经拥有的，都是廉价的。得不到的，因为缺少深入的了解，它只是一种美好的假象，展示给我们一个绚丽的外表。如果有那么一天，你距离它近了，知道了它的真相，你才发现，它和我们拥有的，竟是那么相似。别把眼光停留在想象中，你拥有的，都是你的幸福。

（四十五）

善待自己，每个人的生活都是自己看待世界的角度，其实快乐离每个人都很近，幸福就是一种生活的积极和对自己的一份尊重。行动是打败焦虑的最好办法，当你不知道该做什么的时候，就把手头的每件小事做好；当你不知道怎么开始时，就把离你最近的事情做好。

（四十六）

你想过普通的生活，就会遇到普通的挫折。你想过最好的生活，就一定会遇上最强的伤害。这世界很公平，想要最好，就一定会给你最痛。所谓成功，并不是看你有多聪明，而是看你能否笑着渡过难关！打磨自己才能征服别人。“生活的磨难就像一把犁，既割破你的生活，也开垦了你的生活，便于你找到希望的源泉！”

（四十七）

人这辈子，有人羡慕你，有人讨厌你，有人嫉妒你，有人看不起你，没关系，他们都是外人，生活就是这样，你所做的一切不能让每个人都满意。不要为了讨好别人而丢失自己的本性，因为每个人都有原则，别人嘴里的你，不是真实的你。一样的眼睛，不一样的看法；一样的耳朵，不一样的听法；一样的嘴巴，不一样的说法；一样的心，不一样的想法；一样的钱，不一样的花法；一样的人，不一样的活法。活出自我，为自己奔跑。

（四十八）

生活简单，却可以让生活充满乐趣；思想单纯，却可以让思想丰富多彩；品格纯朴，却可以让品格优雅高贵；职业平凡，却可以让事业轰轰烈烈。人生，需要拥有的不是一种心情，而是一种心态。用一朵花看世界，世界就在花中；用一只眼看世界，世界就在眼前；用一颗心看世界，世界就在心里。美丽的风景，不如美丽的心情；美丽的心情，不如拥有一颗感恩的心！从今天开始不再委屈自己！

（四十九）

智慧的最高境界是放下。失即是得，是痛苦，也是幸福。因为只有失去，空下的双手，才能拾起新的幸福。放不下自己是没有智慧，放不下别人是没有慈悲，每一个人懂得放自己一马，也要放别人一马，不要把生命浪费在钻牛角尖上。活得精不精彩，由自己主宰！

（五十）

有多大的手，端多大的碗。生活不容虚假。你欺骗生活一次，生活会欺骗你一生。凡事要量力而行，有多大能耐许多大的愿。小手端大碗，又吃力又容易把碗摔坏。只要有心，小手也能变大，何愁没有大碗可端？安心端好眼前的碗，那些虚无缥缈的最好不想。心安了，心态也就摆正了；心态好了，幸福才会越来越多。

（五十一）

人生就是一个修行的过程。人生的修行，贵在修心，以不动之心面对各种人生境遇，不断精进，最终圆满。生命的意义就在于风霜雪雨洗礼后的坚强。风雨能够磨炼我们的性情，霜雪能让我们变得从容坦然，命运在磨难中千回百转，生命在挫折坎坷中隽永。那么，就算做一棵小草，也要向着阳光努力地生长；就算是一条彩虹，也要在雨后照亮天空。

（五十二）

人生最大的喜悦，就是遇见与自己同频道的那一盏明灯，你点燃我的激情，我点燃你的梦想；你照亮我的前途，我指引你走过黑暗的旅程，相互辅助，成就一生。鲜花盛开，蝴蝶自来！其实不是有了人脉才能做许多事情，而是做了很多事情才会有人脉！

（五十三）

人生路上，不失本心，不失风骨，自信绽放；生命中，不失时机，不失风度，释放光彩。沿着一心向善向上的轨迹，完善自己的人生，用一双清澈明亮的眼睛，追寻奔跑如飞的美丽。迎着阳光，感受生活的美好，珍爱生命，珍惜来之不易的每一天！

（五十四）

人生的轨迹不一定会按你喜欢的方式运行。有些事你可以不喜欢，但不得不做；有些人你可以不喜欢，但不得不交往。当遇到那些自己不喜欢却又无力改变的事情时，我们唯一能做的，就是忍耐。忍过寂寞的黑夜，天就亮了；耐过寒冷的冬天，春天就到了。练就波澜不惊的忍耐，再艰难的岁月，也只不过是浮云。

（五十五）

现实告诉你，听啥也别听闲话；社会告诉你，没什么别没钱；生活告诉你，有什么别有病。感情告诉你，不要以为你想的人，同样也会想你，不要以为你放不下的人，同样也会放不下你。鱼没有水会死，水没有鱼却会更清澈。所谓人生，就是，听不完的谎言，看不透的人心，经历不完的酸甜苦辣，你行的时候，怎么都行，你不行的时候，什么都不行。人太现实了，所以你一定要行，不行也得行！

（五十六）

人生的弓，拉得太满会疲惫，拉得不满会掉队。把人生当旅程的人，遇到的永远是风景，淡而远；而把人生当战场的人，遇到的永远是争斗，激而烈。人生就是这样，选择什么你就会遇到什么，没有对错之分，只有承受与否。学会放下令自己不悦的事，学会放手令自己卑微的人。只要还有明天，今天永远都是起点。

（五十七）

你再优秀，也不可能万事无忧。你再聪明，也不可能事事都懂。你再豁达，也不可能没有烦愁。你活得再漂亮，也不可能没有凄凉。你走得再潇洒，也不可能路路畅通。生活，就是生下来，活下去。人累了，歇一歇。心累了，缓一缓。对于人生而言，健康地活着，就是一种成功。抬头看天是一种方向，低头看路是一种清醒；抬头做事是一种勇气，低头做人是一种底气；抬头微笑是一种心态，低头看花是一种智慧；逆境时抬头是一种韧劲，顺境时低头是一种冷静；位卑时抬头是一种骨气，位高时低头是一种谦逊；失意时抬头是一种自信，得意时低头是一种宽容。俯仰之间，充满着智慧！

（五十八）

人生的奔跑，不在于瞬间的爆发，而在于途中的坚持，你纵有千百个理由放弃，也要找一个理由坚持下去，能激励你、温暖你、感动你的，不是励志语录心灵鸡汤，而是每天元气满满的正能量！

（五十九）

人生是过客，何苦看不开，生活总要继续，再苦也要微笑，切莫让愁上眉梢，温暖开心生活，才是生活的艺术，所有的路过，不过是一页风景，难过的别提，伤心也别恼，缺钱也别愁，胖几分别忧，瘦几寸别急，别辜负每一天，人生的路还是得向前走。

（六十）

时光走了，心还在原地，是真正的变老。所谓历史，就是没能赶上时间的脚步的故事。时光一刻未曾停过，我们却常常在昨天的故事里驻足。岂不知，物是人非，你坚守的不过是一场被时光掏空的回忆。年轻，不是青春常驻，而是与时俱进。让昨天归零，时光走了，我们继续迈开大步向前！

（六十一）

一个有正能量的人必须具备两种能力：

第一，自燃。无论有多疲惫，遇到多大的困难和挑战，只要一出现在公众面前，立马精神四射，有光芒，活成沸腾的状态，永远传递正能量，无形中影响人，点燃别人！第二，自愈。凡大成者都是历经大磨难者。不需要别人的慰藉，用强大的内心拥抱一切苦难。一个人必须有愈合自己伤口的能力，才有机会接受更大的挑战并使自己更加卓越！

（六十二）

内心强大的人，思想丰富的人，他不在乎有多少人误解了他，也不在乎有多少世俗的偏见，因为他的内心就是一个完美的世界，一个人内心的丰富，足以弥补一些物质的匮乏。内心强大的人，就是真正有思想的人，而真正有思想的人，也必然是内心强大的人。

（六十三）

总会有些不喜欢，又不得不去做的事，与其用纠结的心情去面对，不如把它们养成习惯。习惯学习，习惯健身，习惯早起，习惯和一个人在一起。习惯能消磨一个人对事物的厌恶感，能让一个人与世界相安无事。“习惯了就好”不是无奈，而是学会了适应和对自己的体谅。

（六十四）

欲成大器，先要大气。大气之人，语气不惊不惧，性格不骄不躁，气势不张不扬，举止不猥不琐，静得优雅，动得从容，行得洒脱。如一朵花，花香淡雅悠长；如一棵树，枝叶茂盛而常青。大气之人，能安安心心做好本分的角色，认认真真干好手头的事情，不为名利而争斗，不为金钱而纠结。

（六十五）

别人为什么愿意和你相处：

第一，你有德。对人真诚，厚道。

第二，你有用。能给人家提供帮助。

第三，你有料。能让人大开眼界。

第四，你有量。能倾听别人的想法。

第五，你有容。能认可欣赏别人。

第六，你有趣。让人愉悦，让人快乐。

第七，你有心。能用情用心交友。

如此，久而久之，气场自成！能量强大，必成大事！

（六十六）

希望有时就是信念和坚持。如果我们不停地对自己说“我做不了这件事”，很可能最终真的失败了。相反，如果我们抱着“我一定可以做到的”信念，那么相信自己就一定会有能力完成它，即便开始时我们不能。所以，任何时候都不要失去信心，也不要放弃希望，人生就是一个不断圆满的过程。

（六十七）

学会忘记，让身心轻松；懂得舍得，让生活和谐。忘记是心灵的超脱，舍得是心灵的升华；忘记是对生活的态度，舍得就是为人处世的境界。宠辱不惊，闲看庭前花开花落；去留随意，漫随天外云卷云舒。人生无须过于执着，尽人事听天命而已。人生的幸福，一半要争，一半要随。争，不是与他人，而是与困苦。没有唾手可得的幸福，发愤图强，主动争取才能一步步接近幸福。随，不是随波逐流，而是知止而后安。受能力与条件的限制，很多人事只能随遇而安，随缘而止。争，人生少遗憾；随，知足而常乐。

（六十八）

生活的艰辛，命运的坎坷，其实都是上天赋予我们的宝贵财富。人生，要经得起磨砺，挺得起脊梁，担得起责任，吃得起苦头。当你这一切都坦然平静地走过，你会突然发现，这样的人生才是完整的，才是人生路上最值得回味的、最美的风景。生活之路，决定于心，而非决定于路。心中无路，即便来到四通八达的路口，也会觉得一片迷惘，走投无路。心中有路，即便来到四野茫茫的荒境，也会觉得一片光明，绝处逢路。人生之路，一定要在内心深处慢慢感悟，才能走得从容和潇洒。

（六十九）

人越是焦躁，越不能成事，只有平静下来，才能听到内心的声音。父亲丢了块表，他抱怨着翻腾着四处寻找，可半天也找不到。等他出去了，儿子悄悄进屋，不一会儿找到了表。父亲问：怎么找到的？儿子说：我就安静地坐着，一会儿就能听到嘀嗒嘀嗒的声音，表就找到了。此事告诉你静能生慧，每遇大事须静气。

（七十）

犹豫，往往是失去的开始；等待，常常以苍老终结。不要让激情被时间慢慢地打磨殆尽，所谓快意人生，只需少一些顾虑，多一些行动。是的，出发就要趁现在，做事就要趁年轻！趁着年纪不大，存些普洱茶吧。存普洱，除了喝茶外，还有一种留下岁月的感觉。当一饼茶叶从新茶开始，陪伴着你，与你一起慢慢变老，而你头上也开始出现白发的时候，这些普洱茶便是除了家人外你最亲密的朋友，甚至会产生一种把小孩子慢慢养大的感觉，每喝一口自己存的茶，除了口舌之间的愉悦外，更多的还是心中那一份沉甸甸的时间。

（七十一）

我喜欢闲适的生活。闲适是一种优雅，闲适是一种从容，闲适是一种境界，闲适是一种智慧。“闲适”是充实的生活，而不是平庸的日子；是平实无华的岁月，而不是灯红酒绿的时间；是安然平静的时光，而不是愤世嫉俗的态度。“博学多闻的智者，总是温良谦逊；硕果累累的树枝，永远俯首躬身。”闲适其实是一种处世的心态，是一种优雅的生活方式。在学会进取的同时，也应该学会放弃。放弃也是一种智慧、一种美丽。放弃的姿势，是我们准确地衡量自己把握自己之后，做出的最现实的决定，它不是保守，不是退缩，而是为了放眼未来，保护自己想要的一切。

（七十二）

人，总会有智力、运气的差别；总会受环境、现实的约束。总会有人在你熟睡时，拼命学习或工作。参差不齐，才构成了这世界上一道道亮丽的风景。人生的诸多烦恼，其实源于自己。每一天，是过去的终结，也是希望的开始。无论过去多么美好，都将成为过去；无论现在多么艰难，都必须努力。给自己一个微笑，人生处处是阳光。

（七十三）

懂得低头，就是为了有一日更好地抬头。有时候，遇事能够低头是一种勇气，也许你当时的低头会让你损失一些利益，但是如果是为了帮助别人而让自己吃了亏，有可能会让自己收获更多。谦让本身就是一种美德，笑着低头，收获的不仅仅是快乐！一个能忍的人，内心会更加坚韧，要记得现在的社会，胳膊拧不过大腿的道理，有时候低头确实是很痛苦的选择，但也是一种非常聪明的选择！非要讲道理不是讲不赢，非要动手也不是不可以，但是这么做了，你会收获什么？学会低头是一种大度，就算当时你赢了，有了自我膨胀感，但是事后却依然空虚。让自己低头是一种心性的修炼。不过，并不是面对什么人都需要低头，面对任何事都需要忍让，要有个度。超越了道德的底线，那就万万不能忍。因为每个人心中都有一杆秤，到底该怎么做，只有自己来衡量！弯一下腰，不费力；侧一下身，没多难；低头的目的就是有一日更好地抬头。

（七十四）

没有所谓的最佳时机。有多少次，你想做件将改变你一生方向的大事，却因为“时机未到”而选择延迟？人生里所谓的绝佳机会，并无关你准备得多好，而是取决于你是否有勇气做出改变。

（七十五）

如果未来的每一天都清晰可见，这一生该是多么无聊无趣！生命的精彩恰恰在于未知，每天都会是新的世界，等待我们去探索、发现、感受和创建，人生因此而变得更加丰盈。人生，是一次可以选择的旅程，我们无法把控环境和他人，但要始终把控好自己。

（七十六）

生活中会遇到各种苦难和挫折，但是拥有一颗不屈不挠的心，一切艰辛都会化为乌有。有时候，我们应该向大自然中那些微小的生命学习，去感受那种微弱却极其强大的生命力，任何坚石都不能阻挡它们破土而出，看一看这伟大的生命，我们会不禁感叹！

（七十七）

不要沉迷过去，不要害怕未来。过去，得失也好，成败也罢，无论是快乐还是痛苦，都过去了，你只能回忆，而无法回去。可有些时候，我们总跟过去过不去，沉迷在回味中，颓废在往事里。生活应该向前看的，只有把自己从过去中解放出来，你前面的脚下才有光明之路！

（七十八）

煮一壶云水禅心，抛却俗事纷扰，淡看世情冷暖，清婉一颗静心，不惹尘埃，与人为善。红尘人间，做一个简单干净的人，看得清世间繁杂却不在心中留下痕迹，平平淡淡，素颜面众，快乐就好。人的一生，岂能尽如人意，但求无愧我心。人活一辈子，开心最重要。要拥有健康的体魄，在快乐的心境中做自己喜欢做的事情，安全地实现自身价值，这是人生最大的幸福。

（七十九）

悠闲更需要有事情来做，适度投入、持续专注，愉悦、自我欣赏，精神充实，身体安逸。活着，想那么多干吗！别有事没事整天瞎琢磨，想通了自然好，想不通心就受折磨。心情是自己的，心灵更是自己的，为什么不去找舒坦？无聊时看看书和微信，孤独时找朋友聊聊天，多关心自己，保重身体，健康是一切的本钱。不要过分去强求不属于自己的东西，因为那样毫无意义，潇洒地放下那些不重要的人和事，活出精彩的自己。

（八十）

旅游其实是诱惑和被诱惑，是在自己特烦的地方，到别人特烦的地方看看，都是有钱有闲人的世界。坐在船尾看后面被离弃的水花，看起来有点独特，毕竟都是过往云烟。路越陌生，脚越敏感。你空手而来，别忘了你还会空手而去。你收获的只是途中那些你曾经参与其中、最终又从你的记忆里溜走的故事。

（八十一）

生命不是一场赛跑，而是一次旅行。比赛在乎终点，而旅行在乎沿途风景，好心情才会有好风景。生命太短暂，哪有时间遗憾，不要让你不快的人或事，打扰视野。若不是终点，请微笑一直向前！

（八十二）

磨炼换来成长，辛勤带来收获，泪水领略人生百味，挫折引领成功之路！仗义疏财，得到人心；肝胆相照，得到知心；淡泊名利，得到安心；清心寡欲，得到舒心。人生在世，顶天立地，春来花自开，秋至叶飘零，无穷般若心自在，语默动静体自然。

（八十三）

“圣人之道，为而不争，善者不辩，辩者不善”，此老子言也！忍辱不辩的人往往都在埋头做事，必定能成就一番事业。真正有正能量的人，不需要用花言巧语去赢得别人的赞许，空谈不去行动，将一事无成。

（八十四）

转换思维，放大格局，我们就能开掘出一个全新的视野，打造出一个广阔的舞台。曾国藩说：“谋大事者首重格局。”胸中没有大格局，走一步算一步，目光超不过脚步，终究难有所成。“坐拥云起处，心容大江流。”只有站得更高，看得更远，才能做得更大。

（八十五）

一个人，风尘仆仆地活在这个世界上，要为喜欢自己的人而活着。这才是最好的态度。不要在不喜欢你的人那里丢掉了快乐，然后又在喜欢自己的人这里忘记了快乐。勉强不来的事情，不去追逐。你为此而累的时候，或许对方也累。你停下来了，你放下了，终会发现，天不会塌，世界始终为所有人祥云缭绕。

（八十六）

人活的就是心境。人生的许多变数，取决于天、地、人三才的运转变化，天时、地利、人和三者俱佳，则凡事自顺。人的一生，小事无数，你能计较多少人生的大事、也只能尽人事以听天命，常人岂能奈何为小事而常介怀，不值；为大事而常悲戚，不该。所以，对于小事要开心；对于大事要宽心。

（八十七）

人总是在遭遇一次重创之后，才会幡然醒悟，重新认识自己的坚强和隐忍。所以，无论你正在遭遇什么磨难，都不要一味抱怨上苍不公平，甚至从此一蹶不振。人生没有过不去的坎，只有过不去的人。许多事情，该怎样，就怎样。等待它顺其自然地发生，结果会更好。可面对现实的时候，又有谁知道，事物本身该有的结果是什么样子的呢？静观其变，是一种能力；顺其自然，是一种幸福！

（八十八）

懂得用情用心交朋友、善良宽厚待人，救人水火，人脉必然成金脉，你的正面能量无限。遇事，知道的不必全说，看到的不可全信，听到的就地消化。筛选过滤沉淀，去伪存真，为我所用。久而久之，气场自成，正能量足，必能成就好事大事!

（八十九）

慢慢地，你会养成一种心情，对于眼前发生的一切，无论大小不再惊心动魄，能够从客观的立场分析前因后果，做将来的借鉴，以免重蹈覆辙，这样你就成熟了。一个人唯有敢于正视现实，正视错误，用理智分析，彻底感悟，才不至于被杂务侵蚀，因此越来越坚强!

（九十）

生活越接近平淡，内心越接近绚烂。经历了世事的智者，终于领悟到，太过用力、太过张扬的东西，一定是虚张声势的。而内心的安宁才是真正的安宁，它更干净、更纯粹，更接近那叫灵魂的地方。花开一季，人活一世，乐天随缘一些，就会轻松自在一些。想开了就微笑，看透了就放下。

（九十一）

这个社会，没有人会直接给你荣华富贵，只有送你机会和平台，现在这个时代什么都不缺，缺的是像鹰一样的眼光、像狼一样的精神、像熊一样的胆量、像豹一样的速度。只要你讲诚信，懂感恩，愿坚持，成功一定属于你!

（九十二）

当你对自己微笑时，世上没烦事能纠缠你；当你对自己诚意时，世上没人能欺骗你。活在别人的掌声中，最易迷失自己；处在别人的关爱中，最易弱化自己。敢于面对困境的人，生命因此坚强。要感谢给你提意见的人，他使你成熟；要感谢给你造困境的人，他使你坚强。在我们的生命中，只需做好我们自己。喜欢我们的人自然喜欢我们，不喜欢我们的人，就让他静静地站在那里，我们不怨恨，不沮丧，不恐惧，接纳一切的发生。因此，我们的人生就会云淡风轻，学会在懂我们的人群中散步，淡定从容，尽享人间喜悦。

（九十三）

晴天晒晒太阳，雨天听听音乐。一个人如果有选择，那就选择最好的；如果没有选择，那就努力做到最好。有时，我们可能脆弱地听到一句话，就泪流满面，有时，也发现自己咬着牙走了很长的路。人生旅途，必须坚持走过荒凉，才能走进繁华。压力最大的时候，效率可能最高；最忙碌的时候，学的东西可能最多；最惬意的时候，往往是失败的开始；寒冷到了极致，太阳就要光临。成长不是靠时间，而是靠勤奋；时间不是靠虚度，而是靠利用；感情不是靠缘分，而是靠珍惜；金钱不是靠积攒，而是靠投资；事业不是靠满足，而是靠踏实前行！

（九十四）

在我们成长的道路上，总有一些人会思考一些大问题：金钱和信仰怎么平衡，现实和理想如何取舍，等等。事实上，这既不需要平衡，也无须取舍。金钱归根结底是实现理想和自由的最佳工具。只要诚信，挣钱不是眼前的苟且，而是通往诗意和远方的道路。

（九十五）

世界上没有一个人是只靠自己一个人的力量就可以达到成功的，成功的背后一定有许多人在有意或无意识地帮助你，你要永远感激他们。每个人都在不断地完善知识与经验的积累，当你自认已完成这两大积累时，那你距离成功就不远了。你如果百事无成，人生迷茫，就是因为你的才华配不上梦想。大事干不了，小事不肯干；不想做手边的小事，只想做天边的大事。必须知道，小事不肯干，大事也轮不到。趁跌倒还能站起来的时候，先学会脚踏实地，多做些力所能及的事。

（九十六）

做人的格局一定要大，说白了，你可以不聪明，也可以不懂交际，但一定要大气。如果一点挫折就让你爬不起来，如果一两句坏话就让你不能释怀，如果动不动就讨厌人、憎恨人，那格局就太小了。做人有多大境界，就会有多成功。宽广的胸怀和长远的眼光，才是成功者的标志。记住一句话：你越有思想，越肯努力，就会越易成功！

（九十七）

当眼泪掉下来的时候，也许真的累了，其实人生就是这样，你有你的烦，我有我的难，人人都有无声的泪，人人都有难言的苦，忘不了的昨天，忙不完的今天，想不到的明天，走不完的人生，过不完的坎坷，越不过的无奈，听不完的谎言，看不透的人心，放不下的牵挂，经历不完的酸甜苦辣，这就是人生，这就是生活。生容易，活容易，生活真的不容易，离开的都是风景，留下的才是人生！

（九十八）

所有成功的背后，都是痛苦的坚持；所有的痛苦，都是傻瓜般的不放弃。只要你愿意，并且为之坚持，总有一天，你会活成自己喜欢的那个模样。当生活很艰难，你想要放弃的时候，别忘了这个世界上，还有比你更艰难的人，生活充满了起起落落，如果没有低谷，那站在高处也失去了意义！

（九十九）

当别人谈话时你倾听，当别人皱眉时你微笑，当别人疑惑时你坚信，当别人休息时你学习，当别人放弃时你坚持，于是当别人失败时你成功。

（一百）

世上有一些东西，是你自己支配不了的，比如运气和机会、舆论和毁誉，那就不去管它们，顺其自然吧。世上有一些东西，是你自己可以支配的，比如兴趣和志向、处世和做人，那就在这些方面好好地努力，至于努力的结果是什么，也顺其自然吧。

（一百零一）

和正能量的人在一起，犹如身处一种磁场，给人的心灵以强大的吸引力。跟他们聊天，兴致勃勃，意犹未尽，就算是阴天，心里也装着太阳，令你容光焕发，信心倍增，感受到人性的光辉和社会的美好。和充满正能量的人在一起，是我们今生的福报，我们要好好珍惜，并传递对生命的感恩及对生活的热爱。为对手叫好是一种智慧！化敌为友，化干戈为玉帛，才能壮大自己，发展自己。善于向对手学习，是美德、智慧、修养，是我们处世的资本。发现对手长处，克敌制胜是一种谋略。能做到放低姿态为对手叫好的人，那在做人做事上必定会成功。

（一百零二）

能力是干事的基础，决定你“能做什么”；动力是干事的条件，决定你“想做什么”；定力是干事的保证，决定你“敢或不敢做什么”。当下，最为可贵的是定力，能够挡得住诱惑、耐得住寂寞、守得住清贫。这三者好比“三足”可以鼎立，让人站得稳、干得好、走得远。

（一百零三）

记住别人的好，温暖自己的心。人无完人，对人宽容就是对己宽容；善待别人就是善待自己！专挑别人缺点、不能容人，自我欣赏，从而丧失改进提高的机会。记住别人滴水之恩，往往能见贤思齐，虚心学习他人的优点，因此自己的“好处”也会越来越多，人际吸引力就会越来越强，无形中就拥有了进取的动力！

（一百零四）

每天给自己一点时间沉淀，当你可以直面自己身体里与生俱来的笨拙与孤独时，你便能够彻底谅解过去的自己。

（一百零五）

小车不倒可以慢慢推，若耗尽全身气力快推，反而容易倒下。凡事心稳，才是根本；心乱，则一切皆乱。留住自我、本我、真我，不为名与利所裹挟，尽可能放慢工作节奏，是如今看来最好的生活方式。“在高处立，着平处坐，向阔处行；存上等心，结中等缘，享下等福。”如此，可以长久。

（一百零六）

心情不好时，轻轻对自己说，生活，就是这样，休息一下，别忘了明天会有阳光；心情愉悦时，偷偷告诉自己，人生，不能总是得意，生命中，有风有雨，人生就是在曲曲折折的过程中；挫折时，学会振作起来；高兴时，不要沉醉其中。生活就要在苦中想着幸福，在幸福中坦然！做人不一定要风风光光，但一定要堂堂正正，处事不一定要尽善尽美，但一定要问心无愧，以真诚的心，对待身边的每一个人，以感恩的心，活好每一天！

（一百零七）

人生就是一个不断选择、不断放弃的过程。有所放弃，才能让有限的生命释放出最大的能量。没有果敢的放弃，就不会有顽强的坚持。放弃是一种灵性的觉醒，是一种慧根的显现，一如放鸟返林、放鱼入水。当一切尘埃落定，往日的喧嚣归于平静时，我们才会真正懂得：放弃也是一种选择，失去也是一种收获。

（一百零八）

人都不易，各有各的难处，在他人的身上，我们看到的是自己。生活如此艰难，有些事情不需要拆穿。看穿不拆穿，是内涵修养的层次，既免得对方尴尬，又免得自己显得咄咄逼人。来说是非者，便是是非人。不能与人为善之人，最终必为他人所疏远。做一个人不要盘算太多，只要自身努力够了，就不要拼命去求人，有时想得越多，心越急，就越得不到回报；等你不想的时候，它就会意想不到地属于你。有些潜规则与不能把握的东西，还是顺其自然。人的进步与发展是相对的，该是你的东西终归是你的，不必强求。好运来了是挡不住的。

（一百零九）

成功没有偶然，也没有理所当然。能够成功的人不是因为他们幸运，而是因为他们没有放弃努力。能够一直成功的人不是因为他们曾经的辉煌，而是因为他们一直在充实自己，拓宽自己的路，尝试更多不同的可能性。游手好闲之人往往缺乏责任感和人生方向，懒散又不愿吃苦。这种人容易传递负能量，也容易变成他人的负担和麻烦。应适当保持距离。

（一百一十）

人生的价值与意义，在于你生命历程的快乐指数有多高。人类是一种矛盾的存在，既有社会性的一面，是典型的群居物种；又有个性化的一面，是典型的独立个体。太过于独立，疏离群体，就会感受到孤独寂寞。距离太近，私人空间遭受到压抑，更是无法忍受之痛。关键是心态和适度。相信自己比依赖别人重要。做一个人，必须要有思想，有社会责任感。只要尽心尽力做事，就不会被埋没，关键是要摆正心态。不论人生际遇如何，及时努力都不会错。不论怎么用尽心机，都不如静心做事有成果。

（一百一十一）

有时候，你被人误解，你不想争辩，所以选择沉默。本来就不需要所有的人都了解你，因此你也没必要对全世界解释。做真实的自己就好。平静地看待每件事，平静地处理该处理的事情就行。天生万物，天养万物，一切其实无须担心。你要做的就是做好自己，不留任何遗憾。放下、淡定、宽容、感恩，你就是“牛人”。拿破仑曾说：能控制好自己情绪的人，比能拿下一座城池的将军更伟大。情绪管理是人类掌控自己的重要方法和手段，控制不好情绪只会让问题变得更糟。因此，千万不要让情绪左右自己的决策和行动。

（一百一十二）

我欣赏的胆量是，行动上敢于勇往直前，思想深处又凡事满含敬畏。这是一种理性的沉勇以及有分寸感的激进。其实，最好的胆量就两个特点：一是让人尊重，二是叫人放心。

（一百一十三）

一定要经得起折腾。折腾=体验，亲身体验是最深刻的智慧。社会是最好的学校，实践是最好的老师，生命不够丰富，是因为折腾得太少。今天自己不太好，是因为过去别人对我们太好。要想未来变得更好，就不要奢求别人对自己太好。小折腾小锤炼，大折腾大锤炼，千锤百炼才成就不坏之身，同时成就你的淡定之心。

（一百一十四）

人累了，就休息；心累了，就淡定。长大了，成熟了，这个社会就看透了。累了，难过了，就蹲下来，给自己一个拥抱。因为这个世界上没有人能同情你，怜悯你。你哭了，眼泪是你自己的；你痛了，没有人能体会到。你一定要坚强，即使受过伤、流过泪，也要咬牙走下去。因为人生其实只是你一个人的。羁绊住别人的腿，我们不一定走得更快！一个真正的强者，不是看他摆平了多少人，而是看他帮助了多少人，服务了多少人，凝聚了多少人，影响了多少人，成就了多少人！未来世界，一定不会属于一群面目狰狞、尔虞我诈的人，而是属于一群善良、共享、快乐，拥有正能量，帮助别人，以诚相待，懂得感恩的人！记住：善良，会成就我们的未来。

（一百一十五）

学会说不，做不到的事不要强求，做自己力所能及的事。学会观察，大千世界无奇不有，只有眼观其变，才能明辨是非。学会忘记，只有忘记已经失去的才能立足当前，展望未来。学会放弃，有的东西只能远远地欣赏。不是你的，就不要去追求，放弃是最好的选择。

（一百一十六）

人生本就是一种感受。当爱你的人弃你而去时，任你呼天抢地亦无济于事，生活本是聚散无常；当背后有人飞短流长时，任你舌如莲花亦百口莫辩。世道本是起伏跌宕，得志时，好事如潮涨；失意后，皆似花落去。不要把自己看得太重，委屈、无奈、眼泪，这些都是你生命中不可或缺的一部分。悲喜相依，苦尽甘会来。

（一百一十七）

当我们的手机电量低于40%时，很多人会开始考虑，准备找地方充电；但是当我们人生的时间低于40%时，又有多少人会在意，老之将至。梁实秋先生说过，没有人不爱惜生命，但很少有人珍惜时间！时间就是生命，浪费时间如同浪费生命！老骥伏枥，志在千里。过好每一天，珍惜分秒，把有限的生命，投入无限的为人民服务中去。

（一百一十八）

世界很大，个人很小，没有必要把一些事情看得那么重要。我们已经很苦、很累，无须对自己责备。人生本就不会事事如意，何必要强迫自己。尽心了，无论结果如何都可以。红尘过往，没有人握得住地久天长。一生很短，没必要和生活过于计较，有些事弄不懂，就不去懂；有些人猜不透，就不去猜；有些理儿想不通，就不去想。把不愉快的过往，在无人的角落，折叠收藏。告诉自己：我可以不完美，但一定要真实；我可以不富有，但一定要快乐！

（一百一十九）

人生总会有弯路，但弯路也有弯路的风景，只要认真去走，一定会有不一样的收获，这收获说不定哪一天就能为我们所用。所以，人生没有白走的路，只看我们如何去面对，去把握。

（一百二十）

肯低头，就永远不会撞门；肯让步，就永远不会退步。求缺的人，才有满足感；惜福的人，才有幸福感。打垮自己的，不是别人，而是你自己。世上没有一帆风顺的事，只有坚强不倒的信心与毅力。逃是懦弱的，避是消极的，退就显得更加无能。成功的道路得靠自己闯，心在哪里，路就在哪里！在这个世上不要过分依赖任何人，因为即使是你的影子也会在某些时候离开你。人生最糟的不是失去爱的人，而是因为太爱一个人而失去了自己。

（一百二十一）

不要拒绝一个向你推荐机会的人，即使你不相信、不懂、不会做、不想做，或许你很忙，了解过很多，很反感，千万不要一口回绝，在这个科技发展的时代，信息瞬息万变，也许眼前这个机会就能使你出人头地，你最好能把它了解清楚，了解之后感觉不值得你行动，也不会给你造成什么损失，但也许这个机会就是你一直想要的，是你所处朋友圈接触不到的，就是这个机会可能会改变你的一生！

（一百二十二）

人品，是一个人施展能力的基础，是当今社会稀缺而珍贵的品质标签。人品和能力，如同左手和右手，单有能力，没有人品，人将残缺不全。能力是一把“双刃剑”，如果掌握在品德高尚的人手中，它将会给团队与社会创造出无数的价值；如果掌握在品德低下的人手中，它将时刻有可能会成为组织与社会前进的羁绊。

（一百二十三）

生命是一种回声，你把最好的给予了别人，就会从别人那里获得最好的回报！人与人之间，相互鼓励是最难得的真诚！为别人鼓掌的人，也是在给自己的生命加油！当我们学会了欣赏和感恩的时候，就拥有了幸福和快乐！

（一百二十四）

人生三万里：

一、读万卷书：读哲学书，可培养大气；读专业书，可培养才气；读休闲书，可培养灵气。

二、行万里路：行旅游路，可扩大眼界；行探索路，可扩大世界；行助人路，可扩大胸界。

三、听万人言：听苦难之言，可磨砺意志；听幽默之言，可磨砺情志；听褒贬之言，可磨砺心志。

（一百二十五）

牡丹虽美空入目，枣花虽小结果实。饰己外表不如修己内心，哗众取宠不如默默充实。靓丽容颜终会消失在时光的褶皱里，唯内心的丰满会让自己散发无可替代的魅力。身处寂寞不要紧，寂寞时内心不要空洞；无人问津勿要慌，幽兰生于山谷一样绽放。热闹，是众多人的勇气；寂寞，却要自己一个人的强大。花，有香自有蜂蝶来恋；人，有品自有知音来伴。做人的最高意境是节制，而不是释放，懂得孤独和收敛，就是要学会和自己相处。依照自己的意愿安排一段时光，是一种莫大的幸福。在孤独中积蓄能量，才能有美丽的绽放。

（一百二十六）

真正的智者，要知道在何处，能做何事，该做何事。当你的脚被你的鞋磨出了泡，你却还舍不得丢掉，那说明你喜欢！你觉得会有好的一天，突然有一天这个泡让你日夜疼痛，你才发现这样的坚持是多么不值，因为这双鞋从没心疼过你的脚，你又何必傻傻相信呢！在疼痛中才知道脚下的泡是自己走的！其实有时候我们真的付出了全部，没得到自己想要的！所以善良要对善良的人，付出要对值得的人！

（一百二十七）

做人，要有人格底线：

可以忍受贫穷，但不能背叛人格；

可以追求财富，但不能挥霍无度；

可以发表意见，但不能拨弄是非；

可以不做善人，但不能为非作歹；

可以不做君子，但不能去做小人；

可以容忍邋遢，但不能容忍颓废；

可以没有学位，但不能没有品位；

可以风流倜傥，但不能纵欲无度；

可以不说感谢，但不能不懂感恩。

（一百二十八）

情商，不是八面玲珑的圆滑，而是德行具足后的虚心、包容、自信和格局。成熟，不是由单纯到复杂的世故，而是由复杂回归简单的超然。觉悟，不是对所有世事的无所谓，而是对无能为力之事的坦然接受。成功，不是追求别人眼中的最好，而是把自己能做的事情做到最好！

（一百二十九）

人生不能都称心，生活不会尽如意。物以类聚，人以群分，有些人注定相忘于江湖。聚散有缘，自有定数。想留的，留不住；想要的，得不到；想躲的，躲不开；想放的，放不下。人生本无常，许多无奈，需平和心态待之，如此就好。我们最孤独的，不是缺少知己，而是在心途中迷失了自己，忘了来时的方向，找不到去时的路；我们最痛苦的，不是失去了珍爱的人与物，而是在灵魂深处少了一方宁静的空间，让自己在浮躁中遗弃了那些宝贵的精神；我们最需要的，不是别人的怜悯或关怀，而是一种顽强不屈的自助。你若不爱自己，没人可以帮你。

（一百三十）

深知人性的人，不会为成功和辉煌而感动，也不会为挫败和名望而感动，而会为生命中所能承载的那些曲折，那些记忆，那些生命的每个日子中，坚强面对的点点滴滴，而付出的心血和汗水感动，为这一种胸怀、宽容、智慧、粗犷、豁达，以至不死不屈、不折不挠的精神感动。

（一百三十一）

人：相互帮扶才感到温暖！

事：共同努力才知道简单！

路：有人同行才不觉漫长！

友：相互记挂才体味情深！

与人为善，不遗余力地成就他人，不知不觉也成就了自己。

（一百三十二）

每个人背后，都有别人体会不到的辛苦；每个人心里，都有旁人无法感受的难处。坚强的外表下，隐藏着不能说的心声；微笑的表情下，掩饰着不可露的心情。总把最灿烂的笑容，展示在人前；总把最落寞的心痛，掩藏在身后。路一步一步走着，留下的脚印自己最清楚；事一点一点做着，其中的艰辛自己最明白。你走得累不累，脚知道；你撑得难不难，肩知道；你过得好不好，心知道。坚强的人，都是懂得生活的人！

（一百三十三）

一生中最走运的是：遇到某个人，他打破你的思维，改变你的习惯，成就你的未来，称之为贵人。一生中最幸福的是：遇到一群人，他们点燃你的激情，觉醒你的自尊，支持你的全部，称之为团队。一生中最庆幸的是：遇到一件事，唤醒你的责任，赋予你使命，成就你的梦想，称之为事业！

（一百三十四）

人生最勇敢的事，莫过于看透了这个世界，但仍然爱着它。抛弃世事的纷扰，远离繁华，归隐山下。那里有尘嚣不扰的清净，借此流年，用一生的风景造就静默的诗篇。

（一百三十五）

生活原本没有烦恼，当欲望之火被点燃后，烦恼就来敲你的心门了。生活原本没有痛苦，当你开始计较得失，贪求更多时，痛苦便来缠身了。其实，有些事，轻轻放下，未必不是轻松；有些人，慢慢忘记，未必不是幸福；有些痛，淡淡看开，未必不是历练。坎坷路途，给身边人一份温暖；风雨人生，给自己一个微笑。

（一百三十六）

人与人的相处讲求一个“淡”字，淡而不腻，淡淡相处，近之则浓，远之则无，不远不近，若即若离，则恰好。人与人的交流贵在一个“雅”字，雅而不俗，文雅交流，多之则腻，少之则空，不多不少，亦有亦无，乃合适。以舍为有，则不贪；以忙为乐，则不苦；以勤为富，则不贫；以忍为力，则不惧。

（一百三十七）

假日是一种和工作时不同的生活状态。它并不意味着像脱缰的野马一样失去控制，而是在放松的过程中仍不放弃对自我的管理。阶段性的休息可以带来新的激情，无节制的放纵则会打乱你的生活节奏。进入调休状态，度过一个有意义的假日，对我们的身心都有帮助。放下，再开始一次新的旅程，就是别再把自己弄得那么累。

（一百三十八）

别那么悲愤，这个世界真的不欠任何人。每个经济地位居于你之上的人，都有比你更惨淡的付出。他们没抢走你任何东西，你的所获，只与你的智慧付出成正比。你的生活就是你努力的结果，真的不是别人的错。活好自己，幸福无比。享受悠闲生活当然比享受奢侈生活，便宜得多。要享受悠闲的生活，只要有一种艺术家的性情，在一种全然悠闲的情绪中，去消遣一段闲暇无事的时光。过年了，少些肉鱼，多些素菜；少些烟酒，多些饮茶；少些牌局，多些运动。健康平安，幸福人生。

（一百三十九）

谢谢自己，在这些年里，很多孤单的时候，都是一个人在勇敢地赶路。有些路，只能一个人走；不着急，静静熬，用所有的寂寞时光为自己鼓掌。一个人若想取悦于每个人是不可能的，但只要凡事依正道而行，无愧于心，别人说长道短，无须理会。只要自己路走得直，完全不必去理会他人的评说。向前走，莫回头，日子越来越有奔头！

（一百四十）

当你在排队的时候，你会发现一个规律：另一排总是动得比较快；当你换到另一排时，你会发现，你原来站的那一排就开始动得比较快了；你等得越久，越感觉自己可能是站错了队。这就是神奇的墨菲定律！所以，不让自己后悔的最好办法，就是坚持！坚持自己的人生梦想而不去张望别人并受之影响；坚信自己当下的选择，不犹疑、不浮躁，做好当下、务实前行！

（一百四十一）

守信，是用钱都买不到的人格魅力。堂堂正正做人，明明白白做事。永远不要丢掉别人对你的信任，因为别人信任你，是你在别人心目中存在的价值。失信是人生最大的破产，守信方得人心。没有人会尊重弱者，把弱者当成朋友！人们永远追随强者，永远和强者结盟！成功就是屡遭挫败，而热情不减！跟最最顶尖的人学习，起码你也是个顶尖的人！

（一百四十二）

很多东西就掌握在我们自己手中。比如快乐，你不快乐谁会同情你的悲伤；比如坚强，你不坚强谁会怜悯你的懦弱；比如努力，你不努力谁会陪你原地停留。只有把命运掌握在自己手中，才能寻找到生命的闪光。

（一百四十三）

背对太阳，阴影一片；面对太阳，光明一片。

无过是一种假想，思过是一种成熟，改过是一种美德。

勇者，脚下都是路；智者，知道走哪一条路最好。

酸甜苦辣是生命的富有，赤橙黄绿是人生的斑斓。

社会就像鱼塘，有泥有沙有杂质，真要是清水一潭也有点可怕。

（一百四十四）

你很累很累的时候，你应该闭上眼睛做深呼吸，告诉自己应该坚持住，不要这么轻易地否定自己。谁说你没有好的未来，明天的事后天才知道，在一切变好之前，我们总要经历一些不开心的日子，不要因为一点瑕疵而放弃一段坚持，即使没有人为你鼓掌，也要优雅地转身，感谢自己认真的付出！永远成功的秘密，就是每天淘汰自己；你不与别人竞争，并不意味着别人不会与你竞争；在别人进步的同时，你没有进步，就等于退步。你没有构建任何适应竞争、抗击风险的能力，当下一次危机来临时，你会不堪一击，第一个倒下的就是你！追求安稳，是坐以待毙的开始。

（一百四十五）

用一颗美好之心，看世界风景；用一颗快乐之心，对生活琐碎；用一颗感恩之心，感谢经历给我们的成长；用一颗宽阔之心，包容人事对我们的伤害；用一颗平常心，看人生得失成败。

（一百四十六）

路在脚下，是距离；路在心中，是追求。有追求，就会有坎坷；有希望，就会有失望。风有风的方向，云有云的心情，别奢望人人都懂你，别要求事事都如意。平常一颗心，淡然一些事，自在而行。不和别人比较，不和自己计较，真诚去做人，埋头去做事，脚踏实地走，顺其自然活，做人如饮酒，半醉半醒最适宜；做事如执笔，半松半紧最自然。

（一百四十七）

舍不得伤害别人，总是带着笑去原谅；顾不得心疼自己，总是含着泪去支撑。一些感受，只能藏于心。不是不委屈，只是选择默默承受；不是不会流泪，只是自己悄悄隐藏。有多少的忍让，不是低头认输，而是舍不得；有多少的包容，不是懦弱，而是放不下。表面上没事的人，心里都有事；强颜欢笑的人，心里都有太多说不出来的痛！付出，不要后悔；失去，也不要遗憾。不言不语，不是不说，只是不想说；无声无息，不是无心，只是没人懂。有苦，自我释放；有乐，欣然品尝。

（一百四十八）

你越来越有能力时，自然会有人看得起你。改变自己，你才有自信，梦想才会慢慢地实现。做最好的自己，这个社会就这么现实！想要破茧成蝶，必须付出百倍的努力！

（一百四十九）

如果你看不清当下，就读读历史，因为历史上曾经发生过。如果你看不懂历史，请看看当下，因为历史正在重演。

（一百五十）

小心翼翼撑着，不如大大咧咧活着，有心有肺地累着，不如没心没肺地笑着，事不在乎，就不会伤神，人不在乎，就不会伤心。

（一百五十一）

我们每个人都会经历这样一个探索期：对未来的变化、对人生的未知感到迷茫，却又较着劲努力往前走。其实，正是在这样的跌跌撞撞中，才会逐渐知道自己内心所向；经历过这样的迷茫不安，才能耐得下性子沉淀积累，埋头前行。“蝶变”与“起航”，预示着工商之友的美好未来！从务实做起，从自己做好，“打铁必须自身硬”，成长自己，惠及大众！

（一百五十二）

一个人可以失去财富，失去职业，失去机会，但万万不可失去信誉。诚信是一个人取信立足社会的根基，倘若这个人缺失了诚信，也就缺失了建立在此基础上的一切美德，也就不可能成就一番事业。

（一百五十三）

世界如一个山坡，只要你没有站在顶点，就永远有人比你高，当你仰望久了，要适时向下看看，我们都是平凡人，不必有太多的卑微；当别人疏忽或者遗忘你的时候，无须悲观难过，大家都在一门心思向上爬，没有人一直陪着你走，也没有人盯着你走向何方。活好自己就好，在别人的眼里，你其实并不怎么重要。

（一百五十四）

不打无把握无准备之仗。凡事预则立，不预则废。成功的人往往都能做到不让“事等人”，而是让“人等事”。没有准备地盲目行动，很容易一事无成。学会提前准备，防患于未然，做事规划好，让事情井然有序，才会事半功倍。约会时，最好早到五分钟，不但能主动，还能让人感到诚信。

（一百五十五）

人生，因为在乎，所以痛苦；因为怀疑，所以伤害；因为看轻，所以快乐；因为看淡，所以幸福。我们都是天地的过客，很多人和事，都做不了主，还是一切随缘好。有些人只能陪你走一段路，迟早要分开的。走过了这段路，你会遇见新的人和新的生活。人来人往，人聚人散，人这一辈子，一半是回忆，一半是继续。期待天长地久，不如心怀感恩，不负不欠。

（一百五十六）

人生，没有那么多得偿所愿，有的是身不由己。生活，都有酸甜苦辣咸，你有你的烦，我有我的难。所以，在这世界上只要活着，就要无怨无悔，坚持前行。没有不请自来的幸运，只有有备而来的惊艳！世界上有两个可贵的词：一个叫认真，一个叫坚持。认真的人改变了自己，坚持的人改变了命运。那些真正让人变好的选择，过程都不会很舒服。唯有足够的渴望和顽强的意志力，去支撑鼓舞着自己，让自己的人生变得精彩和美丽。

（一百五十七）

不管做什么都不要急于回报，因为播种和收获不在同一个季节，中间隔着的一段时间，让他成长。每个优秀的人，都有一段沉默的时光，付出了很多努力，忍受了孤独和寂寞，连自己都能被感动。唯累过，方得闲。唯苦过，方知甜。年快过去了，彼此交流却刚刚开始。过一年，美一年，年年如少年；活一岁，长一岁，岁岁都珍贵。如果年后有人请，还是去好。俗话说："悲欢离合一杯酒，人情冷暖一壶茶。"出去走一走，吃一顿饭，一定少喝酒，一切都在不言中。

（一百五十八）

半生风雨半生寒，一杯浊酒忆前缘。回首过往来时路，七分酸楚三分甜。锦上添花时常有，雪中送炭谁曾怜。自古人生难如意，只愿平淡度余年！往事不缠，心向清欢。爱恨随缘，修行自然。不负自己，不负遇见。不问花开几遍，只求身心平安。

（一百五十九）

世界上最快而又最慢、最长而又最短、最平凡而又最珍贵、最易被忽视而又最令人后悔的就是时间。一世浮生一刹那，一程山水一年华。余生并没那么多来日方长，唯愿，生而无憾。世间得失名位，像风一样流转，像云一样聚散。前一秒在你名下，下一秒就去了别人手里。人生得失，忽来忽往，难以预料，不如放平心态，得之淡然，失之坦然。吃饱穿暖，莫争莫贪。呜呼！

（一百六十）

同样是聊天，无聊的人只能打发时间，有心的人就能聊出价值；同样的东西，在不同的人身上有不同的价值。人从来没有被成全，只有互相成全。善于借鉴别人的长处，善于合作，会改变一切。

（一百六十一）

挫折经历得太少，才会觉得鸡毛蒜皮都是烦恼。生活，从来都是泥沙俱下，越是搅动，就越是混浊。只有安静下来，才能还原到本质，让人从容应对。那些温和像秋阳、谦卑似稻谷、圆融如流水，才是真正的生命强者。生活中的酸甜苦辣，要懂得品味；路途中的风雨坎坷，要敢于面对。人生你觉得很累，累的是身，收获的是心；感到很苦，苦的是挫折，磨炼的是意志。生活没有一劳永逸，不能奢望无忧无虑，所以，以平常心度日，来去应皆有序章。

（一百六十二）

人生，要的就是一种丰盈；日子，过的就是一份心情。多彩的生活，既有阳光明媚，也有倾盆大雨。强硬有强硬的好处，忍让有忍让的优势，任何时候，都需要审时度势，适宜而为。活着不易，自己不快乐，没有人能让你快乐。努力是一个缓慢积累的过程，先有量变才能引发质变。没有谁的成功是一蹴而就的，沉下心，做好自己的事，当才华配上梦想时，好运自会不期而遇。时间很公平，你把它花在哪里，它就在哪里结果。

（一百六十三）

人生，由人不由天；幸福，由心不由境。心安才能身健，身健必须心安。有些事情，拿不起，就选择放下；有些过客，留不住，就让其离开。茶无上品，适口为珍；只要快乐，就会幸福。你的微笑，让世界变得更加美好。一朵花有一朵花盛开的时间，一棵树有一棵树成材的年限。最艰难的成功，不是超越别人，而是战胜自己；最可贵的坚持，不是历经磨难，而是保持初心。我们所要做的是，做好自己，但行好事，莫问前程！

（一百六十四）

无能为力的事情，就顺其自然；求而不得的东西，就不再勉强；心无所畏，才叫随遇而安；随意随缘，才能从容淡然。未来的路还很长，摆好心态，要学会一个人走。坚持原则，不忘初心，砥砺前行，未来可期！这世上无论是谁，都没有平白无故的成功，也没有一帆风顺的坦荡。再有成就的人，都是从一件件小事积累起来的。你所看到的光鲜，都是由无数流汗的日日夜夜组成的。你若不成长，谁来替你坚强。珍惜眼前的人，做好眼前的事。一切都是美好的。

（一百六十五）

成功没有快车道，幸福没有高速路。所有的美好，都来自不倦的努力和奔跑；所有幸福，都来自平凡的奋斗和坚持。如果你的生活已处于低谷，那就，大胆走，因为你怎样走都是在向上。生活没那么多诗和远方，更多的是坎坷和无奈。别一边不作为，一边抱怨。学会脚踏实地，更要懂得随遇而安。做人，知理、知足、知趣！知理，进退有度；知足，心宽有福；知趣，相处舒服。人生的路上，有人在欣赏风景，有人努力让自己成为风景。人人都追求美好，其实美好在于无止境地追求。没有好也就没有坏，好事坏事都是一阵子，过则无悔，保持平常心就好。

（一百六十六）

真正改变命运的并不是我们的机遇，而是我们的态度。微笑时常挂在脸上，宽恕默默记在心里。在我们温暖他人的同时，自己也会收获快乐。把握机遇，调整心态，善待他人，做人才能做事，做事方能成人。做一个阳光的人，做一个温暖的人，用真心对待爱你的人。不推开一扇门，怎么会认识一群人，有时候一个选择，可能就会有改变一生的圈子。如果不尝试去改变，那么生活，就只能还是现在的样子。穿过人群，期待再相遇。

（一百六十七）

人生短短几十年，拼也好，混也罢，全是一瞬间；不指责，不抱怨，给自己一份乐观；不苛求，不奢望，给自己一份淡然；不计较，不比较，不喟叹人情冷暖。用自信的脚步，坚定自己的选择；用平常的心态，经营最美的明天。生活简单让人轻松快乐，想法简单让人平和宁静，因为简单，才深悟生命之轻，轻若飞花，轻似落霞，轻如雨丝；因为简单，才洞悉心灵之静，静若夜空，静似幽谷，静如小溪。

（一百六十八）

格局有多大，人生就会有多顺。眼界有多宽，道路就会有多宽。开阔你的眼界，养大你的格局。拙能成巧，人生没有白走的路，每一步都算数。干得漂亮是人的生存基础，活得漂亮是人的生活本质。生活没有谁复制谁，只有自己做好了自己。无论怎样的日子，能把日子活得舒服，才是最大的本事。

（一百六十九）

人看似光鲜，背地里的苦楚无人知晓。这个世界，没有人不辛苦，只是没人喊疼；也没有一个人的人生是容易的，只是需要坚持。成年人的生活里，到处都是咬着牙不哭出声的辛酸和隐忍，为的是那份做人的责任，去勇敢担当。别辜负了你的初心！

（一百七十）

人没吃饱时，就一个烦恼；吃饱了，无数个烦恼。人生最重要的，从来不是拥有了多少，而是你的心是否满足。不属于你的，别强求；得不到的，就放下。不盲目攀比，不纠结不逃避，用最好的姿态去迎接崭新的一天。

（一百七十一）

人生有两件事最难得：一是知足，二是感恩。知足，会让你看到别人的优点，拥有平和的心态，收获充实的生活；感恩，会让你懂得尊重和包容，增长人生的智慧，获得他人的认可。站得多高，看得就多远，你的目光所及就是你的世界，而你的境界就是你的人生。

（一百七十二）

有时候，人可以拿到高处的东西，并不是因为自己长得高，而是因为你站在了高处。当感觉荣耀，拥有人脉和资源时，殊不知是你的位置带来的假象。所以，知人者智，知己者明，摆正自己的位置，才能有更大的成就。

（一百七十三）

脚踏实地的人很少焦虑，他们忙着实现目标，没时间困惑。有时候，你的焦虑不过是因为想得太多，而实际做得太少。与其纠结，不如踏实努力；开始行动，才有可能成功。别为模糊的未来担忧，只为清楚的当下努力。苦不言，痛不语，自己的路自己走，总有一天你会回头来感谢那个曾经“沉默”的自己。众生皆苦，而你的诉苦，贬低了自己，又打扰了别人。

（一百七十四）

瑞典格言说：我们老得太快，却聪明得太迟。不管你是否察觉，生命都一直在前进。人生没有来回的车票，失去的便永远不可能再得到。将希望寄予“未来方便时”，不知会失去多少机遇。请你记住：把握当下，不要等待来日方长。这世界，凡是让你当下感到爽的东西，以后一定会让你痛苦。那些让你在当下感到痛苦的事，越能给你带来真正的价值。但这些需要一个人有强大的上进心、克制力、自律。人生，先苦就后甜，先甜就后苦。这也是世界的平衡法则。

（一百七十五）

每一次失败，都是成功的伏笔；每一次考验，都是一分收获；每一次泪水，都是一次醒悟；每一次磨难，都是生命的财富；每一次伤痛，都是成长的支柱；每一次打击，都是坚强的后盾。活着必定要经历一些挫折，而我们依然坚强战胜每一次挫折，只要我们还活着，就值得庆幸。

（一百七十六）

人生再多的幸运、再多的不幸，都是曾经，简单的事，想深了，就复杂了；复杂的事，看淡了，就简单了；没事的事，放下了，就没事了。有些事，不能算是事；有些事，只能是笑笑；有些事，要用心去做。天下之事岂能尽如人意，但求无愧于心，无憾于人生。别难为自己，人生再大的事，不过是生老病死；再小的事，无非衣食住行！

（一百七十七）

成功者不会在小事上计较，但却洞察方向、把控全局。懦弱者才会在小事上据理力争。因此，欲成大事的人，必须将精力集中起来，心无旁骛才能专心致志。如果把精力和时间都浪费在一些烂事上面，必然是很大的阻碍，难以成就大事。生命是平等的，人的幸运与不幸运，不过是一时而已。尊重别人，胸怀坦荡，人生路会越走越宽广。成功、失败只是人生的节点，活着是一个过程。在人生的旅途中，我们扮演着不同的角色，而名利、地位只不过是过眼烟云。甘愿付出，清爽做人，才是人生的最高境界！

（一百七十八）

和不一样的人在一起，就会有不一样的生活状态；要想活出好的状态，就要与相处不累的人交往。能够尊重你、懂你的人并不多，舍不得麻烦你的人更少，所以你只需把自己的时间，留给那些相处不累的人。只有不累的感情，才能经得起生活的考验，走得更长远！

（一百七十九）

人生迟早都会谢幕，我们需要做的事情，是让自己的遗憾少一点。齐白石在九十多岁以后，仍然一天至少画五幅画，并写下“不教一日闲过”六个大字，挂在墙上，用以自勉。不教一日闲过，真的应该成为我们每个人的座右铭。不教一日闲过，就是在珍惜我们的生命！

人活一世，做人做事，看透是一种领悟，看淡是一种财富。手抓得紧，累就多；心放得宽，快乐就多。别总忧伤，别想太多，珍惜眼前，好好活着。大雨过后，有人抬头看天，晴空万里，神清气爽。有人喜欢低头看地，泥泞坑洼，艰难绝望。不同的选择，造就了不同的心态，而你的心态，将决定困境让你自暴自弃，还是绝地反击。水到绝境是飞瀑，人到绝境是转机。

（一百八十）

路是走出来的，不是选出来的。与其总是犹豫不决，不如勇敢地踏出第一步。当你不知道自己究竟该向左还是向右的时候，选哪条路，都是对的。每一条路上都有属于它自己的独特风景，你也一定能走出自己的道路。

（一百八十一）

痛，要自己扛；伤，要自己愈。有些路不合脚，却必须走；有些选择不合心，却要知道适应。人只有经历过了不如意，才知道生活真的不容易。路是自己的，要走；心是自己的，要懂。所求越少，得到越多；心越简单，快乐越多。真正见过大世面的人，会讲究，能将就，能享受最好的，也能承受最坏的，见过世面的他们自然会在人群中散发不一样的气质，温和却有力量，谦卑却有内涵。所以，如果此时的你正在疲于奔命，我要说的就是，真的不必着急，慢慢修炼自己，开阔视野、平和地去面对逆境，生活便会自然好起来，你也终将变得更强大。

（一百八十二）

人，闲久了就会变得空虚，太懒了就会生病，学会爱自己，就要爱劳动，懒惰对我们没有好处，只会让生活更糟糕。忙人虽然很累，却可以有收获，比如金钱，比如幸福，比如快乐，都是劳动所得。

（一百八十三）

少抱怨少空谈，积极主动多干实事，因为抱怨是最无济于事的。世界上永远有不完美的事情，永远会有各种麻烦，唯一的解决渠道便是去面对它，解决它，放下它。

（一百八十四）

有些人，你风光时，希望你能帮衬；你落魄了，却会冷言冷语。与人相处，最怕四样东西：深交后的陌生，认真后的失望，信任后的利用，热情后的冷漠。太过高估别人的感情，只会赋予你伤害。在每个人的生命中，总会遇到或多或少的挫折与磨难，正因为有彼此不离不弃的陪伴，才有勇气面对一切不幸，有决心战胜困难，做那勇敢搏击风雨的强者。而这一切，唯有爱，才能让岁月的每一天，变得温情暖暖。

（一百八十五）

人生就是一次历练。从鲜衣怒马到银碗里盛雪，从青葱岁月到白发染鬓，人不断地在经历中成熟，修炼一颗波澜不惊的心。唯愿以一腔热情，再敬岁月香酒几盏，愿往事不言愁，许余生不悲秋。人生，不怨，不恨，看透，随缘。活得糊涂的人，容易幸福；活得清醒的人，容易烦恼。清醒的人看得太真切，一较真，生活中便有烦恼；而糊涂的人，计较得少，虽然活得简单粗糙，却因此觅得了人生的大滋味。

（一百八十六）

人在心情愉悦的时候，心脏会分泌一种叫缩氨酸的荷尔蒙，能消灭掉体内95%的癌细胞，可见高兴喜乐乃是良药。所以你的笑容，价值何止百万。人生的意义或许不仅在于风华正茂时活得气象万千，平步青云时活得酣畅淋漓，更在于寒凉低谷时，即使无人问津，也要活得坚韧镇定。在年华老去，斜阳残照里，保有纯真，活得尊严，活得坦荡。

（一百八十七）

当人到了一定的年纪，回首过往才发现，那些曾经觉得重要的东西，其实可有可无。认为实现了目标的人，并不一定会感到满足，而真正幸福的，是学会开心，让自己装满快乐。特别同意一句话：世上只有一种成功，就是用你喜欢的方式度过一生。不泯然于众，只遵从内心真实的感受，欣然向前。

（一百八十八）

放弃很容易，但最终会一无所得；坚持很难，但最后一定会有所收获。成功不是因为别人走你也走，而是在别人停下来的时候，你仍然在继续。当你痛苦迷茫时，不妨静下来想一想，当初为何拼尽全力选择这一条路；当你疲惫心累时，不妨停下来歇一歇，等待雨过天晴再更好地出发。人生没有白走的路，没有白吃的苦，就像来年春天，又会开花。

（一百八十九）

“你在桥上看风景，看风景的人在楼上看你。”我们不要羡慕他人，因为你就是最美的一道风景。如果你无止境地羡慕，就会寝食难安，就会烦恼越来越多。既然不可能事事如愿，不如学会释然。与其斤斤计较，不如学会淡然处之。坚持就是胜利，忍辱成就自己。

（一百九十）

很多时候帮助别人，并不意味着自己失去。而正是由于你的帮助，才会得到友谊和朋友。其实，帮助别人是给自己多留了一条路，给自己多了一个机会，也是给别人提供了一个机会。

（一百九十一）

人生中的一切，都无法占有，只能经历。看不透的人心，放不下的牵挂，走不完的坎坷，越不过的无奈，不知道会在哪天消失。所以经过的，就该好好珍惜，再忙再累也别忘了心疼自己。没有伤痕累累，哪来皮糙肉厚，自古英雄多磨难。真正看透这个世界的人，都是在用苦难修行。你经受了多少的苦难，才配得上多大的成功。当各种痛苦反复触及我们灵魂的时候，我们就会一点点觉悟。

（一百九十二）

世上最宝贵的是今天，昨天以今天为归宿，未来以今天为源头。只有抓紧今天，才能有美好的明天。生命中的每一个瞬间，过去的都将永不再回来。人生的每一次经历，都是生命中不可多得的体验。唯有珍惜自己，才会创造出值得珍重的潇洒的人生。

（一百九十三）

别喊穷，没人给你钱；别喊累，没人会帮你做；别想哭，大家不在乎；别认输，没人希望你赢；别靠人，只有自己最可靠；别乞求，别人等着看笑话；别落魄，一堆人等着落井下石；别低头，地上没有黄金只有石头！越努力，越幸运。靠谁不如靠自己，当你清楚，诚信第一，聪明第二时，你会明白小聪明只是一时，而信任才是一世。当你懂得，实力第一，人脉第二时，才会明白只有自己做到了，才会有人真的尊重你！当你学会忠诚比能力更重要时，你才是一个既懂得感恩又能担当大事的人！

（一百九十四）

任何一件事，如果利己不利他，千万别做；如果利他不利己，少做；如果利他又利己，放开手做！要做一个良心的经营者、做一个友爱的传播者！能微笑别抱怨，别让泪水代替笑容，别让健康透支为零；累了就去休息，别咬牙硬撑，困了就睡觉，别无故发疯。一个人，只有一双眼、一颗心。眼里有谁，心里就会装着谁；心里有谁，情中必然在乎谁。这个世上真正对我们好的人不多。遇见了，不要错过；拥有了，学会珍惜！

（一百九十五）

人生，总有些路，要一个人走，总有些苦，要自己扛；不要奢求有人能懂得，也不要抱怨人心叵测，把那些苦难一个个踩在脚下，最终，只能是你自己。菩萨给自己磕头，人问其答曰："求人不如求己。"人过中年，看尽了人世间繁华落尽，也看遍了繁花万千，看透了人心冷暖，看开了人生苦短。要学会承受孤独，即使不能兼善天下，也至少做到独善其身。

（一百九十六）

惜命最好的方式，不是养生，而是控制情绪。世上没有既安逸又精彩的人生，美好前程都是以血汗打下来的，想要为自己的梦想负责，对家人亲朋负责，我们必须管理好情绪，如此才能拥有强健的身体。做人，以良心为根，以人品为本。有良心，无愧于心；有人品，赢得人心！

（一百九十七）

人，因无而有，因有而失，因失而痛，因痛而苦。其实，人生本来一场空。有无之间的更替便是人生，得失之后的心态决定苦乐。缘来不拒，境去不留，看淡了得失，才有闲心品尝幸福。当一棵树不再炫耀自己叶繁枝茂，而是深深扎根泥土时，它才真正拥有深度。当一棵树不再攀比自己与天空的距离，而是强大自己的内径时，它才真正拥有高度。树的成长需要深度和高度，人亦如此。

（一百九十八）

一个人命运的改变，1%靠别人提醒，99%靠自己觉醒。改变你的思维，改变你的表达，就会改变你的世界。格局决定你的结局，定位决定你的地位。永远别看轻自己，相信自己，依靠自己，才能成就自己。

（一百九十九）

做人要真诚、谦和，善待别人，温暖自己。遇到事情，多为别人着想，其实也是在为自己着想，当人品和学识相辅相成时，一个人会走得更高更远。若受人尊重，肯定有着大格局，站得高，看得远，重恩义，懂回报。这样的人，既聪明睿智又豁达开朗，也是个知性的人。

（二百）

我们无论走到生命的哪一个阶段，都该喜欢那一段的时光，去完成该完成的任务。要习惯用微笑去面对现实，要善于用心去感悟人生，顺其自然，更要奋发有为，无愧人生。

（二百零一）

孔子说："仁者不忧，知者不惑，勇者不惧。"内心的强大可以化解生命中很多遗憾。生活、工作处处充满选择，正确的选择是成功的前提。俗话说得好，选择大于努力，有舍就有得，不舍弃无所谓的，就不能得自己所需要的。小胜靠力，中胜靠智，大胜靠德，全胜靠道，道乃德、智、力之和。得道者多助，失道者寡助。能战胜敌人的是英雄，能战胜自己的是圣人；英雄战胜敌人，圣人没有敌人。

（二百零二）

闲人愁多，懒人病多，忙人快活。人生的答卷没有满分，无论你怎样绞尽脑汁，竭尽所能，也无法交上一份完满的答案。尝尽人生百味，方知人情冷暖。唯有一颗轻盈的心，才能等到春天的微笑；只有保持舒展的心情，才能看到生命最美的样子。过一种简简单单的生活，做一个实实在在的人，快乐的秘密不过如此。

（二百零三）

人生一世，也不过是一个又一个24小时的叠加。在这样宝贵的光阴里，必须明白自己的所作所为，做到问心无愧！活着，是一种职责，不是因为执着，而是因为值得。人生的路，深一脚，浅一脚，悲伤在路上，希望也在路上；疲惫在路上，欢喜也在路上。

（二百零四）

生活不是过山车，不会永远都刺激。它更像是一条缓和的抛物线，有时在顶点，有时在谷底，有时需要我们攀爬，有时需要我们俯冲。当你暂时处于谷底，要做的不是怨天尤人，而是积蓄力量，为即将到来的攀登做好准备。如果你想躺着，别人想扶也扶不起来！但如果你想站着，别人推也推不倒。给优秀的自己加油吧！

（二百零五）

要想成功，有时真的需要往人少的地方走！成功的大道上挤满了人，在那里天才也只不过是人才而已；在那些人少的荆棘遍生的小路上，虽然坎坷难行，但是任你发挥的机会可能更多。这里掩藏了丰厚的宝藏，成功在这里才会显得更加光彩夺目。

（二百零六）

人生有很多种滋味，总要熬到某个年纪，才懂得去细细品味。然而，当你开始懂了，一切却已经远了。所以，珍惜当下的生活吧，因为到了下一秒，这一秒就成了过去。茶叶因沸水，才能释放出深蕴的清香，生命也只有遭遇挫折，才能留下人生的光芒。

（二百零七）

今天之所以不成功，就是因为生活的坏习惯，不愿意学习，不愿意吃苦，不愿意受累，不愿意遭受拒绝，不愿意遭受白眼。不愿意这，不愿意那，一直愿意曾经的生活方式，才有了今天的不思进取，随遇而安。现实告诉我们：人在适应中死亡，在不适应中成长。因为成长永远包含着冒险、面对未知、尝试新经验、扩展个人的极限与改变。

（二百零八）

如果你想让自己活得绽放，就要相信自己，没人会把你变得越来越好，你的救世主只有你自己。支撑我们变得越来越好的，是我们自己不断进阶的才华、修养、品行。有一种心绪，总会在每天清晨打开，成就了我们追求希望梦想；有一种意境，总会在晨风吹拂中，让我们领悟到人生的坚强。不放下恐惧，不逼自己一把，不敢迈出第一步，你永远不会成为你想成为的那个人！

（二百零九）

“要成功，需要朋友，要取得巨大的成功，需要敌人。”有竞争才有发展，因为有了敌人的存在，有了不服输的决心，才会努力地做好自己的事。所以，有时候，敌人比朋友的力量更大。天下没有永远的敌人，却有永远的朋友，有些时候，敌人也可以变成朋友。

（二百一十）

新生事物来了，看得懂的赶紧做，看不懂的跟着做，实在不想做的，看着别人做，最后人家成功了，而你还是你！有很多人活了一辈子，一直都在用自己的时间，去见证别人梦想的实现，真的很可悲。把握住今天，必须做到今天要比昨天活得更精彩！

（二百一十一）

一个人，总要让自己期待新一天的到来。人生如戏，演技全靠你自己，无论悲剧、喜剧或惨剧，都是你自己定的。也许，风雨过后没有期待已久的彩虹。也许努力过后没能得到相应的回报，可毕竟我们都曾努力过。或许彩虹已不远，回报也在前方不远处等着你。在人生的旅途中，最糟糕的境遇往往不是贫困，不是厄运，而是精神和心境处于一种无知无觉的疲惫状态：感动过你的一切不能再感动你，吸引过你的一切不能再吸引你，甚至激怒过你的一切不能再激怒你。这时，人需要寻找另一片风景。

（二百一十二）

选择就会被选择，拥有就会被拥有，而给予同样会被给予。因此我们不免要问：活着还有什么意义？活着就是做有意义的事。而做有意义的事就是活着。人生就像一杯茶，不会苦一辈子，但总会苦一阵子。不平凡是把一切平凡的事做好，不简单是把一切简单的事做好。受挫一次，对生活的理解加深一层；失误一次，对人生的醒悟增添一阶；不幸一次，对世间的认识成熟一级；磨难一次，对成功的内涵透彻一遍。从这个意义上来说，想获得成功和幸福，想过得快乐和欢欣，首先要把失败、不幸、挫折和痛苦读懂。

（二百一十三）

理想的人生规划是激情、天分和社会需求完美的结合。如果能做到，这辈子就很幸福，也一定会成功的。

（二百一十四）

人生也像时钟一样，只有子夜归零，才会有新的周期。凡事过则损，需把握分寸。人对待得失要有“度”，做事要进退有度，既懂得乘势而上，也善于急流勇退。做人有分寸，是人生的关键；做事有尺度，是人生的最大学问。把握做人的分寸，掌管做事的尺度，日积月累，才能在分寸间求得人生的高度。适时把自己“归零”，是人生最深的滋味。

（二百一十五）

理想很丰满，现实很骨感。可人一旦确定目标，思考的是怎样达成目标，而非针对目标讨价还价。思维决定行为，行为决定习惯，习惯决定性格，性格决定命运！习惯找借口找理由，一辈子没有能干成的事情，很多事情就差一口气的魄力。

（二百一十六）

想开、看淡、放松，人不可太精，事不可太勤，不要累人、累己、累心。感恩清晨的阳光，感恩万物给我能量，用阳光的笑脸感恩，用博爱的情怀对待生活的每一天。真诚是人际的桥梁，宽容是处世的境界；守信是一张名片，乐观是一种态度；担当是一种责任，坚韧是一种精神，付出是一种大爱！做一个充满正能量的人。

（二百一十七）

人品以正直为贵，心地以善良为贵。情感以真挚为贵，性格以坚韧为贵。待人以诚恳为贵，处事以谦让为贵。学问以通达为贵，技艺以专精为贵。言语以简明为贵，行动以稳健为贵。衣饰以得体为贵，饮食以素淡为贵。养身以寡言为贵，治家以勤俭为贵。做人以信仰为贵，做事以尽心为贵。

（二百一十八）

人到了一定年纪，要学会沉默。这世上，其实没有真正的对与错，面对一些误解和纷扰，不去解释，也不争辩。越痛，越不动声色；越苦，越保持沉默。不夸夸其谈，不浮躁炫耀，做人低调，做事踏实。毕竟，真正厉害的人，总是在闷声发大财。

（二百一十九）

时刻保持精神饱满，你的人生将会别有洞天。若把挫折和失败当作一杯烈酒，咽下去的是苦涩，吐出来的却是精神。世上有一种东西谁都偷不去也抢不走，那就是你的人生阅历和见识。你每次经历过的人和事，都会让你更加深刻地认识自己，也有更多的思考与见解。以饱满的精神去认真对待工作和生活的人，才是懂得生命真谛的人，也是懂得享受生命的人。

（二百二十）

才华都是熬出来的，本事都是逼出来的。人生的机遇里，没有哪一个完美的结局等着你，只有残缺；人这一辈子，酸、甜、苦、辣、咸，样样都得体验；人生，就是一次次蜕变的过程。人生本来就是一场赌注：每个人都是有潜能的，害怕输的人永远赢不了；不怕输的人，才有赢的可能。有的人懂得熬，所以成功；有的人只会逃避，必然失败。

（二百二十一）

唯愿我们，不论何种境遇都能充满智慧，成为内心强大的人。人要乐于思考，善于积累经验，总结教训。不懂得思考的头脑，是不会成长和成熟的。人只有不断地积累思想、厚重的思维历史与现实的东西，才能再次升华人生！

（二百二十二）

回首过往你会发现，最清晰的脚印，往往印在最泥泞的道路上。很多人都在寻找贵人，但常常忽略了自己。做自己的贵人，不要在岁月的磨难中忘掉初心，不要让世俗迷失了眼睛，每走一步都清楚地知道自己想要什么，朝着梦想不断坚持，你就一定会走出属于自己的人生之路。

（二百二十三）

生活的路，自己走；生活的苦，自己扛；生活的痛，自己忍。每一个人生路口，都面临艰难选择；每一次人生选择，都让人茫然不安。该吃的苦要吃，该受的罪要受，人没有受不了的罪，只有享不了的福。受罪的过程就是成长的过程，也是变强大的过程；而享受却很容易让一个人走向堕落。

（二百二十四）

人生的高度，是自信撑起来的。我们不是欠缺成功的筹码，而是欠缺自信。所有的路，只有脚踩上去才知其远近和曲折。自信是人最大的潜能。新鲜的皮肤，才是最美的衣服；健康的脸色，才会看着最舒服！

（二百二十五）

生活是一只蝶，没有破茧的勇气，哪来飞舞的美丽？生活是一只蜂，没有勤劳的努力，怎能尝到花粉的甜蜜？生活中多一分努力与勇气，你的世界将因你的付出而美丽！热爱你的工作，它会让你更值钱。全心全意地投入你的工作，有事做、有饭吃，也会让你的生活丰富多彩。不要总认为自己比别人做得好。即使你很出色，也不要认为自己每件事都做得比别人更好。做事方法有多种，没有完美的途径，永不满足，谦虚一些，会使你走得更远。

（二百二十六）

有理想的人永远年轻；有思想的人活在当下！人生是一场持久的战役。我们不能只顾着向前奔跑，偶尔也需要驻足看一看风景；与其总是透支自己，不如在该休息的时候休息，该勤奋的时候勤奋。劳逸结合、张弛有度，才能保证我们持续地前行。万事随缘，不可强求，顺其自然，随遇而安，方能有个好心情。诸事，能为之则为，不能为之则不为。不苛求于人，己所不欲勿施于人；不苛求于己，勿施不欲之事，任其天然。

（二百二十七）

人生最好是边走边领悟。挤不进的世界，不要硬挤，难为了别人，作践了自己；做不来的事情，不要硬做，换种思路，也许会事半功倍；拿不来的东西，不要硬拿，即使暂时得到，也会失去！头，要抬得起来，低得下去。抬头看天是方向，低头看路是清醒；抬头做事是勇气，低头做人是底气；抬头微笑是心态，低头看花是智慧；逆境时抬头是韧劲，顺境时低头是冷静；位卑时抬头是骨气，位高时低头是谦逊；失意时抬头是自信，得理时低头是宽容。

（二百二十八）

自律给你自由。欲望人人都有，只有自我约束着，才能得到更好的释放。相信你的自律，相信你所付出的每一分努力，时光都会在未来的日子里，以另一种美好的形式馈赠给你。距离成功越近，越是路广人稀。因为，能够坚持下去的人并不多。对人真诚，做好人，不论何人来骗你、欺你，都不要改变自己，这不是一个谁受伤谁就输的游戏。时间是一把钥匙，坏人赢了，可良心输了。

（二百二十九）

人生的路，走走停停是一种闲适，边走边看是一种优雅，边走边忘是一种豁达。只需要一点点勇气，你就可以把你的生活转个身，重新开始。你的付出，都会是一种沉淀，它们会默默铺路。人生，最大的选择就是拿得起，放得下。只有这样，你才活得轻松而幸福。

（二百三十）

一个不懂得感恩的人，是缺乏胸襟的人，也是最无能和不可交的人。心念决定言行，未来拥有什么样的人生，取决于现在的起心动念。人若能活出自我，自然不会与他人攀比，不会在意他人的评价，自然变得乐观坦荡，生命也就变得单纯而喜悦了！

（二百三十一）

没有把握的事，不要抱希望，那就不会失望。无法揣摩那个人，那就不要请求他替你做些什么，不让他有机会拒绝你，你才不会失望。不要爱上一个不会爱上你的人，那就不用失望。有些失望是无可避免的，但大部分的失望，都是因为你高估了自己。

（二百三十二）

人生当做三件事：一是知道如何选择，找一条适合自己走的路，不要误入，切忌乱花迷了眼；二是明白如何坚持，好走的路上景色少，人稀的途中困苦多，勿随意盲从，才能走到终点；三是懂得如何放弃，属于你的终究有限，放弃繁星，才能收获黎明。真正重要的不是生命里的岁月，而是岁月中的生活。有时候，你必须跌到你从未经历的谷底，才能再次站在你从未到达的高峰。有些路，通往哪里并不重要，重要的是你会在路上看到什么样的风景。

（二百三十三）

人的成功除了善于用人、要有胆量之外，还在于学会“借力”。娴熟地运用“借力”，其作用是非常突出的。凡事要记住，依靠自身的努力只能带来有限的能量，而通过借势借力，将使自己利用外界的无限能量，从而实现自己的理想。

（二百三十四）

内心的强大才是真正的强大，笑容、优雅、自信，是最大的精神财富。该面对的还得面对，该扛起的时候就要扛起。没有谁脚下的路，一生平坦到头；没有谁心中的心，一生纯粹到底；没有谁头顶的天，一生永远蔚蓝。改变命运真正靠的是自身的正能量，厚德载物。内心善良、柔和、宽厚，相由心生，境由心转。学会调整心态，好运随之而来。

（二百三十五）

没有谁的一生，阳光朗月永相随；没有谁的一生，欢声笑语永相伴。人生如河，苦是转弯；人生如叶，苦是漂泊；人生如戏，苦是相遇。思量和抉择，得到和失去，平和的心态，平淡的活法，才是让心情走向绿洲的法宝。任何经历都是一种积累，积累得越多，人越成熟。经历得多，生命有长度；经历得广，生命有厚度。经历过险恶的挑战，生命有高度；经历过困苦的磨炼，生命有强度；经历过挫折的考验，生命有亮度。

（二百三十六）

人得有智慧。事情本身没有好和坏，好坏是我们自己的分别和执着。烦恼是执着来的，痛苦也是执着来的。用你的笑容去改变世界，别让世界改变了你的笑容。用真诚的心灵去欣赏别人，以拼搏的行动去做好自己。因为珍惜而拥有，因为努力而收获，因为感恩而幸福。

（二百三十七）

生活，就是心怀最大的善意在荆棘中穿行。有时越善良就被伤害得越深，这不是善良错了，而是缺乏保护自己的技能。别委屈自己，善良要也带点锋芒，别总是去讨人欢心，还得配得上有良心的人。不嫉人之才，鄙人之能，讽人之缺，责人之误；而应察人之难，补人之短，扬人之长，谅人之过。你若恨，生活哪里都可憎；你若感恩，世间处处可感恩；你若成长，社会事事可成长。生命无论到哪一阶段，都该喜欢那一段时光，完成那一阶段的职责，顺生而行，不沉迷过去，不妄想未来，立足当下，生命这样就好。

（二百三十八）

不要去听别人的忽悠，人生的每一步都必须靠自己完成。自己肚子里没有料，手上没本事，认识再多人也没用。若你毫无保留地信任一个人，最终只会有两种结果，要么他是你生命中的那个贵人，要么他给你上了生命中的一堂思想课。你最终变成什么样的人，在很大程度上取决于你在辛苦和困境里，是选择迎风奔跑，还是转身逃跑。当某天你站上高处回头看时，会欣慰地发现：当初踌躇满志、咬紧牙关，在不平坦也不平静的路上，奋力奔跑的自己最美。

（二百三十九）

闭上眼睛好好地想想，自己是不是因为心浮气躁而搞砸过很多事？是不是常常被环境、被人所影响？是不是常常为了小事生气，不放过自己？懂得以智慧、慈悲来处理问题，心里就不会经常打结。心里放不下别人，是没有慈悲；心里放不下自己，是没有智慧。至远至近是东西，至浅至深是清溪。至明至暗是日月，至亲至疏是人心。有一种东西，始终不以任何人的意志为转移，这就是因果。

（二百四十）

胆量不够大，能力再强都是小人物！魄力不够大，努力一生都是小成就！

（二百四十一）

人的一生要走多少路，永远是个未知数；人这一生要受多少苦，没有人会告诉你。你唯一能够做到的，就是沿着自己心的方向，一步步去走，接纳所有的好与不好，承担所有的责任义务，无怨无悔地付出，心甘情愿地承受。生命是一个漫长的过程，你看不到终点，也看不到结局。你只要拥有一颗宽容善良、充满生机的心，就一定会拥有快乐、拥有成功。

（二百四十二）

人一辈子，无非就是一个过程。富贵不过草上霜，荣华也是花间露，生不带来，死不带走，用心甘情愿的态度过随遇而安的生活，像流水般洒脱，如行云般自在。幸福来自心灵的感受，是一种愉悦。真正的幸福，就是实实在在地生活，真诚做人，认真做事。

（二百四十三）

每个人的人生都有两条路：一条用心走，叫作梦想；一条用脚走，叫作现实。心走得太慢，现实会苍白；脚走得太慢，梦不会高飞。人生的精彩，总是心走得很美，而与脚步能合一。

（二百四十四）

如果你是蚂蚁心态，再小的石头都是障碍；如果你是雄鹰心态，再高的山峰也敢尝试。心小，任何事情都是大事；心大，任何事情都是小事。人生是一场自我挑战，提升格局才能绽放人生。

（二百四十五）

弱者易怒如虎，且易暴怒。强者平静如水，且相对平和。做一个内心强大的人，当需在生活中磨炼。说话要软，像水一样说话，温柔，措辞得体，语气诚恳，让人信服。做事要硬，必须坚定信念，一往无前，稳定情绪，提高能力，坚持原则，不成功决不罢休。

（二百四十六）

人生一局棋，无关输赢，迷惘之时，多半在局内。若心态平和，看凡间一切，简单明了；若心态复杂，看万丈红尘，则为世相所迷。境随心转，物由心造，光明是一种温暖，黑暗也是一种静谧，喜怒悲欢，都在一念之间。快乐是一种心态，更是一种选择，心若向阳，人生便永是晴天。做人，精明不敌气度；做事，速度不敌精度；交友，较真不敌大度。心平气和地告别过去，只争朝夕地活在当下，淡定从容地迎接未来。

（二百四十七）

每个人都会有一段异常艰难的时光，生活窘迫、工作失意、爱得惶惶不可终日。挺过来的，人生就会豁然开朗；挺不过来的，时间也会教会你怎么与它们握手言和，所以你都不必害怕。即使现在有诸多的不幸，我们的未来也会越来越好，相信明天充满了阳光。

（二百四十八）

要学会适应一切逆境、痛苦和委屈，一个人的心胸和格局是让这给撑大的。人这一辈子，要经得起谎言，受得了敷衍，忍得住欺骗，忘得了诺言。很多时候以为，我们的痛苦，会得到很多人的同情和怜悯，但往往到了最后才发现：你痛得撕心裂肺，世界却依然如此安静。叶一荣一枯就是一季；人一起一落就是一生。无论是痛苦还是快乐，生活不会停滞；无论得到或者失去，日子总要继续。幸福其实来自知足。以清净心看世界，用欢喜心过生活。再美的花园，都有不洁净的东西；再幸福的生活，都有不如意的事情。世界总是优劣并存，注意力在哪里，你的心就在哪里，天堂地狱，一念间。为人处世靠自己，背后评说由他人。幸福了！退休自由+择业自由+财务自由。

（二百四十九）

路在脚下是距离，有距离就有坦途和坎坷；路在心中是追求，有追求就有希望或失望。不要被欲望的驱动慌乱脚步；不要让忧伤的冷漠苍白心灵。“盲目地疾进，会不堪重负”；一帆风顺时，要提防暗礁；逆水行舟时，要坚守如初！

（二百五十）

人生一辈子，只要你一直前行，你就会看到更多更美的风景，不要碰到压力就把自己变得不堪重负，黯淡无光。成功的人懂得熬，失败的人懂得逃，卓越的人懂得迎风前行并思考！其实放弃和坚持就在一瞬间，扛住了，世界就是你的！

（二百五十一）

厚天地之大美，达万物之至理。真诚和善良是装不了的，哪怕装得了一时也装不了一世。发自内心对任何一个人都尊重的人，自然会获得比别人更多的机会。世界上无价的东西不多，真诚和善良是其中之二。一切都看淡些，对名利，对金钱，对感情。没有什么是离开了就不能活了的。得失也是辩证的，你在这方面损失了，你的心灵会得到释放，会有机会去尝试别的选择。

（二百五十二）

人生路上，总是充满着这样或那样的挑战，你若不坚强，没人帮你分担；你若不努力，没人给你让路；你若不自信，没人替你勇敢。因为有了失败的经历，我们才会更好地把握成功的机会；因为有了痛苦的感受，我们才更懂得珍惜；因为经历过失去，我们才不会轻言放弃。人生就是一场修行，尽管岁月无情，却依然可以在平淡中发现精彩，把流年梳理成景。

（二百五十三）

总有某段路，只能你一个人走；总有许多事，需要你一个人扛。别畏惧孤独，它能帮你划清内心的清浊；别躲避困苦，莫让冷世的尘埃，迟滞你的步履。走得越久，时光越老，人心越淡。忘不掉昨天，它就是束缚你的阴影；向往着明天，才能描绘你美好的未来。依欲而行，失之放纵，自毁之路；依心而行，失之偏颇，积重难返；唯有依道而行，不偏不倚，是为正途。每一个进步和成就，都蕴含着曾经受过的寂寞、洒过的汗水和流过的眼泪。很多时候不是看到希望才去坚持，而是坚持了才能看到希望。

（二百五十四）

请你永远不要去苦苦相逼一个人。这是一个负循环，你伤人而不自知，把敌意种在别人心里，最后的结果，只能是伤害自己。一时逞狠逞强，只是小聪明；宽厚待人，才是大智慧。你懂得留有余地，是给别人留下余地，也为自己留下退路。惹谁也别惹老实人！

（二百五十五）

做事，懂得缓急；做人，懂得进退。人生在世，顺境逆境接二连三，成功失败此起彼伏。不可能每一条路，都畅通无阻；不可能每一个季节，都风调雨顺。顺境看淡，不骄傲，不炫耀；逆境淡然，不沉沦，不堕落。人生有尺，做人有度，我们掌控不了命运，却能掌控自己，不求生命辉煌，但求无悔人生。快乐是一种境界，幸福是一种追求。走过的路，才知道有短有长；经过的事，才知道有喜有悲；品过的人，才知道有真有假。什么都可以舍弃，但不可舍弃内心的真诚；什么都可以输掉，但不可输掉自己的微笑！

（二百五十六）

如果决意去做一件事了，不要公开宣布个人目标，只管安安静静去做。因为那是你自己的事，别人不知道你的情况，也不可能帮你实现梦想。千万不要因为虚荣心而到处炫耀，事以密成，语因泄败。没做成的事，不应该说；做成了，更没必要说。

（二百五十七）

学会理解，因为只有理解别人，才会被别人理解。学会忍耐，因为事已成现实，已无法改变。学会宽容，因为世上没有完人，要原谅别人的过错。学会沉默，因为沉默是金，而且胜过雄辩。学会说不，因为人的能力有限，只能做力所能及的事。一帆风顺的人，终将会逐渐变得优秀；而历经失败的人，才会走向卓越。别怕失败，人人都会有此经历，只有历练，才能迈向卓越。做个内心充满阳光的人，不忧伤，不心急。坚强、向上，内心的强大，永远胜过外表的浮华。

（二百五十八）

不管你昨天有多优秀，也代表不了今天的辉煌，要记住，昨天的太阳永远晒不干今天的衣裳，与其受命运的摆布，不如做生活的强者。去找寻属于自己的一片天地。以乐观向上的精神去面对，全力以赴去解决人生的难题，不言弃、不放弃、不屈服，迎来新的一片艳阳天。

（二百五十九）

听别人教育一万句，不如自己摔一跤，吃一堑才能长一智。一切感受首先来自自己的体验，眼泪教你做人，后悔帮你成长，疼痛是自己最好的老师。生活让人们懂得：人生该走的弯路，其实一米都少不了。

（二百六十）

人生在世，注定要受许多委屈。而一个人越是成功，遭受的委屈也越多。要想生命获得价值和炫彩，就不能太在乎委屈，不能让它揪紧你的心灵、扰乱你的生活。要学会一笑置之，要学会超然待之，要学会转化势能。智者懂得隐忍，仁者明白在宽容中壮大自己。

（二百六十一）

很多往事，想明白了有什么用，还是活好当下。有苦，自我释放；有乐，欣然品尝。风吹雨打知生活，苦尽甘来懂人生。其实人生，就是一种感受，是一场历练，是一次懂得。人生是一场跋涉，走久了，才知辛酸，才知艰难，才有坚韧，才有渴望。前方的路，尽管遥远，尽管颠簸，但脚步依然，追求依然，方向依然。

（二百六十二）

生活不要安排得太满，人生不要设计得太挤。不管做什么，都要给自己留点空间，好让自己可以从容转身。留一点好处让别人占，留一点道路让别人走，留一点时间让自己思考。任何时候都要记得给人生留点余地，得到时不自喜，失去时不抑郁，不冒进，不颓废，得失之间淡定从容。

（二百六十三）

短暂的快乐易得，长久的幸福难寻。生命的溪流不需要多么澎湃，只有静静地流淌，静静地接纳，静静地蓄力，才能到达远方。细水长流间，是智慧的积淀，是得失的坦然，是松弛有度的生活态度。

（二百六十四）

把人生当成一场慢走，不要为了追赶而追赶，要知道最美的风景在旅途，而不是终点，只有懂得停下来学会欣赏的人，才会发现别人发现不了的美好，才会洞察生活的每一个真谛，行走人生，懂得放慢脚步，懂得欣赏风景，才不负岁月为你准备的这么多美好。

（二百六十五）

一群人能走到一起不容易，人有一百，形形色色。人的相处，没有天生合适做朋友，需要的是，彼此包容、理解、改变。风风雨雨的磨合，改变着不合适的彼此。尊重他人，庄严自己，帮助他人，成就自己！人生要看透，委实不容易。看透还能说透，更是不简单。平生一片心，不因人热；文章千古事，聊以自娱。人生很短，别再为难自己，保持最好的心情。不羡慕别人辉煌，不喟叹世态炎凉，用平常的心态，经营好生活。

（二百六十六）

凡事，不以他人之心待人，你会多一分付出，少一分计较；凡事，不以他人之举对人，你会多一分雅量，少一分狭隘；凡事，不以他人之过报人，你会多一分平和，少一分纠结。保持内心的平和，不急不躁不骄，多一分雅量，一切随缘。感恩生命中遇到的所有人。

（二百六十七）

人生中遇到的所有事和人，都不以我们的意志为转移。愿意也好，不喜欢也罢，该来的会来，该到的会到，没有选择，无法逃避。我们能做的就是面对、接受、处理、放下。调整好自己的内心，用善良、爱心感染生活，感染人生！先要成为别人的垫脚石（成为有用处的人），努力成为压舱石（成为核心的人），才能成为擎天柱（成为出彩的人！）

（二百六十八）

人的生命不过三天：昨天、今天、明天，日夜虽能更替，但是，昨天如水，逝而不返；今天虽在，正在流走；明天在即，却来之即逝。只有放下昨天，珍惜今天，才能无悔明天。在这个世界上，没有崎岖坎坷不叫攀登，没有痛苦烦恼不叫人生。活好当下，无怨无悔!

（二百六十九）

生活从来不会刻意刁难谁、亏欠谁，人生就是一种承受。世上的事，不如意事常十之八九，可与人言无二三。人活着是一种心情，穷也好，富也好，得也好，失也好，一切都是过眼云烟，只要心情好，一切都会好。懂得放心的人找到轻松，懂得遗忘的人找到快乐，懂得关怀的人找到朋友。过好每一天，就是过好一生。

（二百七十）

工作要像蚂蚁一样，锲而不舍，不畏艰难，勇往直前；生活要像蝴蝶一样，放松心情，晒晒阳光，闻闻花香。“像蚂蚁一样工作，像蝴蝶一样生活”，是一种积极的工作态度，是一种乐观的生活姿态，优雅从容地面对生命的一切。

（二百七十一）

人生如同那轮回的四季，理想在冬天孕育，在春天破土，在夏天成长，在秋天收获；也如那美味中的酸甜苦辣，在打拼时辛酸，在失败时困苦，在成功时甘甜，在回味时麻辣。

（二百七十二）

人生，没有迷茫是不真实的。自我成长的路没有捷径，只有不断地走，勇敢地面对未来，无所畏惧。美国心理学家罗杰斯说：好的人生，是一个过程，而不是一个状态；是一个方向，而不是终点。你或许会暂时迷茫，但只要不停下，总有合适你走的路。一个人经过不同程度的锻炼，就能获得不同程度的修养、不同程度的效益。正如黄金需经过烧炼，去掉杂质，才成纯金。人也一样，从忧患中学得智慧，从苦痛中炼出美德。孟子说：“故天将降大任于是人也，必先苦其心志，劳其筋骨，饿其体肤，空乏其身，行拂乱其所为，所以动心忍性，增益其所不能。”

（二百七十三）

人生就像一局棋，有时进不一定赢，有时退不一定输。该得的时候就不要犹豫，果断拿下；该失的时候当让则让，绝不可惜。最好的状态就是，随遇而安、遇事不急不躁。会爱人，会关心人，会牵挂人，但不缠人；有思想，有理想，有理性，很幽默，敢自嘲；会为爱的人甘于放下身段。学习有热情和动力，每天都在进步，但不再期待别人的夸奖。

（二百七十四）

不管你有多么真诚，遇到怀疑你的人，你就是谎言。不管你有多么单纯，遇到复杂的人，你就是有心计。不管你有多么天真，遇到现实的人，你就是笑话。不管你多么专业，遇到不懂的人，你就是空白。不是你不够好，而是你没有遇对人。别在乎别人对你的评价，你只需做最好的自己。

（二百七十五）

最长的莫过于时间，因为它永远无穷尽；最短的也莫过于时间，因为我们所有的计划都来不及完成。合理地安排时间，等于节约时间。把握好每一天，创造不输过去的未来。

（二百七十六）

即便输了，也要把胸膛挺起来，不要告诉别人你输了，否则扑面而来的一定是嘲笑，还有亲人和朋友的远离，因为怕你借钱！这个世界上的尊重，基本都建立在钱多的基础上！每一个成功的人，都有一段“负重前行”和“不被认可”的经历，笑着面对一切负面，咬牙挺过阴暗时光，一切，就都会好的！把弯路走直的人是聪明的，因为找到了捷径；把直路走弯的人是豁达的，因为可以多看几道风景。路不在脚下，路在心里。世上最珍贵的东西不是财富，而是平安，是健康！

（二百七十七）

抱利他之心，行利他之事，命运自然就会好转。宇宙中俨然存在这样的因果法则。借助这利他之风，用亲切的关爱之心做事，人生之舟就能动力十足，朝着幸福和成功前进，就能驶入美好命运的潮流。生命的意义，在于不断进步，无私奉献。让自己燃烧，照亮温暖他人。

（二百七十八）

人，越闲越累，越累越焦虑。人闲久了，就会变得空虚，太懒就会生病。闲人愁多，懒人病多，忙人快活。只有忙碌，活着才充实。

（二百七十九）

人应听其言，观其行；说话当如水，要软要柔；做事应如山，要硬要稳。说话要软，春风化雨，润物无声，柔软的话语像清风，可以化解矛盾增进情感。做事要硬，沉稳有力，不骄不躁，坚定的前进步伐能够事半功倍。做人做事无须人人理解，只求自己问心无愧，要永远坚信，懂你的人，不用解释，不懂你的人，不必解释，做好自己，开心活着，不失为一种幸福。

（二百八十）

今天立秋，酷暑将尽。一丝凉风知秋至，一片叶子见全局，时光变迁，秋天终究会如约而至。人生一世，草木一秋，领悟了，才能从容坦荡，内心安宁；才能同万物俱荣枯，与山水共清欢。虽然不能预知明天，但可以把握今天；虽然不能样样顺利，但可以事事尽力。把别人做不了的事情做完，把别人做得了的事情做好。只要努力不止，进步自然不止！

（二百八十一）

目标相同的人，可以并肩前行；目标不同的人，何必再三互动。欲为苍鹰，勿与鸟雀争鸣；欲为强者，莫与弱者争雄。有人诋毁你，说明你敢打敢冲；有人议论你，说明你能力出众。

（二百八十二）

世上从没有什么破不了的难题，只有解不开的结；没有过不去的坎，只有放不下的心。人生只有三万多天，每分每秒都要格外珍惜。与其忧愁苦闷，倒不如远离烦扰轻松前行；余生很贵，别跟坏人坏事纠缠。心如莲花不着水，又如日月不住空。身在红尘之中，事来则应，事过则无。心静似水，波澜不惊。

（二百八十三）

时光悠然自入梦，眉间繁华不予说。灵魂在行走，生命渐丰盈。这一程山水，且歌且舞，如一首快乐妖娆的轻吟浅唱，沉醉在这尘世的纷扰中。轻解红尘，安度岁月，任凭花开花落花飘零，悦人悦己悦此生。

（二百八十四）

不走出去，家就是你的世界。走出去，世界就是你的家！如果你不花时间去创造你想要的生活，你将被迫花很多时间去应付你所不想要的生活。成功的路上没有人会叫你起床，也没有人为你买单，你需要自我管理，自我突破。

（二百八十五）

宁可脱一层皮，也要飞起来。人生亦是如此，想要转变自己的生活状态，必须付出超乎常人的蜕变，完美的背后，是艰辛的付出与无数风雨的洗礼！越努力，距离成功越近！不要在最该奋斗的年纪选择安逸！人生一回，说它长久是妄言，说它短暂是敷衍。这长不长、短不短的岁月，需要的是一份思索、一份沉默，更需要感恩和奉献。所有的索取都要归还，只有无私无畏，生活才会更灿烂。

（二百八十六）

真实，会让人深刻，也会让人充实。与其说它是一种智慧，不如说它是一种天性。不糊弄自己，不亏待他人。活得真实，才能活出属于自己的精彩。不要高估了你和任何人的关系，请记住，朋友愿意停留的，无须费力讨好；不愿留下的，费力讨好也是徒劳。在这个世界上，比天气还善变的是人心。与其害怕某些人有一天离你而去，整日惴惴不安，倒不如经营好自己，为自己增加筹码。

（二百八十七）

人活一世，凡事只能靠自己，你若不坚强，谁会给你扛；你若不勇敢，谁会帮你忙。想要的安全感，别人谁也给不了，要想幸福，就得靠自己奋斗，要想优秀，就得先受累吃苦。坚强的人只能救赎自己，伟大的人才能拯救他人。黑夜里，信仰星河的人流浪，信仰月亮的人奔跑，信仰太阳的人等待天亮。这世上哪有什么良辰和平安，不过是有人选择了倒下，是为了让你立起来。

（二百八十八）

经过大风大浪的人，话永远不多。经过人情冷暖的人，宁可不说，也不说错。成熟的人，学会了痛而不言。智慧的人，学会了一笑而过。做一个寡言的人，让心中有一片宽阔海洋！

（二百八十九）

事业的最高境界是无悔；
爱情的最高境界是无怨；
处世的最高境界是无名；
幸福的最高境界是无求；

人生的最高境界是无欲。

走出去，世界就在眼前；

走不出去，眼前就是世界。

（二百九十）

在这个世界上，只有无所谓得失不等待回报的人，才能攀得上人生的巅峰；只有懂得付出爱的人，才能获得真正的尊重与敬仰。总有温暖让你学会去爱，总有感动让你内心澎湃，总有画面让你热泪盈眶，总有经历让你刻骨铭心，总有人让你觉得非常感动。

（二百九十一）

晨起暮落是日子，奔波忙碌是人生，路途再远，终有尽头；痛苦再深，终会结束。在这个世界上，没有一成不变的永恒，也没有至死不渝的爱。开心时，好好把握；烦恼时，不必在意。不管风雨有多大，前方一定有晴天。因为懂得，所以才更加善良，才更为慈悲。事要藏住，才是格局；气要沉住，方为本事。诗云："虚心竹有低头叶，傲骨梅无仰面花。"真正的智者，把自己调成静音模式，去迎接生活中一个又一个的高光时刻。

（二百九十二）

内心真正的强大，是从闻谤不辩开始的！人这一辈子，活在别人嘴里，不如活在自己心里。无论你怎么好，你也不可能让所有人满意，所以要做好、活好自己。

（二百九十三）

原来，让内心强大，只需要，看到自己。接纳还不能做的，欣赏已经做到的。并且相信，走过这个历程，终究可以活出自己，绽放自己！世界上只有两件有价值的事：第一，幸福地生活；第二，使更多人幸福地生活。世界上只有两件有意义的事：第一，好好活着，第二，帮更多人好好活着。

（二百九十四）

人之所至必有深情，却总是慢慢才懂，人与人最好的关系是彼此善待，珍重却不依赖，真挚而清淡！用加法爱人，用减法怨恨，用乘法感恩，用除法解忧。有时候沉默是一种智慧，不争辩是一种修行。永远不要和不同层次的人争辩，你只管做好自己，时间会帮你澄清。人这辈子，只有人品端正，才能无惧流言蜚语，清者自清，内心无愧，坦然一生。

（二百九十五）

一个人的逆商有时候比情商更重要，情商决定一个人能站多高，而逆商决定了跌落时，能否重新站起来。做事留有余地，感谢给你带来苦难的人，因为这样会使你更加强大。砥砺奋进，败而不耻，败而不伤。

（二百九十六）

人生有太多需要用心相待的情感，都输给了那一句“来日方长”。所以，珍惜当下的拥有，是对生活最大的回报，也是对自己最好的善待。唯愿，我们带着感恩的心，淡然而愉悦地活在每一个当下。

（二百九十七）

别去羡慕别人的幸福，所有的好运背后，都蕴藏着日积月累的努力。在这个世上，从来没有从天而降的奇迹，除非你做好了准备，才有可能抓住机遇，去实现自己的目标。顶风冒雨，我们读懂了倔强；背负压力，我们读懂了担当；受了委屈，我们读懂了坚强。我们经历得越多，我们懂得的越多。人生是条不归路，每一步都算数，用心走才不算辜负！

（二百九十八）

纵观历史上颇有建树之人，其人生无不跌宕起伏。他们以坚定的信念为铠甲，心存良知，世人称之为圣贤。在人们心中，他们首先是勇士，而后才是明知不可为而为之的圣贤。

（二百九十九）

再不完美的行动，也胜过被动的等待。五步、十步都是进步，顿悟、渐悟都是领悟。只要你开始出发，就已经赢过了还睡在起点的人。

（三百）

人的成熟与年龄无关，它是一种平和而热烈的心境，是一种淡然处世的修养，是处乱不惊、云淡风轻、沉着镇定的素质。成熟的人提升自己的能力，越不成熟的人越是提升自己的脾气。人生，是一种责任，既然活着，就应担起生存的职责，不是因为执着，而是因为值得。活好自己，兼为他人。

（三百零一）

人生像条河，开头河身狭窄，夹在两岸之间，河水奔腾咆哮，流过巨石，飞下悬崖；后来河面逐渐展宽，两岸离得越来越远，河水也流得较为平缓；最后流进大海，与海水浑然一体。

（三百零二）

“芝兰生于深林，不以无人而不劳；君子修道立德，不为窘困而改节。”恬淡是对生命的一种珍视，是对人生的一种坚守；它远离喧嚣和诱惑，律己宽人，谨慎执着，永葆人性本色。能够拥有恬淡是一种幸福、一种享受，更是一种至美。生命的价值从不在于获取，更在于清空。空，是充盈之间的短暂休息，是蓄势待发的希望。空，是一种智慧和胸怀，也是人生的最高境界。清空一些负重，才能有精力前行；留下一片空白，才能收获浓墨重彩。

（三百零三）

人生是战场，是一个不断突破自己的过程，自己正是这场硬仗中的主角。既然选择了远方，便只顾风雨兼程；既然选择了大海，便只顾乘风破浪；既然选择了天空，便只顾展翅翱翔。

（三百零四）

成功就是从失败到失败，也依然不改热情。坚持下去，并不是我们真的足够坚强，而是我们别无选择。乐观的人在每个危机里看到机会，悲观的人在每个机会里看见危机。念念不忘，必有回响。每个人的心中都曾经充满着希望，也正因有了希望，人们才会孜孜不倦，不断追求，成为更好的自己。愿天下的人都能够保持本心、充满希望，不求显赫成功，但求无愧无心。

（三百零五）

世事犹如书籍，一页页被翻过去。人要向前看，少翻历史旧账。世间的很多事物，追求时候的兴致，总要比享用时候的兴致浓烈。

（三百零六）

太有身份感的人，往往拥有两副面孔，媚上而欺下。有钱有地位，不如有修养。做人不俯视，不仰视，不卑不亢，堂堂正正，平等待人就好。优于别人，并不高贵，真正的高贵应该是优于过去的自己。现在不是去想缺少什么的时候，而是该想一想凭现有的东西你能做什么。

（三百零七）

古人云：“盛喜之中，勿许人物；盛怒之中，勿答人书。”情绪波动时，容易做出冲动的选择。喜时不诺，怒时不争，哀时不语，倦时有终。管理好情绪，才能做生活的主人。

（三百零八）

别抱怨忙。忙，是治疗一切精神病的良药，它让你忘掉天地众生，把自己从负能量中打捞出来，会让你变得越来越好。

（三百零九）

世界上有一条很长很美的路，叫作梦想；还有一堵很高很硬的墙，叫作现实；

翻越那堵墙，叫作坚持；推倒那堵墙，叫作突破；坚定不移的过程，叫作定力；不忘初心的努力，叫作信念。

（三百一十）

没有阳光，学会享受风雨的清凉；没有鲜花，学会感受泥土的芬芳。

（三百一十一）

有时候，人会念旧，刻骨铭心的往事，时过境迁，再念起，无论悲喜，它是生命中难忘的曾经与拥有。而人之所以烦恼，在于记忆。微风不躁，阳光真好，趁着年轻还是一起向前跑。最好的生活，不是刻意追求虚妄的美好，而是随遇而安。在瞬息万变的生活中，不慌不忙地坚强，安安静静地盛大，终有一天，你要的，时光都会给你。

（三百一十二）

年轻人要善于反省，因为走过的路太短，很容易出现闪失；而后面要走的路还长，反省就更有价值。珍惜当下，过好每一天，才能找到力量。

（三百一十三）

对自己好，就要用心；对别人好，就要关心。看别人，烦恼起；看自己，智慧生。体谅别人，就会做人；清楚自己，就会做事。人经不起考验，故不要轻易考验于人。活好自己，也是对亲朋负责。不要抱怨生活里有太多磨难，不必慨叹生命中有太多曲折。磨难让我们坚强，曲折使我们成长。当把希望放在别人身上时会选择等待，当把希望放在自己身上时，就会选择奔跑！天下大事，必作于细；天下难事，必作于易。不要以为事情有多难，坚持就有更好的自己。

（三百一十四）

利可共而不可独，谋可寡而不可众；勿以小恶弃人大美，勿以小怨忘人大恩；论至德者不和于俗，成大功者不谋于众；凡办大事，以识为主，以才为辅；凡成大事，人谋居半，天意居半！静观事态变迁，先让他三尺又何妨。

（三百一十五）

狗不以善吠为良，人不以善言为贤。真正厉害的人，知道谨言慎行，往往“不闻不问”。眼中有目标，心中有乾坤，不会因鸡毛蒜皮影响自己，不会对小是小非纠缠不放。耐得住人生的寂寞，守得住人世的繁华！

（三百一十六）

遥望前半生，酸甜苦辣咸，多种滋味一一尝过，少许惊喜，多是伤痕。人若想笑，生活会欢快起来；而若想哭，生活便会悲伤起来。风雨人生路，愿你归来仍是少年。依然笑得纯粹，依然开心得像个孩子。在老去的路上，要把开心当作一种习惯，不能让开心总是迟到。

（三百一十七）

该养精蓄锐时，不要着急出人头地；该刻苦努力时，别企图一鸣惊人；该磨砺心智时，也不能妄求突然开悟。不要心急，因为人生不是一场物质的盛宴，而是一次灵魂的修炼升华。

（三百一十八）

格局越大的人，越不会和烂人烂事、小人小事纠缠。他们不因旁人的看法患得患失，不因现实的流言蜚语纠结。无论任何事情，都无法缠住他们前进的步伐。

（三百一十九）

善良是仰不愧天、俯不怍地的坦坦荡荡，是不畏伤害、不求回报的慷慨无私。别太纠结值不值，别太计较得与失，别畏惧苦和难。在看不见的地方，定会有人祈愿你平安，祝福你喜乐。假如命运折断了希望的帆，请不要失望，因为岸还在；假如命运凋零了美丽的花瓣，请不要失望，相信春还在。熬过这艰难岁月，就像火车驶出隧道，温暖和光明一下子扑面而来，你才发现，原来世界可以如此和颜悦色。生活是季节，不论春夏秋冬，只要学会欣赏，就是最好。人生是浮沉，不论得失成败，只要随缘淡然，就是自在。

（三百二十）

抬头是方向，低头是清醒。人生，该抬头时抬头，该低头时低头，既要懂得珍惜，又要懂得谦卑，抬头时保持气度和微笑，低头时也不失人格和尊严。

（三百二十一）

一天很短，短得来不及拥抱清晨，就已经手握黄昏。一年很短，短得来不及细品初春殷红豆绿，就要打点素裹秋霜。人生很短，短得来不及享用美好年华，就已经身处迟暮。人生总是经过得太快，领悟得太晚，我们要学会珍惜。珍惜人生路上的朋友，一旦擦身而过，也许永不邂逅。

（三百二十二）

生命百种味，世事多浮华。有深度的人，懂得谦虚低调，甘于淡泊，从容面对生活。人心尽管浮躁，只要自己能安神静气，分清做事与做人的格调，守住内里初衷，必得善终。茶不过两种姿态，浮、沉；饮茶人不过两种姿势，拿起、放下。人生如茶，沉时坦然，浮时淡然，拿得起也需要放得下。道德和原则固然重要，但却总是要给手里的利益让道。

（三百二十三）

做人做事，曾国藩特别强调一个“耐”字：没有获得赏识，要耐得住冷清；薪水不高，生活困顿，要耐得住贫苦；各种应酬交接，难得清静，要耐得住辛苦；事业暂未成功，要耐得住寂寞。你格局有多大，天地就有多大；你有多敬业，就有多专业；你帮助多少人，就有多少回报。

（三百二十四）

人生不可能总是顺心如意。持续迎着朝阳前行，就充满希望；可别忘了，影子就会躲在后面。前行，阳光虽然晃眼睛，方向，却是对的。

（三百二十五）

一根稻草，扔在街上，就是垃圾；与白菜捆在一起，就是白菜价格；与大闸蟹绑在一起，就是大闸蟹的价格。与谁在一起，这很重要！一个人，不一样的平台也会体现不同的价值，这也许将会影响你的一生！

（三百二十六）

两只狼来到草原，一只狼很失落，因为它看不见肉，这是视力；另一只狼很兴奋，因为它知道有草就会有羊，这是视野。视野能超越现状，使人看到人生目标。眼睛只能看到当下，眼光才能看到未来。

（三百二十七）

别让人生，输给了心情。心情不是人生的全部，却能左右人生的全部。心情好，什么都好，心情不好，一切都乱了。我们常常不是输给了别人，而是坏心情贬低了我们的形象，降低了我们的能力，扰乱了我们的思维，从而输给了自己。控制好心情，生活才会处处祥和。好的心态塑造好心情，好心情塑造最出色的你。

（三百二十八）

不麻烦你的人，几乎都是有距离感的人。当孩子不麻烦你的时候，可能已长大成人远离你了；当父母不麻烦你的时候，可能已不在人世了；当爱人不麻烦你的时候，可能已去麻烦别人了；当朋友不麻烦你的时候，可能已经有隔阂有芥蒂了。人其实就生活在是非、麻烦之中，在麻烦之中解决事情，在事情之中化解麻烦，在麻烦与被麻烦中加深感情，体现价值，这就是生活。

第五章　处　世

【宽容、谦让】

（一）

给别人留点空间，也是给自己留有余地，我们这颗星球，不是一个人的世界。利不可赚尽，福不可享尽，势不可用尽，腹中天地阔，常有渡人船。多一分宽容，就会多一分理解；多一分善良，就会多一分希望；多一分谦让，就多一条道路。与人方便，自己方便。大家都有路可走，自己才不会陷入绝境。

（二）

处世三宝：谦虚、礼貌、赞叹；教养三宝：安静、慈祥、沉稳；说话三宝：请、谢谢、对不起；家庭三宝：喜欢、幽默、体贴；饮食三宝：均衡、节制、感恩；健康三宝：步行、少欲、气和；人心三宝：真实、善良、宽容；交友三宝：珍惜、祝福、短信息。

（三）

怨恨别人，气坏自己；
贪恋别人，烦恼自己；
抱怨别人，折磨自己；
嫉妒别人，作践自己；
障碍别人，陷害自己；
羡慕别人，浪费自己。
慈悲别人，快乐自己；
尊重别人，敬重自己；

宽容别人，豁达自己；

随喜别人，富贵自己；

帮助别人，天助自己；

平等待人，富足自己。

付出什么，得到什么，

因果不虚，如影随形。

（四）

交际十心理。

1. 宽容待人，别为一点小事树敌。
2. 让别人先说，你再说。
3. 不要奢望所有人都喜欢你。
4. 始终保持一颗平常心。
5. 尊敬不喜欢你的人。
6. 别瞧不起小人物。
7. 小不忍则乱大谋。
8. 对自己要有信心。
9. 别和老的同事耍心眼。
10. 该出手时出手，该放手时就放手。

（五）

有人利用你的柔弱攻击你，利用你的善良欺负你，利用你的宽容践踏你，请你不要哭泣。你的柔软、善良、宽容是你值得拥有更好的生活的资本，也是你立于这世界真实的支撑。不要为不值得的人浪费你宝贵的泪水，要为爱你的人保留你最好的微笑。

（六）

当你懂得尊重和自爱时，你是值得别人尊重的；当你将心比心站在别人的角度考虑问题时，你是善解人意的；当你原谅别人的过错不计较恩怨得失时，你是宽容的；当你不无视别人的痛苦并伸手援助时，你是仁爱的；当你明白自己的渺小与不足时，你是睿智的；当你心存感恩微笑面对人生的得失时，你是乐观的。

（七）

感激你生命里的每一个人！因为，喜欢你的人给了你温暖和勇气，你喜欢的人让你学会了爱和自持，不喜欢你的人让你知道自省和成长，你不喜欢的人教会了你宽容和尊重。没有人会无缘无故出现在你的生命里，每个人的出现都有意义，都值得感恩。

（八）

与人方便，就是待己仁厚。人心是相互的，你让别人一步，别人才会敬你一尺。人心如路，越计较，越窄；越宽容，越宽。不与君子计较，他会加倍奉还；不与小人计较，他会拿你无招。宽容，貌似是让别人，实际是给自己的心开拓道路。不计较了，想通了，心里就敞亮了。宽容，给心多一些氧气，生活才鲜得起来。

（九）

宽容是我们最好的修养，让我们接纳更多、底蕴更厚；它不是懦弱与忍让、沉默与退缩，而是大爱与坚强、胸襟与气度；它并非与生俱来，而是长久于生命缝隙中的领略和感悟。海呈汪洋，因其低而纳百川；天接浩渺，虽其高而不拒日月。有宽容之德，博达自己；有宽容之情，超然物外。心宽皆是路，容人者无敌！

（十）

花开一季，人活一世，乐天随缘一些，就会轻松自在一些。冲动来自激情，平静来自修炼，别让外界浮躁了自己。外境好坏并不是苦乐的根源，真正的始作俑者是我们的心。修炼，就是借完善自己抵达幸福；借宽容别人淡化痛苦。想开了自然微笑、看透了肯定放下。放下了贪念，看淡了得失，才能品尝幸福！

（十一）

岁月弹指一挥，不管未来怎样，都要保持善良的本质，你善良，世界才宽阔，他人才宽容。要有济人之心，物质有厚薄，精神无囿限；要有赞人之口，好言令冬暖，恶语使夏寒；要有纯净之眼，你看简单了，众生并不复杂；要有助人之手，少些锦上添花，多点雪中送炭；要有忍人之胸，你接纳多少，就能得到多少。

（十二）

学会去微笑，渐渐地你的气质会越来越好；学会去适应，渐渐地你的处境会越来越顺；学会去理解，渐渐地你的知己会越来越多；学会去包容，渐渐地你的生活会越来越美；学会去欣赏，渐渐地你的人际会越来越广；学会去谦让，渐渐地你的肚量会越来越宽；学会去行善，渐渐地你的世界会越来越净。

（十三）

一堆人，一个苹果，人们开始算计；两个人，一个苹果，不是争抢伤和气，便是谦让出和谐；一个人，两个苹果，吃的欲望已消失；一个人，一堆苹果，你开始犯愁。幸福，不是因为拥有得多，而是计较得少。只要抱着“得之则喜、失之无忧”的心态，人生就会有满满的幸福。不懂选择，再努力也难以成功；不懂行动，再聪明也难以圆梦；不懂合作，再拼搏也难以大成；不懂积累，再挣钱也难以大富；不懂满足，再富有也难以幸福。

（十四）

路在脚下，是距离；路在心中，是追求。有追求，就会有坎坷；有希望，就会有失望。风有风的方向，云有云的心情，别奢望人人都懂你，别要求事事都如意。平常一颗心，淡然一些事。与人相处，真诚一点；被人误解，宽容一点。

（十五）

遇人多了就知道友情的可贵。遇事多了就知道理解的可贵。失败多了就知道心态的可贵。成功多了就知道勇气的可贵。矛盾多了就知道胸怀的可贵。不顺眼多了就知道修养的可贵。恭维多了才知道真诚的可贵。名利多了才知道淡定的可贵。应酬多了才知道清净的可贵。问候多了才知道坚持的可贵！我选择宽容，不是因为我怯懦，而是因为我明白，宽容了他人，就是宽容自己；我选择糊涂，不是因为我真糊涂，而是因为我明白，有些东西争不来，有些不争也会来；我选择平淡生活，不是因为我不奢望繁华，而是因为我明白，功名利禄皆是浮云，耐得住寂寞才能升华自己。

（十六）

眼是一把尺，量人先量己；心是一杆秤，称人先称己。挑人过错易，明自己缺点难；步步逼人，不会让别人走上绝路，只会让自己无路可退。目中有人才有路，心中有爱才有度。一个人的宽容，来自一颗善待他人的心；一个人的涵养，来自一颗尊重他人的心；一个人的修为，来自一颗和善的心。

（十七）

静心观水流，冷眼看世态，热心过生活。珍惜每一份缘分，珍惜每一次相遇。既相遇，必相惜。既有缘，必在意。用一颗善良之心去款待每一份情意，用一颗宽容之心去恩待每一位朋友，用一颗理解之心去善待世人，用一颗仁爱之心去善待亲人。

（十八）

愚人求境不求心，智者求心不求境！淡泊宁静，是人生一种超脱的生活态度。苦乐的根源并不是外境好坏，而是我们时常不安的心。修炼，就是借完善自己抵达幸福，借宽容别人淡化痛苦。坦荡待人，诚明自现；坦荡处世，仁厚在先。诚明最能打动人，故友情丛生；仁厚最能办好事，故青史留名。生活，一半是回忆，一半是继续。不乱于心，不困于情。心情不好的时候，一个人安安静静地待着就好，不求安慰；有激情的时候，能干什么就干什么，不断进取。人的一生，没有不老的幸福，也没有不老的时光，能折腾的时候，别让自己闲着。

（十九）

大智者必谦和，大善者必宽容。唯要小聪明者处处咄咄逼人，包藏私心者事事斤斤计较。胸怀博大者，不闹阔显摆；闹阔显摆者必心胸狭隘。大才朴实无华，小才华而不实；大成谦逊平和，小成傲才恃物。真正的高人，包容万物、宽待众生；真正的智者，虚怀若谷、低调处世。

（二十）

人与人之间常常因为一些不愉快，而无法释怀，而造成永远的伤害。如果我们都能宽容地看待他人，相信我们一定能收到许多意想不到的结果。为别人开启一扇窗，自己也能看到更完整的天空。宽容是善良，拥有爱心是善良，说话有口德也是善良。中国有句俗话："宁在人前骂人，不在人后说人。"

（二十一）

财富不是朋友，朋友才是永远的财富。心怀善念，能利人；心怀感恩，能利己。学会换位，人生才有和谐；知道感恩，岁月才有温暖。活着，就是一场修行。人生之光，是一颗宽容的心；岁月之好，是一份随缘的爱。懂得，才会不怨、不恨、不躁。厚德载物，德行天下！

（二十二）

日复一日，年复一年，增长的不单是年岁，还有经验、阅历、能力。人间的浮华与喧嚣，只是过眼烟云。只要你坚定不动摇，走好自己的路，终究收获人生事业的成功，或许更好是精神生命的提升。学做宽厚之人。不精于算计，只会为他人让利，懂得得饶人处且饶人。每一份宽容的背后，都会有意想不到的收获。人厚道，天不欺。宽厚之人，必有厚福。

（二十三）

贫穷时该有所坚守，富有时要懂得取舍。善良是比聪明更难得的事，因为聪明是一种天赋，而善良是一种选择。你爱别人，别人会爱你；你帮别人，别人会帮你。爱出者爱返，福往者福来，种下宽容，收获博爱；种下愉悦，收获快乐；种下满足，收获幸福。常念别人的好，修一颗善良的心，常改自身的错，事业方能精进，计较太多，苦了自己，伤了别人。抬头看天高，低头观地阔；平视世间人，己似沙一撮。

（二十四）

真正决定我们情绪的，不是发生了什么事，而是我们对这些事情的认知。别在琐碎的生活事件中，糊涂地将心情的决定权拱手让给别人。当你下定了快乐的决心，并愿意找回情绪的主控权，你会发现，幸福离自己并不远。过好自己的日子，别净找些难受。天生万物，天养万物，一切其实顺其自然就好。但你要做好自己，人生莫留任何遗憾。放下、淡定、宽容、感恩，你就是“牛人”。

（二十五）

人生下好自己的棋，演好自己的角色，过健康的生活，真实平淡地活着，拥有真实的爱情，乐此不疲忙碌着，表达真实的感情，就是一种富有。因为善良，所以宽容；因为责任，所以承担；因为某种理由，所以愿意妥协；因为看轻，所以快乐；因为看淡，所以幸福。生活，是一部无字的书，每个人有每个人的读法！

（二十六）

大智者必谦和，大善者必宽容，唯有小智者才咄咄逼人，小善者才斤斤计较。有大气象者，不讲排场；讲大排场者，露小气象。真正优雅的人，必定有包容万物、宽待众生的胸怀；真正高贵的人，面对强于己者不卑不亢，面对弱于己者平等视之。

（二十七）

往事不能回首，岁月从不停留。爱过，活过，经历过，便是最好的团圆。不畏将来，不念过往，就是对时光最美的回应。余生还长，不要慌，也别回头，别纠缠，别念旧。宽容是一种美德，是一种智慧，海纳百川是因为有广阔的胸怀。感激你的朋友，是他们给了你帮助；感激你的敌人，是他们让你变得坚强。说话要用脑子，敏事慎言，话多不宜，不扬人恶，自然就能化敌为友。

（二十八）

人到了一定年龄，应该明白三句话：一、大怒不怒，大喜不喜，可以养心。二是，靡俗不交，恶党不入，可以立身。三是，小利不争，小愤不发，可以和众。扔掉四样东西：没意义的酒局，不爱你的人，看不起你的亲朋，虚情假意的朋友。拥有四样东西：扬在脸上的自信，长在心里的善良，融进血液的骨气，刻在生命里的坚强。人生所有的恩恩怨怨，不过是一口气，看开了气就顺了。最尴尬的莫过于高估自己在别人心里的位置。修行是要保持一颗平淡的心，别管他人如何看你，好好活自己的，活得心安理得。宽容是一种胸怀，减少人生的沉重感，让人生充满快乐和欢笑。

（二十九）

和一个懂你的人说话，是一种减压。和一个不懂你的人说话，是一种无聊。和一个喜欢你的人说话，是一种快乐。和一个你不喜欢的人说话，是一种折磨。见面不重要，可靠才重要；穷富不重要，在乎彼此最重要；在不在一起不重要，心里有你才重要。人生最大的快乐，在于有人能懂你；与你同行，天涯相依！以善交人，以诚待人，以礼容人，才能心心相印！

（三十）

信任一个人不容易，被人信任是福气。信任是最温暖、最贴心的字眼。如果没有了信任，也就没有了真心的感情，信任是一切价值的根基。不要欺骗信任你的人，伤害过后，哪怕以后你说得再真，做得再好，也回不到被信任的从前了。若想被人尊重，先去尊重别人；若想被人理解，先去理解别人；若想被人宽容，先去宽容别人；若想被人欣赏，先去欣赏别人；若想被人谦让，先去谦让别人。因为，人都是相互的。愿人们，都互相释放一点温情，温暖彼此，沐浴春光，快乐生活。

（三十一）

小胜靠智，大胜靠德，厚积薄发，气势如虹。追逐利润，是常人所为；懂得分享利润，是超人所作。厚道又有味道的人，往往兰心蕙质，特立独行，心无羁绊，至性至情。厚道为本，道德为用，有厚道之友，请格外珍惜。努力做一个温暖的人，不卑不亢，清澈生活。生活如海，宽容作舟，泛舟于海，方知海之宽阔；生活如山，宽容为径，循径登山，方知山之高大；生活如歌，宽容是曲，和曲而歌，方知歌之动听。

（三十二）

这个世界，看似嘈杂，本质是个人的世界。你若澄澈，世界就干净；你若简单，世界就不复杂；你不去苟且，世界就没暧昧；你没有半推半就，世界就不会半黑半白。做人底线是要坚守的。人要站在高处看风云，卧在低处过日子，否则看不到风景，还受了风。生活要低调，不能太显摆，否则就招摇跑气，丢了运气。内心要有格调，为人要善良，为自己攒些正能量。人生赢在谨严，输在贪心。宽容别人，就是对自己最大的肯定！

（三十三）

做人，要像汤圆，冷时硬中甜，热时软中黏，外表一个酷，心田一个暖，待人一个热，话语一个软，处事一个稳，做人一个谦，为人一个正，为官一个廉，清白自在圆。

（三十四）

谷子成熟了，就低下了头，向日葵成熟了，也低下了头，昂头是为了吸收正面的能量，低头是为了避让危险的冲撞。人生也如此，至刚易折，至柔则无损，上善若水，是最好的选择，便利万物，而又能高能低，能屈能伸，方能顺利长远。

（三十五）

自在不在心外，解脱不是他人带来的，只在于修好你的心。

（三十六）

谦逊是，当你有资格高调时，你选择了低调；

节制是，当你有条件奢华时，你选择了朴实；

修养是，当你有力量反击时，你选择了退让；

忠贞是，当你面临巨大诱惑时，你仍坚守了最初的选择；

一个人最大的自由，就是拥有选择的自由。

所以会“停，看，选择”，很了不起！

（三十七）

忍一忍，春暖花开；让一让，柳暗花明。生活中好多的人，不一定针锋相对；人生中的好多事，不一定据理力争。忍，是一种胸怀；让，是一种心怀。把将要发作的火压下，将要爆发的情平静，需要的是忍，讲究的是让。有些话，慢慢地都会理解；有些事，渐渐地都会明白。不急不躁，有忍有让，生活才美。

（三十八）

一个真正强大的人，不会把太多心思花在取悦和亲附别人上面。所谓的圈子、资源，都只是衍生品。最重要的是提高自己的内功。只有自己修炼好了，才会有别人来亲附。自己是梧桐，凤凰才会来栖；自己是大海，百川才会来归。你只有到了那个层次，才会有相应的圈子，而不是倒过来。

（三十九）

每个生命状态都注定经历风雨历练，学会宽恕，学会忘记，学会容忍那些嘲弄与调侃，善意地理解自己的紧张与忐忑，每个人对生命的领悟也都是一个反复创新、不断更新的过程，无数的片段连接成生命客观活泼的心态，活出一种开阔的心胸，也就活出了一种生命的自在。人无所舍，必无所成。心无所依，必无所获。自己的路只有自己去走，自己的心还需自己去度。能抓住希望的只有自己，能放弃自己的也只有自己。能怨恨嫉妒的是自己，能智慧温暖的还是自己。心中有岸，才会有渡口；心有所持，才能行之安然。

（四十）

做人，不要心计，不贬低，不讽刺，要真诚地对待每一个人。我喜欢真心的朋友，相互理解包容彼此的缺点。喜欢简单的人，简单的事，傻傻的，每天嘻嘻哈哈过日子，几个真心的朋友，围在一起总有说不完的话，互相慰藉，互相鼓励。

（四十一）

温和对人对事。不随意发脾气，谁都不欠你的，这个世界没有“应该”二字。保持头脑清醒，明白自己的渺小，切忌自我陶醉。皎皎者易污，凡事得多想想，理智些好，因为你其实并没有想象中的那样好！学会宽恕伤害过自己的人，因为他们也很可怜，被压力推动，不由自主。要知道别人光鲜的背后，有着太多不为人知的痛苦。自己不喜欢的人，报之以微笑，默默为他祝福；自己喜欢的人，真诚相待，自愿为他付出！

（四十二）

好人品是人生的桂冠和荣耀，是一个人最宝贵的财富。做事先做人，这是亘古不变的道理。一个人不管多聪明，多能干，背景条件有多好，如果不懂得做人，将难以成事。人品好的人，自带光芒，无论走到哪里，总会熠熠生辉。做人，精一半让一半；做事，求一半随一半。事事不能太精，太精无路；待人不能太苛，太苛无友。懂得退让，方显大气；知道包容，方显大度。

（四十三）

生命太短暂，所以不能空手走过，你必须对某样东西倾注你的深情。当你白发苍苍、垂垂老矣、回首人生时，你需要为自己做过的事感到自豪。物质生活和你实现的占有欲，都不会产生自豪感。只有你自己智慧的提升，受你影响、被你改变过的人和事，才会让你产生自豪感。在这个世界上，没人不犯错，要学会多看人长处，少盯人短处，多一些珍惜，少一些苛责。人都有缺点，彼此包容就好。能被你伤害的，都是在乎你的人。笑着去低头，不是窝囊，而是更懂得珍惜彼此。

【善　良】

（一）

人生，三样东西一去不返：时间、言辞和机会；三样东西足以毁掉一个人：怒气、骄傲和不宽恕；三样东西永不应放弃：平和、诚实和希望；三样东西最无价：爱、善良和亲友；三样东西最无常：成功、财富和梦想；三样东西成就一个人：真诚、承诺和勤奋；三样东西最神圣：父母、孩子和信仰。

（二）

一个善良的人能真正地换位思考，理解并体谅他人的感受，善良是一种良知、一种本性、一种选择，它立足于道德之上，你做过的事说过的话，都在你的内在里，点点滴滴积累起来，慢慢地它会让你周身透出亲切和美丽的光芒，充满迷人的魅力。你的善良就是你的贵人，给予你无限的关心、帮助、支持和厚爱。

（三）

用一颗慈悲之心，坚守善良底线；用一颗幸福之心，安度似水流年。

（四）

心软，是一种不公平的善良，成全了别人，委屈了自己。人生是如此短暂，我只想对身边每个人好一点。你觉得你自己聪明，别人也并不傻，只是不想说出来！

（五）

真诚，是一个人的本性；善良，是一个人的天性。不管遇见任何人，真诚才能走进心里；无论碰到任何事，善良永远不过期。美丽的外表也许会打动别人，但真诚的内心更能感动别人；强势的语气也许会让人口服，但善良的行动更会让人心服。不做作，不敷衍，不世故，就是一个人的真；懂包容，懂尊重，懂让步，就是一个人的善。不丢根本，不忘初衷，一个人才能走得从容，站得稳定。

（六）

对别人生气1分钟，就失去了自己人生中60秒的快乐。做一个平静的人，做一个善良的人，做一个微笑挂在嘴边、快乐放在心上的人。岁月永远年轻，我们慢慢老去，你会发现，童心未泯，是一件值得骄傲的事情。

（七）

越是心地善良的人，越容易把所有人想象成好人，心不设防，甚至一直为别人考虑。所以，越善良的人，越容易受到伤害。这不是善良的人的错，也不是善良的人的傻，而是善良的人不懂得保护自己。但请记住，你伤害了善良的人，善良的人不会选择伤害你，只会把自己藏起来，不再接触你！

（八）

人与人之间，可以近，也可以远；情与情之间，可以浓，也可以淡；事与事之间，可以繁，也可以简。学会不在意，把该做的事做好，保持善良，做到真诚，其他一切随意就好！好的友谊，不是追逐，而是相吸；不是纠缠，而是随意；不是游戏，而是珍惜。浓淡相宜间，是灵魂的默契；远近相安间，是自由的呼吸。随意不在意，就是心灵的美丽。

（九）

如果你是正确的，不要过多地争辩和数落他人，把对方逼上绝路，也就断了自己的退路；如果你是优秀的，不要肆意地卖弄炫耀，别人会在你的做作中渐行渐远；如果你是不幸的，不要逢人就倾诉，谁都有自己的烦恼，真正想听你诉说的也就只有那几个。请记住，不要看不起身边不起眼的人，因为你总在他们的视野里。为什么别人越来越不把你当一回事？因为你太好说话了。什么事情，别人一找你就答应；什么东西，别人一要你就给。做人除了说“YES”之外，还是要经常说一下“NO”。亲和力虽然很重要，但是人的价值，却是靠拒绝而来的。拒绝，可以让你变得更珍贵。其实，还是善良、助人为乐些好！

（十）

怨天者无志，怨人者穷。善心，点亮心灯；慧心，使心灯长明。善良的人，往往可以逢凶化吉；觉慧的人，常常可以化险为夷。社会，向善的人越多就越和谐；人生，感恩的心越多就越美好。不说他人长短，不念他人恩怨，是善心；时刻诚心待人，日夜专心做事，是懿行。心地善良的人，容貌一定动人；心里知足的人，生活一定快乐。

（十一）

人要善良，但更要有尺度，还要辨得清是非，不是所有的人都能成为朋友，也不是所有的人都值得你付出真心或是发善心。做人不要斤斤计较，但要有原则。他人有过，不究；于人有恩，不念。

（十二）

要相信，在这个世界上，还是善良之人多。不要根据社会地位来选朋友，不要因为别人的身份而给他贴标签。对他人的期望不过高。人性的弱点，没谁能摆脱。每个人都会懦弱、撒谎、倔强、犯错、自私、贪心，会病，会痛。当你不挑剔的时候，就会想：正是因为他是一个这么真实的人，所以他才是一个值得交往的人。

（十三）

人生，是一首沉静浪漫的歌，是一次心灵上的旅行。有些回忆，记起，便是温暖；有些美丽，入目，就是风景；有些伤痛，放下，就会释然；有些纠结，想开，就会舒坦。生活，就是朝起暮落的辗转；人生，就是月缺月圆的浮沉，吃穿住行的往复。行于尘世，要做一个懂得感恩的人，定是一个善良的人，一个虚怀若谷的人，一个心地澄明的人。

（十四）

多好的一段话：我们都有缺点，所以彼此包容一点；我们都有优点，所以彼此欣赏一点；我们都有伤心，所以彼此安慰一点；我们都有快乐，所以彼此分享一点。做人，要知分寸，懂换位，知分寸是原则，懂换位是善良。知分寸，就不会得寸进尺；懂换位，就不会把人为难。顾及别人的感受，维护别人的尊严，也是对自己品行的一种认可。

（十五）

人世间，最大的恶，是利用别人的善；最大的善，是化解别人的恶。善心，善语，善行，必善果！

（十六）

聪明不一定有智慧，但是智慧一定包括聪明；聪明的人得失心重，有智慧的人则勇于舍得。真正的耳聪是能听到心声，真正的目明是能透视心灵。

（十七）

人，不能忘本；心，不能忘恩。事，不能蒙混；情，不能变心！知恩感恩者，能得人心；能得人心者，受人尊敬；受人尊敬者，有好人品；有好人品者，一生和顺。善良，是人这一生中最大的底气和福气。人重在善良，贵在德行，美在心灵，做一个勇敢善良的人，记得感恩，懂得珍惜，善待他人，亦善待自己。

（十八）

一个人最大的魅力，是骨子里有坚强，言语里有教养，交往中有包容，心底有善良。没有时间悲伤，只要心怀希望；只要肯干，办法多过困难！

（十九）

处人处心，交人交信。志同才有真心，信任方能长久。生命中的过客向来比朋友多，敷衍迎合只是客套。是好是赖，学会用心；是真是假，学会分析。“少和让你生气的人在一起，少和事多的人在一起，少和不懂感恩的人在一起，少和敷衍你的人在一起，少和谎话连篇的人在一起，让自己多活几年！”《六祖坛经》上说：一切福田，都离不开心地。心田上播下善良的种子，总有一天，会开花结果。

（二十）

用自己的认知评论事物，事事都不完美；用自己的心胸去度人，人人都有不足。挑人过错，要知自己也有不完美；责人短处，要知自身也有缺陷。眼睛总盯人是非，不会让人颜面尽失，而会让自己颜面扫地。少论人，做善事，不论他人事，只做良心事！

（二十一）

一己是人，众人是天；谋事在人，成事在天。德行为先，心存善念，欣欣向荣，欢乐无限！

（二十二）

人生三不斗：

不与君子斗名，不与小人斗利，不与天地斗巧。

人生三不争：

不与上级争锋，不与同级争宠，不与下级争功。

人生三修炼：

看得透想得开，拿得起放得下，走得正行得直。

人生三福：

平安是福，健康是福，吃亏是福。

人生三为：

和为贵，善为本，诚为先。

（二十三）

善良是做人的底蕴。善良与贫贱无关，与富贵无关，与学识无关，与职位无关。这世间，能让人与人和谐相处，能让事与事合理存在，皆因有了善良。只要善良，最终你就是人生赢家。别高估关系，别低估生活，别错估人心。世事变化，人生如梦。人脉，不是能帮你的人，而是你能帮的人。需要你的人，才能成为你的人脉；在乎你的人，才会珍视你的付出。请把时间留给最重要的人。

（二十四）

善念是一粒种子，善心是一朵花，善行是一枚果实。每个人生下来的时候，都怀揣着这样一粒种子。而更多的人则是精心呵护，使它开花结果。或恬淡，或浓郁，丝丝缕缕，飘散着人性最美的芬芳。我心向善。

（二十五）

大雨中为你撑伞的人，黑暗中默默拥紧你的人，逗你笑的人，跟你彻夜聊天的人，坐车来看望你的人，陪你哭过的人，生病陪在你身边的人，一起醉过的人，总是惦念你的人，这些人组成你生命中一点一滴的温暖，是这些温暖让你远离阴霾；是这些感化让你成为善良的人。

（二十六）

学会发现别人的优点，欣赏别人的长处。你真诚地欣赏别人，别人才会欣赏你。善于发现别人的优点，发现他们的闪光点，是一种本事；善于发现别人的优点，挖掘他们的长处，是一种境界；善于发现别人的优点，肯定他们的价值，是一种智慧！不管你是谁，与谁相处，信任，才能拉近距离；真诚，才能走进心里！不管世界怎么变，社会怎么乱，正直，永远最可贵；善良，永远不过期！一个真诚的人，走到哪里都会有人喜欢。因为说话认真，做事用心，为人诚恳。一个虚伪的人，走遍天下也不招人待见。人这一生，好名声，是用有情有义赚来的；好感情，是用实心实意换来的；好人品，是用一辈子去打造的！做人，一定要以真诚为先；心灵，一定要以善良为本！

（二十七）

善良不是笨，而是一种美德。忍让不是傻，而是一种胸怀！为人，善良是良知；处世，忍让是气度。用善良去换心安，用忍让去换祥和，是真正聪明的选择。

（二十八）

把自己捧得高高地耍酷，很容易，但把自己放到泥土里，和所有人打成一片，不容易。在熙攘人群里又能坚持内心的东西，守护追寻的那盏灯火，最难，但能把别人照亮。不要轻易评判谁是谁非，汝之蜜糖，彼之砒霜。人生百态，各有各的苦。凡事能站在别人的立场上，体会别人的苦，将心比心，就是这人间最高级的善良。

（二十九）

你能改变自己，你是个修行者；你能影响他人，你是个领导者。如果你想改变别人，那你可能是个神经病。美国作家马克·吐温说：善良是一种世界通用的语言，它可以使盲人感到、聋人闻到。美国哲学家爱默生说：你的善良必须有点锋芒——不然就等于零。善良是个珍宝，但更需要用高情商来点亮。

【感　恩】

（一）

以慈悲心爱众生，以智慧心对自己，以慈悲去包容，以理智去面对，以责人之心责己，以恕己之心恕人，就不会再有敌人，也不会再有烦恼。善良的人总是快乐，感恩的人总是知足。俗语说：滴水之恩，当涌泉相报。感恩是一种生活态度，是一种善于发现生活中的感动并能享受这一感动的思想境界。感恩亲朋，感恩生活，包括感恩逆境和敌人。

（二）

跟谁在一起很重要，跟着蜜蜂找花朵，跟着苍蝇去厕所。要进步，就要去接近那些充满正能量的人！常和成功的人在一起，就能获得成功；常和快乐的人在一起，就能分享快乐；常和诚信的人在一起，就能恪守诚信；常和幸福的人在一起，就会感受到幸福；常和感恩的人在一起，运气就会越来越好！

（三）

流年素色，静守安然，生活中有苦亦有乐，有悲亦有喜。你看透了这个世界，你依然要爱这个世界；你看透了生活，你依然要热爱生活；你看透了你身边的人，你依然要热爱他们，因为他们是你生活的重要组成部分。没有身边的人，你的世界将是空白。一个懂得感恩的人，永远能体谅他人的不易。

（四）

求人如吞三尺剑，靠人如上九重天。雪中送炭永远比锦上添花、更值得珍惜！感恩与我们同行且帮助过我们的人。

（五）

让我们淡看过往，把往事清零。心若简单，世事就会简单。你若无忧，就会一路快乐；你若善良，就会一路阳光；你若懂得感恩，就会一路顺风顺水，花香弥漫。人之所以会心累，不是因为幸福太少，而是因为忽略了自己拥有的一切。做人，不要丢掉善良；世界可以混乱，内心，一定要清醒。活好自己，才是幸福。

（六）

有一个鸡蛋和木头在一起，磕磕绊绊，总是弄得自己身上伤痕累累。后来鸡蛋遇到了棉花，鸡蛋感觉是那么温暖。鸡蛋这才明白，不是坚持和忍耐就能换来轻松幸福，而是选择对的、适合的。再优秀，也得碰上识货的人；再付出，也得遇上感恩的人；再真诚，也得赶上有心的人；再谦让，也得面对珍惜的人。

（七）

遇到爱你的人，学会感恩；遇到你爱的人，学会付出。遇到你恨的人，学会原谅；遇到恨你的人，学会道歉。遇到欣赏你的人，学会笑纳；遇到你欣赏的人，学会赞美。遇到嫉妒你的人，学会低调；遇到你嫉妒的人，学会转化。遇到不懂你的人，学会沟通；遇到你不懂的人，学会理解。

（八）

智慧人生

多认错，少争理，口中常说对不起。

多知足，少攀比，身心安逸常欢喜。

多夸人，少夸己，常说感恩谢谢你。

多奉献，少索取，尽力施舍去给予。

多善言，少恶语，宽以待人严律己。

多利人，少利己，常将他人去抬举。

多感恩，少挑剔，受人恩惠别忘记。

多恭敬，少傲气，谦虚最使人受益。

多学习，少游戏，人生苦短当努力。

多忍让，少斗气，吃亏即是占便宜！

（九）

以平常之心，接受已发生的事。以宽阔之心，包容对不起我们的人。以不变之心，坚持正确的理念。以放下之心，面对难舍的事。以美好之心，欣赏周遭的事物。以真诚之心，对待每一个人。以感恩之心，感激拥有的一切。

（十）

心态好，一切都好，没有一个人，一生没有坎坷；没有一个人，一世没有痛苦。看你的人多，懂你的人少；说你的人多，帮你的人少。理解你的人，毕竟少而又少；帮助你的人，毕竟微乎其微。相遇的人，很多；相依的人，很少。感恩知己，善待朋友，快乐生活！

（十一）

不是所有的人都能成为朋友，不是所有的情都值得你去珍惜。时间是一剂良药，它会沉淀最美的感情，也会带走留不住的虚情。缘分，需要的是珍惜和双向的互动；感情，需要的是感恩和双方的呵护。爱不是单向，情不是索取，懂得珍惜才会持久，知道不易才能永恒。

（十二）

用心交友，友友皆是贵人；用心爱人，人人皆是亲人；用心做事，事事皆是好事。读懂别人是一种欣喜，被人读懂是一种幸福。怀助人的心，做舒心的事，做单纯的人，养成感恩的心，一辈子受用不尽！

（十三）

人最怕，深交后的陌生，认真后的痛苦，信任后的利用，温柔后的冷漠，亲朋间的误解！所以说有些事情不要太计较，遇到爱你的人，学会感恩，遇到你爱的人，学会付出，总不能流血就喊痛，见黑就开灯。有些事，不是不在意，而是在意了又能怎样。自己尽力了就好，人生没有如果，只有后果和结果。

（十四）

若爱，生活哪里都可爱。

若恨，生活哪里都可恨。

若感恩，处处可感恩。

若成长，事事可成长。

不是世界选择了我，

而是我选择了这个世界。

既然无处可躲，不如傻乐。

既然无处可逃，不如喜悦。

既然没有净土，不如静心。

既然没有如愿，不如释然。

只要不懈努力，总能如愿。

（十五）

用心待人，用心做事，不管你怎样对我。你有你的立场，你有你的原则，你有你的选择；我只做到自己问心无愧就好。计较越多越不会开心，做人应该懂得感恩，有时候包容也是一种幸福！

（十六）

凡事不必看得太重，幻想敌不过现实，谎言会带来无尽的烦恼。物也好，人也罢，随缘、从缘，才会快乐。爱上一个不爱你的，是流泪的开始；抓住一个不属于你的，是心痛的开始。人生的遇见，不会因我们的意志而改变；得到拥有，不会按自己的意愿来进行。逃不开的就接受，迈不过的就面对，放不下的就调整。活着，以坦然的姿态去面对，以感恩的心态去拥有，以淡然的姿态放手。如此，而已。人若心乱神迷，无论你走多远，都捕捉不到人生的本相，领略不到有韵致的风景。唯有心灵安静，方能铸就人性的优雅。这种安静，是得失后的平和，是诱惑前的恬淡，是困苦中的从容，是笑对不公的释然，是慢慢地去看清、看透、看穿、看淡的过程。

（十七）

人对我好，心存感恩；人对我坏，心存忏悔。体恤别人，会得善缘；修行自己，会得善果。如果你珍惜万物，万物必将珍惜你，这就是长寿。如果你心怀万物，万物必将归属于你，这就是财富。如果你施恩万物，万物也必将施恩你，这就是幸福。缓可以三思；退可以远祸；舍可以养福；静可以益年。

（十八）

人与人的交往，也许为了一句话、一杯水，成就了彼此之间的信任和在乎。通过一次次的加分，走着走着就成了一生信赖的朋友。大多人在漫长岁月中成了过客，留下的为数不多，因为在乎和珍惜让心与心的距离很近、很亲，感恩生命中的相遇相知！

（十九）

人生中难得一个挚友，难获一份真情；珍惜情缘，怀助人之心，做单纯之人；每天给自己一个微笑，带着感恩的心，和有缘的人一路同行。

【处世感悟】

（一）

一生要做好三件事：不自欺、不欺人、不被欺。那些得不到的，与之擦肩而过的，不必装作若无其事，哭就大放悲声，伤后痛定思痛，然后再往前走，前头总有风景；居高时要谦卑，得意处须谨慎，以诚待人，以德服众，人脉就是财富；处低要有傲骨，为人不弃底线，只有心灵站直了，生命才不会倾斜。量小失友，度大聚朋。有了宽阔的胸襟、宽宏的度量，才能赢得朋友信任，密切友谊。记住别人的好，温暖自己的心。人无完人，对人宽容就是对己宽容；善待别人，其实就是善待自己！记住别人滴水之恩，能见贤思齐，虚心学习他人优点，无形中就拥有了更多的精神财富。

（二）

一生中，来来去去会遇到很多人，却只有极少数可以成为知己，大多数都是观众。观众只是旁观者，笑看你起落沉浮；知己却是你人生的参与者，分享你的快乐、分担你的悲伤。肤浅的人，要的是观众；成熟的人，要的是知己。善良的人总是快乐，感恩的人总会知足。善良的人，淡泊名利，不求奢华，宽容待人，保持着良好的心态；感恩的人，感恩生命里的遇见，使生活变得充实，到处充满了阳光，是最幸福的人。

（三）

人生最幸福的事是有一群志同道合的事业合伙人，他们彼此欣赏，能力互补，每个人都独当一面并且有奋斗者的精神！人生错有两种；一是思想的错，因自己的思想意识或欲望所酿错；二是认识和觉悟的错，因分辨不清是敌是友，给自己造成伤害或发现他人错误，不予以制止且继续为友！这个世界不是有钱人的世界，而是有心人的世界；不是哪一个人的世界，而是所有人的世界，所以凡事都要留有余地。

（四）

你的好对别人来说就像一颗糖，吃了就没了。而你的坏就像一道疤痕，留下了就会永远存在了。这就是人的劣根性。生活给了我们很多考验，我们更要学会去接受和宽容，如果有那么一个人，因为你的一点好，就原谅你所有的不好，那就好好珍惜吧。因为大多数人，只会因为你的一点不好，而忘记你所有的好。欲为大树，莫与草争！

（五）

一辈子碰到一个好的人不容易，错过一辆车，可以等；错过一个人，也许就是一辈子。有一种东西不可利用，那就是善良；有一种东西不可玩弄，那就是信任；有一种东西不可欺骗，那就是感情；有一种东西不可愚弄，那就是真诚。否则，你会失去真正的依靠，失去后，将不再回来……留下的只有瑟瑟回忆和无穷无尽的苦涩。

（六）

把诺言，留给诚信的人！
把在乎，留给重情的人！
把坦诚，留给忠厚的人！
把忠义，留给交心的人！
把善良，留给感恩的人！
把真心，留给珍惜的人！
知恩图报的人，帮他是情分；
忘恩负义的人，不帮是本分。

（七）

心中有分寸的人，无论距离远近，心都亲近；相反，如若分寸全无，距离再近，心都远了。真正的尊重，是对人的认可与理解，是一种难得的修养。对人恭敬是庄严自己，尊重别人就是尊重自己。超越不是为了证明强大，而是要创造成就。真正聪明的人，永远是一个追随者。也许你觉得韬光养晦无法显出英雄本色，但低调做人恰恰是深藏不露的高手的基本素质。美丽的四句话：仁爱养福，真诚养友，善良养德，知足养寿。要以志同道合者为朋，以意气相投者为友。彼此三观一致，一路同行，分享快乐，分担忧愁。真正的朋友，可遇不可求。频率相同，才能看到彼此内心深处，理解你的山河万里，尊重你的不同选择。

（八）

真正的高手，不显山不露水，懂得守拙藏慧，从而乐于天地之间，远离是非灾祸。“夫唯不争，故无尤。”有智慧的人，不争论对错，不解释自己，不评价他人。芳菲歇去何须恨，夏木阴阴正可人。努力，不必告诉任何人，你只管去“做自己”，掌控自己的步伐和速度，成长是跟自己较量，内心坚定，勇往直前。你弱的时候，会有一群跳梁小丑；你强大的时候，一切都为你开路。余生很贵，没必要为没必要的人，说没必要的话！晨起暮落，是日子；奔波劳碌，是人生。生活简单，岁月温暖。热爱生活，从容向前。生活没有模板，只需心灯一盏。低调做人做事，尽责修行奉献。

（九）

人字易写不易做，心字简单却难懂。人的真实德行，藏于内心、溢于言行，所以德厚之人，即便独处，也会慎重。做人，唯有修好善良的心、养成和气的脸、克制自己的嘴，方能涵养品性、增厚美德，这样做人，福气自集。生活中，我们总是不由自主，说些杂七杂八的闲话，做些多此一举的事，不仅给别人带去了麻烦，也让自己徒增了烦恼。

（十）

境由心造，相由心生。心清者则明，明者可洞察世事；心宽者则博，博者可包容万物；心慧者则智，智者才能淡看浮华；心静者则安，安者才能笑对流年。幸福的人生，需要自己修炼。修炼人品，修炼脾气，修炼言行，世界上所有的惊喜和好运，都是你累积的人品和善良。岁月悠悠，前路迢迢，我们只需把自己修炼成更好的样子，然后静静地去等待，美好自然降临。当你站在生命的高度，回看生命仅是一个过程，风雨冷暖唯有自知，你是一个孤独的旅行者，万物皆为陪伴者、共舞者。生命的精彩与饱满，皆来自原始空间的那一道光。爱生活，是对自己的善待；爱自己，是对生命最好的感恩！

（十一）

做人，就两个字：善良；做事，就两个字：坚持。

（十二）

善于理解他人，不只是干瘪单薄的客套，还有推己及人的周到和体谅。这既是极高的情商，更是一种深到骨子里的教养和善良。规矩做人，别欺负老实人，别辜负善良的心。

（十三）

不惊扰别人的宁静，就是慈悲；不伤害别人的自尊，就是善良。人活着，发自己的光就好，不要吹灭别人的灯。用一颗友爱之心，收藏岁月的花香；用一颗感恩的心，开启一扇心窗。岁月因阳光而温暖，依美好而前行。

（十四）

谎言说得越来越真诚，他们自己从中得到了安慰，最后说的自己都信了。所有的欺骗别人，到头来，都是欺骗自己！消耗你的人，切记要尽早远离。余生，请做一个充满正能量的人，温暖人心，给人希望。让乐观、积极、向上、善良、优秀、美好、幸福，成为生命中的主旋律，面对困难沉着冷静，对待生活热情似火。闲看浮云，置身清流。生于尘世，有忧喜，有离聚，悲欢常如朝暮，得失竟如晴雨。人生冷暖，世态炎凉，清风从远来，又远去，心由杂念起，又随杂念寂。

（十五）

一个人经历得越多，他的抱怨就会越少。越是优秀的人越努力，越是富有的人越勤奋，越是有智慧的人越谦卑学习。这一现象的根本原因在于，优秀的人总能看到比自己更好的，而平庸的人总能看到比自己更差的。

（十六）

低调做人。低调是一种品格，是一种修养，是一种谋略，是一种海纳百川的胸襟，是一种圆熟睿智的情怀，更能赢得人生，成就人生的辉煌。低调崇尚的是一种埋头苦干的作风，一种执着追求的精神，一种精益求精的风格；低调更是一个男人立命安身的永久鞭策，是自信和有丰富内涵的外在形象。做人低调，无往不胜。

（十七）

人一走，茶就凉，是自然规律；人没走，茶就凉，是世态炎凉。认识的人不再联系，多是缘分不到切莫生气。与人为善，顺其自然，成就他人也成就了自己。亲朋是天，亲朋是地，善于团结包容，才会顶天立地。

（十八）

我们总是在意别人的言论，不敢做自己喜欢的事情，害怕淹没在飞短流长之中。其实没有人真的在乎你在想什么，不要过高估量自己在他人心目中的地位。被别人议论甚至误解都没什么，谁人不被别人说，谁人背后不说人，你生活在别人的眼神里，就迷失在自己的心路上。

（十九）

识人不必探尽，探尽则多怨。知人不必言尽，言尽则无友。责人不必苛尽，苛尽则众远。敬人不必卑尽，卑尽则少骨。让人不必退尽，退尽则路艰。觉人之诈，不忿于言；受人之侮，不动于色；察人之过，不扬于他；施人之惠，不记于心；受人之恩，铭记于心；任难任之事，要有力而无气；处难处之人，要有知而无言。

（二十）

人生充满了许许多多的机缘，每一个人都可能将自己推向一个高峰。所以我们不要轻视任何一个人，也不要疏忽任何一个可以助人的机会，学习对每一个人都热情相待，把每一件事都做到完善，对每一个机会都充满感激。要知道，能够以诚待人的我们就是自己最重要的“贵人”！

（二十一）

幸福莫过于三件事：有人信你，有人陪你，有人等你。世上没有什么是一成不变的，走运和倒霉都不可能一直持续下去。人最大的敌人是自己，只有坚持，才有成功的机会。人生旅途，有些是无法逃避的，比如命运；有些是无法更改的，比如情缘；有些是难以磨灭的，比如记忆。顺其自然与积极进取，其实是一回事。

（二十二）

山有山的高度，水有水的深度，没必要攀比；风有风的自由，云有云的温柔，没必要模仿。你认为快乐的，就去寻找；你认为值得的，就去守候；你认为幸福的，就去珍惜。没有不被评说的事，没有不被猜测的人。别太在乎别人的看法，做最真实最朴实的自己，依心而行，才能无憾今生。

（二十三）

学会沉默，不是叫你变得冷漠，而是张口闭口把握得当，说话少而精；努力奋斗，不是叫你不顾健康，而是不断提醒自己不要堕落，干事有担当。掌控分寸，统筹兼顾。

（二十四）

人要拿得起，也要放得下。人生，只有品味了痛苦，才能珍视曾经忽略的快乐；人生是一场孤旅，甘苦当自知。你就是你，世上只有相似的人，没有完全相同的人，好好活自己。

（二十五）

有一种东西绝不能愚弄，那就是真诚；有一种东西绝不能背叛，那就是真情；有一种东西绝不能放纵，那就是欲望；有一种东西绝不能远离，那就是安宁；有一种东西绝不能触摸，那就是罪恶；有一种东西绝不能丢失，那就是德行；有一种东西绝不能欺瞒，那就是心灵；有一种东西绝不能游戏，那就是人生！

（二十六）

有些人不会忘，因为不舍得；有些人必须忘，因为不值得……幸福人生，需要三种姿态：对过去，要淡；对现在，要惜；对未来，要信。友情和爱情都一样，都得用心去维持，不然久了就会被时间稀释。语言再甜蜜，也不会长久，同甘共苦，才让你感受真实！

（二十七）

守住别人的秘密，并非一件易事。它是一种真诚，也是一种对世间万物的理解和醒悟，更是一个人的修养和爱。人间秘密，林林总总，又千奇百怪，守住别人的秘密，就是守住了他人的声誉，守住别人的秘密，其实是守住了自己的人格。

（二十八）

看破一个人，你一定较量过；看透一个人，你一定付出过；看穿一个人，你一定受骗过；看淡一个人，你一定珍惜过；看明一个人，你一定放弃过；看准一个人，你一定经历过。我不聪明，但是，我也不傻，很多事，我都能看明白，只是不想说而已。因为我觉得人太聪明了会很累，有时候糊涂一些更快乐。

（二十九）

再好的缘分也经不起敷衍，再深的感情也需要珍惜眼前。歌可以单曲循环，人不能错过再现；情可以平平淡淡，心不能视而不见。懂得善待才能相守，珍惜当下才配拥有。

（三十）

有些人，注定是生命中的过客；有些事，常常让我们很无奈。别等不该等的人，别伤不该伤的心。孤独，不一定不快乐；得到，不一定能长久；失去，不一定不再拥有。好好活着就是对身边的人负责，好心情就是对自己的认可。你人再好，不是每个人都会喜欢你，有人羡慕你，有人嫉妒你，也有人看不起你。真诚待人，活在当下，做真实的自己就好！不必在乎他人如何看待自己。

（三十一）

1. 得意时应善待他人，因为你失意时会需要他们。
2. 有些事儿，不是你努力不够，而是坚定不足。
3. 我们可以失望，但不能盲目。
4. 世界上最永恒的幸福就是平凡，人生中最长久的拥有就是珍惜！
5. 每一棵大树的成长都要接受阳光，也包容风雨。
6. 心中有所牵挂，生命才会坚强！

（三十二）

恩人，给你帮助；敌人，帮你清醒；友人，与你携手；亲人，伴你左右；贵人，使你添福；能人，治你毛病；小人，使你谨慎；爱人，给你力量；贤人，解你迷津；众人，助你成功。

（三十三）

宁可看上去笨拙一点，也不要炫耀自己有智慧；宁可用谦虚来收敛自己，也不能锋芒毕露；宁可随和一点，也不要自命清高；宁可后退一些，也不要莽撞冒进。生活应该有张有弛：一味闲散，就会变得懒惰，缺乏责任感和自我约束能力；而一味紧张，生活就会过于忙乱，也影响健康。这是真正的处世法宝！

（三十四）

时间，带不走真正的朋友；岁月，留不住虚幻的拥有。时光转换，体会到缘分善变；走过一段路，总能有一次领悟；经历一些事，才能看清一些人。人生中，最难得的是有个好朋友，最难放的是真感情，最难忘的是入心人，最难求的是被人懂。

（三十五）

人生最曼妙的风景是：内心的淡定与从容，头脑的睿智与清醒！人生最奢侈的拥有是：一颗不老的童心，一个生生不息的信念，一个健康的身体，一群永远牵手的朋友！一件事，就算再美好，一旦没有结果，就不要再纠缠；久了你会倦，会累。一个人，就算再留念，如果你抓不住，就要适时放手；久了你会神伤，会心碎。有时，放弃是另一种坚持，你错失了夏花的绚烂，必将会走进秋叶的静美。任何事，任何人，终将成为过去，不要跟它过不去；倘若别无他法，就要抽身而退，往往会柳暗花明。

（三十六）

生命不在年龄，贵在心理年轻；生活不在金钱，贵在怡乐心情；装扮不在时尚，贵在秀外慧中；膳食不在多寡，贵在营养均衡；居室不在大小，贵在宽阔心胸；养生不在冬夏，贵在理肌防病；情趣不在雅俗，贵在心灵提升；朋友不在多少，贵在真情相拥；锻炼不在朝暮，贵在持之以恒。

（三十七）

不要带给自己烦恼，也不要带给别人困惑。对自己好，就要用心；对别人好，就要关心。看别人，慈爱起；看自己，智慧生。体谅别人，就会做人；清楚自己，就会做事。人经不起考验，故不要轻易考验于人。走入人心很难，走入己心更难。心未定，故一切不静；心若定，则当下安宁。心静则智生，心乱则愚起。太阳升，希望生，天天都有好心情。

（三十八）

自由是做自己喜欢的事，

幸福则是喜欢自己做的事。

繁华三千，看淡就是云烟！

烦恼无数，想开就是晴天！

（三十九）

把握身边的幸福吧，人生就好比流水。我们在不同的年龄里，有着不同的烦恼，正确对待生命走过的每一段路程，整理好自己的心情，适时适地总结经验教训。珍惜现在，留住美好，始终微笑，于平凡中淡定地生活，就是幸福在伴随。

（四十）

谎言，是用来击破的，而不是用来粉饰的。信任，是用来沉淀的，而不是用来挑战的。

（四十一）

人真正的魅力，不是你给对方留下了美好的第一印象，而是对方认识你多年后，仍喜欢和你在一起；也不是你瞬间吸引了对方的目光，而是对方熟悉你以后，依然欣赏你；更不是初次见面后，就有相见恨晚的感觉，而是历尽沧桑后，仍能由衷地说，能认识你真好。

（四十二）

无论是多好的朋友，能走过六个月的已不容易，能坚持一年的值得珍惜，能相守两年的堪称奇迹，能熬过五年的才叫知己，超过十年的值得记忆，十五年后还在的，应该请进生命里。在这个善变的时代，多留意身边的朋友，多一些理解，少一点算计，别利用别人的善良，懂得感恩，别把对你好的人忘记。做人别太累，因为我们谁都不容易，朋友应该互相包容和扶持。

（四十三）

随着年龄的增长，我们不是失去了一些朋友，而是懂得了谁才是真正的朋友！不是所有的相遇，都能守候成美丽的风景；不是所有的人，都能掏心掏肺地互诉心声。路过的，都是景；擦肩的，都是客；驻留心中的，才是情。友不贵多，贵在知人、知心、知音、知情；情不论久，重在心动、心懂、心同、心诚。属于自己的风景，才有美丽流连；拥有自己的倾心，才能以念取暖。缘分万千，顺其自然；以心换心，才能永远。

（四十四）

人生没有如果，只有后果和结果。过去的不再回来，回来的不再完美。生活有进退，输什么也不能输心情。生活最大的幸福就是，坚信有人爱着我。对于过去，不可忘记，但要放下。因为有明天，今天永远只是起跑线。生活简单就迷人，人心简单就幸福；学会简单其实就不简单。

（四十五）

有时候你不开心，因为有人在言语间刺伤了你。你不喜欢吵架，所以你离开，可是你越想越生气，你就越没有力气去理会别的事情。在情绪上做文章，是对自己的浪费，而且是很坏的浪费。毕竟，生气也是要花力气的，而且生气一定伤元气。所以，聪明如你，别让情绪控制了你，毕竟，人活在世上还有很多事要做。

（四十六）

淡定，是经过岁月磨砺后的沉稳含蓄；是历经世事变迁后的从容淡泊。淡定的人，善待生命、处事不惊，沉稳而不缺少热情，安详而不缺乏快意。淡定的人生，历尽沧桑却依然永不颓废，在纷繁的红尘中，呈现随遇而安的洒脱和超然。

（四十七）

不是你的菜，别去揭锅盖；不是你的爱，不要去依赖。人生，看你的人多，懂你的人少；说你的人多，帮你的人少。相遇的人，很多；相依的人，很少；理解你的人，少而又少。这个世界，有泪，自己流，有苦，自己受。没人理解，自己努力；没人帮助，自己尽力。强者不是没有眼泪，只是可以含着眼泪向前跑！因为世界上最看不透的就是人心！

（四十八）

人生四益友：一曰知，交一个欣赏你的朋友，在你穷困潦倒的时候安慰你、帮助你。二曰良，交一个有正能量的朋友，在你艰难前行的时候陪伴你、鼓励你。三曰师，交一个为你领路的朋友，自愿做你的垫脚石，带你走过泥泞、迷雾。四曰净，交一个肯批评你的朋友，不断提醒你、监督你，让你时刻发现自己的不足。友贵精而勿滥也。

（四十九）

总有一阵风，会吹走你所有的烦恼。匆匆行走在每个季节，每个路口，每个人生转弯处，有风做伴，就是一种简单的快乐、简单的幸福。往事随风，浅释曾经的纠结，让心如明月般纯净；缘分随风，许是擦肩而过，许是默然一笑，许是怦然心动，珍惜方能永恒；生命随风，尽管艰难曲折，也有欣喜，也有感动，也有美丽！

（五十）

慢慢地才知道：坚持未必是胜利，放弃未必是认输，与其华丽撞墙，不如优雅转身。给自己一个迂回的空间，学会思索，学会等待，学会调整。人生，有很多时候，需要的不仅仅是执着，更是回眸一笑的洒脱。

（五十一）

人生有三种苦：你得不到，所以痛苦；得到了，却不过如此，也会觉得痛苦；轻易地放弃了，后来却发现，原来你又是那么不舍，所以觉得痛苦。既然，得不到、得到了、放弃时都会痛苦，何不把人生的得失看轻一些，保持一颗平常心，痛苦不就会随之而减轻吗？以一颗平常心看待得失，人生可完全不苦，这是圣者的境地。

（五十二）

茫茫人海，大千世界，有几颗心舍不得你的离去。人走茶凉，也许你只是一个名字；时过境迁，也许情只是一段回忆。落寞时，能够陪你的才是心疼你的人；离开后，依然想你的才是真爱你的心。有心，才能动情；有情，才能暖心。感情不用多说，只要心里有；缘分无须多表，只要长相守。

（五十三）

经营人脉的十条铁律。

1. 想钓到鱼，就要像鱼那样思考。

2. 不要总显示比别人聪明。

3. 让对方做主角，自己甘愿做配角。

4. 目中无人，让你一败涂地。

5. 常与人争辩，你永难赢。

6. 锋芒太露，下场不好。

7. 刺猬原则，保持适当距离。

8. 树一敌，等于立一堵墙。

9. 谦虚不虚伪，不苛求完美。

10. 失言不如无言。

（五十四）

活着就是一种心态，当你淡看人生苦痛，淡泊名利，心态积极而平衡，有所求而有所不求，有所为而有所不为，不去刻意掩饰自己，不去势利逢迎他人，只是做一个简单真实的自己时，就会不计较得与失，就可以坦荡、真切、平静、快乐地生活。

（五十五）

人越是怕丢人，就越是在乎别人的看法。越是在乎别人的看法，就越是会忽略自己的感受。越是忽略自己的感受，就越是像木偶一样拼命地活给别人看。最后，一步一步将真实的自我囚禁在黑暗中。丢失自我，是我们找不到快乐和幸福的根源，也是一切心理问题的根源。

（五十六）

生活中，总会有些事，让我们不满意；生命中，总会有些人，让我们不顺心；人生中，总有一些挫折，让我们情绪低落。人总有烦恼，心总会疲惫。忙碌中，谁都有难处，现实中，谁都有苦楚，总有太多的纠结，让我们无助；总有太多的奈何，让我们无奈。所以，有些事，可以认真，但不要较真，心若轻松，路才顺当。

（五十七）

约翰·洛克菲勒曾说：沉默带给你的好处很多，摆低姿态，变得谦虚，换言之就是隐藏你的聪明。越聪明的人越懂得沉默，就像成熟的稻子，垂下稻穗。

（五十八）

我喜欢最平凡的理想和最平凡的生活，只想跟我在乎的人好好相处，一起做些有意义的事，淡淡生活。

（五十九）

弟子问法师：“师父，您有时候打人、骂人，有时候对人又彬彬有礼，这里面有什么玄机吗？”法师说：“对待上等人直指人心，可打可骂，以真实面目待他；

对待中等人最多隐喻他，要讲分寸，他受不起打骂；对待下等人要面带微笑，双手合十，他很脆弱、心眼小，装不下太多的指责和训斥，他只配用世俗的礼节。”

（六十）

淡淡相处，不会太累，善待自己也善待他人，淡淡的友情就像淡淡的茶香令人沉醉。喜欢淡淡的文字，流淌着飘逸和纯真，犹如潺潺清泉洗濯着疲惫的心灵；喜欢淡淡的生活，静悄悄地做喜欢做的事，不要留下什么印痕，也不想被人瞩目。

（六十一）

懂得爱惜自己，就请放下内心的嗔怒；懂得珍惜他人，就请放下他人的过失。有的人你可能认识却忽视了一辈子；有的人你也许只见了一面却影响了一生；有的人默默地守在你身边为你付出却被冷落；有的人无心的一个表情却成了你永恒的牵挂。不为难自己，不勉强他人。以淡然的心态看世界，人生才会多些快乐。

（六十二）

我不问+你不说=距离；我问了+你不说=隔阂；我问了+你说了=信任；你不说+我不问=默契；我不问+你说了=依赖。心若亲近，言行必如流水般自然；心若疏远，言行只如三秋之树般萧瑟。不怕身隔天涯，只怕心在南北！

（六十三）

林则徐的十条格言。

1. 存心不善，风水无益。
2. 父母不孝，奉神无益。
3. 兄弟不和，交友无益。
4. 行止不端，读书无益。
5. 做事乖张，聪明无益。
6. 心高气傲，博学无益。
7. 时运不济，妄求无益。
8. 妄取人财，布施无益。
9. 不惜元气，医药无益。
10. 淫恶肆欲，阴骘无益。

（六十四）

笑看花开是一种好心情，静赏花落是一种好境界。人生无尽的悲欢离合，不过是不同的心路、不同的历练，观赏花时，有千差万别的感受。花开花落两由之，不仅仅是心态，更是修为。

（六十五）

人生贵在有度：虚心过头就是虚伪，自信过头就是傲慢，谨慎过头就是僵化，活泼过头就是放纵，威严过头就是霸气，谦逊过头就是懦弱，随和过头就是盲从，胆大过头就是张狂，精明过头就是刁钻，直率过头就是草率，急躁过头就是粗暴！人生有度，误在失度，坏在过度，好在适度！

（六十六）

人的问题主要在于读书不多，而想得太多，或是学而不用。

（六十七）

群处守嘴，不惹祸；乱处守心，不出错；闲话少说，事情多做；抬起头做人，俯下身做事；有些人不必等，有些事不必争，是你的走不了，不是你的等不来；做好自己的事，干好自己的活儿；修好自己的心，立好自己的德。让思想丰富，让心灵纯净；让生活充实，让人生优雅；让别人幸福，让自己快乐！

（六十八）

季羡林：什么样的人能做朋友?

我交了一辈子朋友，究竟喜欢什么样的人呢?约略是这样的：质朴、平易；硬骨头，心肠软；怀真情、讲真话；不阿谀奉承，不背后议论；不人前一面、人后一面；无哗众取宠之意，有实事求是之心；不是丝毫不考虑个人利益，而是多为别人考虑；关键是真，是性情中人。

（六十九）

结交两种人：良师、益友。多吃两样东西：吃亏、吃苦。自备两个医生：营养、运动。培养两个习惯：看好书、交好友。交友两原则：交了不弃，弃了不交。练就两项本领：做事让人感动，说话让人高兴。争取两个极致：把潜力发挥到极致，把生命延续到极致。

（七十）

和阳光的人在一起，心里就不会晦暗；和快乐的人在一起，嘴角就常带微笑；和进取的人在一起，行动就不会落后；和大方的人在一起，处事就不小气；和睿智的人在一起，遇事就不会迷茫；和沉稳的人在一起，做事就不会莽撞；和聪明的人在一起，做事就变机敏。借人之智，完善自己。学最好的别人，做最好的自己。

（七十一）

建立人脉的15个方法。

1. 学会换位思考。

2. 学会适应环境。

3. 学会大方。

4. 学会低调。

5. 嘴要甜。

6. 有礼貌。

7. 言多必失。

8. 学会感恩。

9. 遵守时间。

10. 信守诺言。

11. 学会忍耐。

12. 有一颗平常心。

13. 学会赞扬别人。

14. 待上以敬，待下以宽。

15. 经常检讨自己。

（七十二）

别人恭维你时，偷偷高兴一下就可以了，但不可当真，因为那十有八九是哄你的；别人批评你时，稍稍不开心一下就可以了，但不可生气，因为那十有八九是真的。

（七十三）

不要在乎别人评价，

做好自己的人，

干好自己的事，

走好自己的路。

低头要有勇气，抬头要有底气。

做人能屈能伸，不以物喜不以己悲。

（七十四）

有些时候，想说的一些话，埋在心里，自己对自己都无从说起，更与何人说？不如选择沉默。于人于己，都是尊重。像一株安静的野草那样，默默生长，不惊扰任何人。或许，人生一世，草木一秋，都是不堪论的事。不如不提起。情生情灭，自然就好。

（七十五）

人脉积累八定律。

1. 首因效应：首次见面给人好感觉。

2. 诚信定律：热情是焦点，真诚是最高点。

3. 赞美定律：善于赞美能博得人心。

4. 面子定律：给人面子才善交际。

5. 谎言定律：善意谎言助交往。

6. 忍让定律：忍让能创和谐。

7. 异性效应：男女具有互相吸引作用。

8. 互惠定律：让对方产生“负债感”。

（七十六）

幸福的四把钥匙。

1. 口中有德，说话留有余地，不对他人施加“软暴力”。

2. 目中有人，走出自我的小天地，将心比心，坦诚相待。

3. 心中有爱，在心田种下爱的种子，并小心地呵护它成长。

4. 行中有善，人到哪里，就要把慈善和阳光带到哪里。

（七十七）

中国有句老话：升米恩，斗米仇。帮朋友的忙，正在他困难时救济一下，他永远感激，但帮助太多了，他永不满足。往往对好朋友，自己付出了很大的恩惠，而结果反对自己的，正是那些得过你恩惠的人。一个人失败，往往失败在最信任、最亲近的人身上。

（七十八）

不高估人际关系，不低估人性规则。时刻保持谦卑，别把一切视为理所当然。人与人相处，最好的心态莫过于亲疏随缘，爱恨随意。人有时候，一个转身，就会形同陌路。把爱留给疼你的人，把心留给懂你的人，好好爱自己，胜过卑微地爱他人。不要把太多的人请进自己的生命里，要学会和懂你的人一起散步。

（七十九）

不要轻易地指责别人，因为我们没有足够的智慧，去知道别人生活里的喜怒哀乐，去真正体谅别人的酸甜苦辣。每个人立场不同，所处的环境不同，很难了解对方的感受。所以，不要一味地随意去指责批评，否则会给别人带来伤害。

（八十）

每天脸带笑容，面对一切事物，就能发现一切都很美好；给他人三分阳光，就能给自己回馈到七分快乐。生活的质量，取决于每一天的心境；通过改变人生的态度，就可让自己经常保持良好的心境。生活是一个过程，而不是一种结果，学会享受过程，做到精彩每一天，就享受了美丽的人生。

（八十一）

我们曾如此渴望命运的波澜，到最后才发现：人生最曼妙的风景，竟是内心的淡定与从容。我们曾如此期盼外界的认可，到最后才知道：世界是自己的，与他人无关。

（八十二）

幸福无处不在，可我们总习惯眺望远方，不肯凝视身旁。有相遇即有离别，前方的道路茫茫无垠，既然已经抉择就要风雨兼程，不顾泪眼挥手离别。学会和过去说句再见，学会和未来打声招呼。一切都会过去，而一切又都不会过去。有时阳光很好，有时阳光很暗，这就是生活。

（八十三）

真正的人脉：

1. 不是你认识多少人，而是有多少人认可你！
2. 不是你和多少人打过交道，而是有多少人愿主动和你打交道！
3. 不是你利用了多少人，而是你帮助了多少人！
4. 不是有多少人当面吹捧你，而是有多少人背后称赞你！
5. 不是辉煌时有多少人奉承你，而是在你落魄时有多少人愿意帮助你！

（八十四）

千万条路，只一条适合自己；遇万般人，能得一知音足矣。无论何种感情，不要成为一种负累。若形成压力，总要逃离；若造就牵绊，总会失去。在意，却不刻意；珍惜，却不痴迷。若有若无的联系，是一份随意；或深或浅的交集，是一份默契。可肆意畅谈，也可默然相对；可紧密相连，也可疏于不见。

（八十五）

人生差不多就是这样一个饭局，你既要跟相悦的人推杯，也要和厌见的人换盏。一顿饭吃下去，你可以领受一颗心，也可以见识一副嘴脸。吃到最后，你还能在这个言不由衷的筵席上热闹和欢笑。这就是你承载世界的能力。

（八十六）

一个从容的人，感受到的多是平和的眼光；

一个自卑的人，感受到的多是歧视的眼光；

一个和善的人，感受到的多是友好的眼光；

一个叛逆的人，感受到的多是挑剔的眼光。

可以说，有什么样的内心世界，就有什么样的外界眼光，只有你自己。

（八十七）

快乐总与宽厚的人相伴，财富总与诚信的人相伴，聪明总与高尚的人相伴，魅力总与幽默的人相伴，健康总与豁达的人相伴。

（八十八）

每个人，都有一个世界，安静而孤独。不是所有的事，都需要你弄清，亏时费神不说，多是徒劳无益；并非所有的人，都必须你搞懂，伤心悲情不说，常是曲终人散。看不到的，就别为难，人生本是单行线，属于你的景色不多；看不懂的，就别追究，凡事还是糊涂好，糊涂人福报更高。

（八十九）

能入我心者，我待以君王。不入我心者，不屑敷衍。苏芩说，宁可孤独，也不违心。宁可抱憾，也不将就。到了现在这个年纪，确实谁都不想再取悦了，跟谁在一起舒服就和谁在一起，包括朋友也是，累了就躲远一点。已经过了那个你不喜欢我我也非要喜欢你的年纪，取悦别人远不如快乐自己。往事浓淡，色如清，已轻。经年悲喜，净如镜，已静。生命短暂而美好，没时间纠结，没时间计较！

（九十）

总是喜欢凭栏远望，细细品味流云聚散。岁月间，带来些许痴念，总是以为美好的能定格该多好！这世间，是欢喜，是纯真，是坦然，只是这岁月好似是一个未解的谜，你无法预料开始和结局会有多么巨大的差距。多少相逢，多少相遇，多少相知，是悲欢，是离愁，是激烈，是恬淡，说不清是劫还是缘。经历了一场又一场恩与怨的纠缠，到头来不过是一场相忘于遥远。正所谓：“英雄血洒欲凭栏，从静随缘心致远。”

（九十一）

人生没有如果，却有很多但是。人只要不失去方向，就不会迷失自己。有能力就不必去气馁，有价值就不必去炫耀。生命的质量取决于每天的心境，通过改变态度可以使自己经常处于良好的心境状态。自恃身份，脸上写满优越感的人，非但得不到别人的尊重，还会处处树敌。如果你要得到朋友，就要朋友表现得比你优越。做人最大的教养，是没有身份感。别让优越感，毁了你的教养。

（九十二）

人，永远不会珍惜三种人：一是轻易得到的；二是永远不会离开的；三是那个一直对你很好的。但是，往往这三种人一旦离开就永远不会再回来。

（九十三）

感悟人生“八味”

第一味：放弃完美，多一份轻松。

第二味：面对现实，多一份自在。

第三味：欣赏自己，多一份自信。

第四味：做好选择，多一份从容。

第五味：寻找快乐，多一份追求。

第六味：善待他人，多一份爱心。

第七味：相信成功，多一份欣喜。

第八味：不畏失败，多一份执着。

（九十四）

不懂装懂是聪明，懂装不懂是智慧；示弱而不逞强，示拙而不逞能；忍人之所不能忍，方能为人之所不能为；身做好事，言说好话，心存好念；君子相交，随方就圆，无处不自在；慧者不傲，谋者不露，强者不暴，是为福！

（九十五）

人的优雅关键在于控制自己的情绪。用嘴伤人是最愚蠢的一种行为。一个能控制住不良情绪的人，比一个能拿下一座城池的人更强大。水深则流缓，语迟则人贵。我们花了两年的时间学说话，却要花数十年的时间学会闭嘴。可见：说，是一种能力；不说，是一种智慧。

（九十六）

朋友，不求雪中送炭，也不要落井下石，不离不弃就好。我愿做一朵白云，为你遮挡骄阳；我愿做一缕春风，为你轻声歌唱；我愿做一滴露珠，为你滋润脸庞；我愿做一颗流星，为你许下愿望。祝福我的朋友，开心每一天！

（九十七）

这个世上，人与人相处，一定要学会得饶人处且饶人。要知道，人与人相识是多么不容易，我们应当懂得珍惜和包容。感情和友谊就像织毛衣，建立的时候一针一线，小心而漫长，拆除的时候却只需轻轻一拉。

（九十八）

语言不在于华丽，在于人心；
感情不在于热烈，在于真心。
许多的爱不用说，用心感受；
许多的情不用听，让时间证明。
无助时，赋予精神的支撑；
流泪时，给予最真的心疼。
寥寥数语，解开一个心结；
简单拥抱，温暖一个生命。
感情，就是以心交心，以情暖情。
只有真心，才有真情；只有珍惜，才有永恒。

（九十九）

慢慢地都淡了；渐渐地都忘了。世上事就是这样，好多熟悉的人，你不去呵护，慢慢就淡了；许多熟悉的事，你不去回味，渐渐就忘了。岁月的风，不仅能吹淡你我心中的情，也能冷却你我的心；时光的手，不仅能模糊你眼中的我，也能淡忘我心中的你。再熟悉的路，你不行走，也有陌生的感受，这就是人生。珍惜情谊，就要常联系，常相聚。

（一百）

真正的好朋友，地位不分高低，失败不会离去。迷茫的时候拉一把，难过的时候抱一下。有些人，陪你走过一程，但不知道什么时候走着走着就散了。看到了你的全部也不会走的人，才是所谓的朋友！随着年龄的增长，不是朋友越来越多，而是真心的朋友会越来越少，只有陪着你的才是真正的朋友。不忘彼此！彼此珍惜！一路同行！

（一百零一）

当一个人忽略你时，不要伤心，每个人都有自己的生活，谁都不可能一直陪你。最尴尬的莫过于高估自己在别人心里的位置。努力了，珍惜了，问心无愧。其他的，交给命运。真诚的人永远在心里，虚伪的人慢慢就会淡出视线，人和人之间就是一份缘，你珍惜我，我会加倍奉还，你不在意，我又何必去珍惜。

（一百零二）

守得一片清净，收获一份安宁。人生充满了起承转合，能够在沉下去的时候，安守一份内心的宁静，独享一份寂寞的清幽，那么在崛起的时候，方能真正地体味人生的真意。要保持清净心，就必须让自己的心念纯净，不为名利所缚，不为得失所扰，在挫折面前勇往直前，在诱惑面前不为所动，心无所系，随遇而安。

（一百零三）

人和人，别说配不配，一元的打火机也能点着一万元的香烟，几万元的一桌菜还是离不了两元钱一包的盐。人生，哪有事事如意，生活，哪有样样顺心。所以，不和别人较真，因为不值得；不和自己较真，因为伤不起；不和往事较真，因为没价值；不和现实较真，因为要继续。心善必心安，知足必常乐。人的一生，注定有很多偶遇，偶遇一件事，偶遇某个人，让我们的生活多了许多情趣和曲折。不管怎样，总有那么几件事，让你念念不忘，总有那么一个人，让你陡生叹息。守住宁静，让一切归于心境，不因喜欢而执着，不因虚幻而烦忧；守住宁静，让一切融于慈悲，不因伤害而远离。珍惜身边的，祝福过往的！

（一百零四）

人与人之间的关系，就像水中的鱼，不同层次的鱼游不到一起。朋友之间的感情，应该是自然流淌的，是发自内心的，不要试图控制和掌握。在整个生命中，无论有几个真诚的朋友，都要用心去珍惜。多一点理解，少一点苛求；多一点关爱，少一点索求；多一点坦诚，少一点贪心。把情感放置在自由的空间，让彼此没有负累，让阳光明媚彼此的情分。

（一百零五）

迁就你的人，不是因为没有脾气，而是不愿离开你！

让着你的人，不是因为笨，而是因为在乎你！

经常问你干吗的人，不是因为闲得慌，而是因为挂记你！

对你好的人，不是因为欠你什么，而是因为把你当亲人！

真诚的人，走着走着就走进了心里；虚伪的人，走着走着就淡出了视线。

（一百零六）

遇喜不喜，遇怒不怒，谓之中谐；

当喜则喜，当怒则怒，谓之中和；

喜之不过，怒之不激，谓之中节；

喜之自平，怒之自息，谓之中顺。

把握适度，做到四中，利于养生。

（一百零七）

活着，与谁共进，和谁共老，莫过于身边的家人，枕边的爱人。心不要迷，外面的风景再美，不能拥入怀中；人不要恋，外面的饭菜再香，也比不上家里的粗茶淡饭。有爱调配的生活，才是真正的依靠；有情添加的饭菜，才会有滋有味。

（一百零八）

人生是一趟单程车，我们最应该做的，就是好好善待自己，珍惜今天，期待明天。那些走过的，错过的，都不再回来；丢掉的，失去的，都不复拥有。所以我们不要走得太匆忙，该爱的要用心去爱；该留的，要真诚挽留；该感受的，要充分感受；该珍惜的，要好好珍惜。该记的记下，该忘的忘掉，来的欢迎，走的目送，不以物喜，不以己悲，泰然若处，冷暖自尝。

（一百零九）

时间真好，验证了人心，见证了人性，懂得了真的，明白了假的，没有解不开的难题，只有解不开的心绪。没有过不去的经历，只有走不出的自己。一开始你总是担心会失去谁，可你却忘了问，又有谁会害怕失去你？人生，努力了、珍惜了，问心无愧，如此，甚好。

（一百一十）

有些事，可以看透，但不要看破；
有些人，可以看穿，但不要戳穿；
有些话，能不说就沉默，
藏在心里更适合；
有些伤，能不揭就不提起，
无声忘记更明智。
给事留一个机会；
给人留一个空间，
给己留一份尊严。
与人方便，就是待己仁厚；
包容别人，就是宽恕自己。

（一百一十一）

所有靠物质支撑的幸福感，都不能持久，都会随着物质的离去而离去。只有心灵的淡定宁静，继而产生的身心愉悦，才是幸福的真正源泉。

（一百一十二）

醉，也是一种清醒。活得过于清醒，会给自己带来许多的痛苦和烦恼，所以该醉时要醉，该醒时要醒。别人都清醒的时候，自己要醉；别人都醉的时候，自己要清醒。活得清醒，是一种聪明；活得糊涂，是一种智慧。别人的事看淡点，自己的事想开些；忘掉烦恼的过去，创造美好的明天。

（一百一十三）

走过一些路，才知道辛苦。登过一些山，才知道艰难。蹚过一些河，才知道跋涉。跨过一些坎，才知道超越。经过一些事，才知道经验。阅过一些人，才知道历练。过了大半辈子，才知道简简单单、平平安安就是幸福。

（一百一十四）

永远不要对自己说不可以、不可能，人的潜能都是被逼出来的，没有谁天生就有一双神奇的翅膀，没有人能够随随便便成功。生命的每一道彩虹都是风雨换来的，你只有非常努力，才能向成功看齐。梦想就从现在开始，当脚步和心同在努力奋斗的路上，谁也无法想象，未来和世界有多么宽广辽阔！

（一百一十五）

幸福，其实很简单，平静地呼吸，仔细地聆听，微笑着生活；有人爱，有事做，有所期待；不慌乱，不迷茫，无悔人生。幸福，其实在路上，走一步，有一步的风景；进一步，有一步的欣喜；退一步，有一步的心境。心随景转，随遇而安。

（一百一十六）

不要看不起小事情，生活本就是一件件小事的集合，坚持做好每件小事，你就能过好自己的生活，改变自己的人生。除了做好自己的本分，你还能将每件小事做到极致的时候，你就好像抓住一根根救命稻草，到最后你才发现，自己抱住的已经是一棵参天大树了。

（一百一十七）

处事不必求功，无过便是功。为人不必感德，无怨便是德。身安不如心安，屋宽不如心宽。多欲则窄，寡欲则宽。宁可清贫自乐，不可浊富多忧。势不可使尽，福不可享尽。

（一百一十八）

诚信不仅是一种品行，更是一种责任；不仅是一种道义，更是一种准则；不仅是一种声誉，更是一种资源。就个人而言，诚信是高尚的人格力量，是人与人之间相互信任的基础。一个靠谱的人，往往更容易得到信赖和尊重。

（一百一十九）

做人，什么都可以舍弃，但不可舍弃内心的真诚；什么都可以输掉，但不可输掉自己的良心。曾经有人问我：谁是真正对你好的人？我说：时间久了，遇事多了，自然知道谁真心对你好！人生有尺，做人有度，我们掌控不了命运，却能掌控自己，不求生命辉煌，但求无悔人生。美好的心情从这里开始！

（一百二十）

世上除了生死，都是小事。不管遇到了什么烦心事，都不要自己为难自己；无论发生多么糟糕的事，都不应该感到悲伤。记住一句话：越努力，越幸运！

（一百二十一）

很多时候我们不知道如何放下，如何才算是放下。其实等到有一天，当你再次面对你过往的难堪、你憎恨恼怒的人时，不再起心动念，坦然面对，一笑了之；即便别人在你面前，讲述着你过往种种不幸时，你仿佛是在听别人的故事，心里一丝烦躁的涟漪都不会再有，你便已觉悟，那即是放下。我们要学习向日葵，做一个积极吸收正能量的人。生活中其实没多少大风大浪，人生多数时候都是自寻烦恼。所谓自寻烦恼，就是吸收的负能量太多。要学习向日葵，哪里有阳光就朝向哪里。多接触优秀的人，多谈论健康向上的话题，多想想有利于人生发展的问题。心里若是充满阳光，人生即便下雨，也会变成春雨。

（一百二十二）

狮子看见一条疯狗，赶紧躲开了。小狮子说：“爸爸，你敢和老虎拼斗，与猎豹争雄，却躲避一条疯狗，多丢人啊！”狮子问：“孩子，打败一条疯狗光荣吗？”小狮子摇摇头。“让疯狗咬一口倒霉不？”小狮子点点头。不是什么人都配做你的对手，不要与那些没有素质的人争辩，微微一笑远离他们，不要让他们咬到你。

（一百二十三）

恶言不出口，苛言不留耳。这是我们应该具有的修养，有了这样的修养，你就能化腐朽为神奇，风生水起好运来。出言不慎，驷马难追。不知而说，是不聪明：知而不说，是不忠实。君子言简而实，小人言杂而虚。赠人以言，重于珠玉：伤人以言，甚于刀剑。语言切勿刺人骨髓，戏谑切勿中人心病。

（一百二十四）

无论你怀着多大的善意，仍会遭遇恶意；无论你抱有多深的真诚，仍会遭到怀疑；无论你呈现多少柔软，仍要面对刻薄；无论你多么安静地只做你自己，仍会有人按他们的期待要求你；无论你多么勇敢地敞开自己，仍有人虚饰一个他看到的你。不论何人，自己的人生，该由自己书写。

（一百二十五）

做人，人品为先，才能为次；做事，明理为先，勤奋为次。人生的许多痛苦，是因为计较得太多。苦之源，乐之本，无烦恼，无人生，没委屈，再不幸，找万幸。

（一百二十六）

别人诽谤你，是因为你优秀。别人利用你，说明你有价值。别人嫉妒你，说明你走在他前面。别人用言语挑衅你，说明你很有影响力。所以不要生气要争气，不要伤心要开心。生活像镜子，你笑它也笑，你哭它也哭，坚持做原创的你。近君子、远小人，笑对人生！

（一百二十七）

如果你感到委屈，证明你还有底线。如果你感到迷茫，证明你还有追求。如果你感到痛苦，证明你还有力气。如果你感到绝望，证明你还有希望。从某种意义上，你永远都不会被打倒，因为你还有你。自设的绝境，往往比生活给的绝境更让人难以逾越。生命只有走出来的精彩，没有等待出来的辉煌；如果感到此时的自己很辛苦，那就告诉自己：走过去，就一定会有进步！

（一百二十八）

一只飞虫，在树林里飞过，你不会在意，哪怕飞到你的额头，你也没有太多的厌恶，甚至，它那镀着阳光的金色翅膀还会令你情不自禁地赞美。如果它飞到你的卧室、书房或者餐厅，就完全不一样了，它们就成了你的死敌。因为它们打扰了你的生活。你看，一切喜好善恶都是以自我利益为参照物的。

（一百二十九）

我们每个人几乎都在说不快乐的事，事业成功的说工作压力大，工作清闲的说这行没前途，没成家的说遇不到合适的人，遇到的却说不合适。幸福像足球一样踢来踢去，烦恼像奖杯一样不可撒手。其实，我们拥有的才是自己的幸福，争取的只是希望，失去的只是记忆，而快乐是源自内心。

（一百三十）

听从内心的呼唤，过好每一天，活出自己的精彩，我就是我，不一样的烟火。

顺着自己的心意而活，就是最好的生活。人生真正属于自己的时光并不多，多数时光里，我们不是在羡慕别人的生活，就是在克隆别人的生活。追求别人那样的生活，成为我们的人生目标。一生中最美好的时光，只为了满足心中的虚荣。其实，真正的幸福，不是活成别人那样，而是能够按照自己的意愿去生活。

（一百三十一）

人生没有假设，当下即是全部。背不动的，放下了；伤不起的，看淡了；想不通的，不想了；恨不过的，抚平了。人生，就是修炼的过程，何必用这一颗不平的心，作践了自己，伤害了岁月。

（一百三十二）

生活是一面特别的镜子，照心不照脸。这面镜子可以照出人的内心，一个人的内心是什么样的，他的生活就是什么样的。世界并没有厚此薄彼，我很相信一个人对待生活的态度决定了这个人生活的状态，精神原力的作用无限大。所以想要如阳光般生活，首先就要建立积极的心态。即使时光逝去，也希望自己永远都充满正能量。

（一百三十三）

生活，是你自己过出来的。同样的路，有人漫步，有人奔跑，有人驾车。方式不同，结果就会不同。同样的命运，有人笑着抗争，有人哭着哀求，有人静默地承受。态度不同，结果就会相异。没有谁能规定你的生活模式，一切都是你自己的选择。人，性格不同，选择就不同；选择不同，命运就跟着不同。选择大过努力。

（一百三十四）

出门在外，不论别人给你热脸还是冷脸，都没关系。外面的世界，尊重的是背景，而非人本身。真正的交情，交的是内心，而非脸色。不必过于在意人与人之间一些表面的情绪。挚交之人不需要，泛交之人用不着。“情绪”这东西，你不在乎，它就伤不到你。人与人之间，就是一种缘分；心与心之间，就是一种交流；爱与爱之间，就是一种感情；情与情之间，就是一颗真心；错与错之间，就是一个原谅。人生就是这样一种交往。

（一百三十五）

在衣食无忧的今天，我们抱怨生活艰难，并不是为生计所困，而多是因我们为自己的人生套上了三副枷锁——面子、情结、欲望。其中，欲望枷锁最为沉重，欲望会降低一个人的幸福感。不要等心灵难负其重时才考虑放下，或是老去时不得不放下。放下越多，人生的旅程会越轻松。放下越早，心会变得越轻盈。

（一百三十六）

生活是悲是欢总得去经历，人生是一场承诺，就算经历很多的无奈和痛苦，内心的淡然足以抵挡所有的风雨，祝福别人的幸福，善待那些存在的风景，在人世间许一个愿，化解内心的烟火纷争，菩提烦恼，再无分别。非有非空，两不相欠。如果你努力去发现美好，美好就会发现你；如果你努力去尊重他人，你也会赢得别人的尊重；如果你努力去帮助他人，你也会得到他人的帮助。生命就像一种回音，你送出什么它就送回什么，你播种什么就收获什么，你给予什么就得到什么。

（一百三十七）

自己的人生自己做主。人生就像一杯茶，没有开始的苦，就没有后来的甜。苦苦甜甜就像一部交响曲，汇成我们的一生。拒绝“苦”就等于关上了“甜”的门，须知，攀登得越高，走过的荆棘就越多。既如此，与其忧伤地接受，不如快乐地迎接。两种姿态，两种人生。

（一百三十八）

不是每一个人，都值得我们信任；不是每一件事，都能让我们顺心。人有百态，事有百般，每个人都有自己的境况，每个人都有自己的思想，生活中，不可能，人人都会信任，适合自己的，毕竟是少数的。我们所做的事，顺心的很多，烦心的也不少。生活告诉我们，认识事物，理解别人，以平淡的心态看待得失。人活着，说来容易，听起来简单，做起来很难。人生之累，累在心；生活之难，难在人。其实，好多伤感，半是生活，半是自己。你所做的一切不能让每个人都满意，别人嘴里的你，也不是真实的你。看淡一些虚幻，平静一下心情，也许，生活就会开心。人一辈子很短，对任何人和事，都不要纠结，请为自己而活！

（一百三十九）

够不着的月亮，总是最美的；抓不住的风，总是最快的；得不到的人，总是最好的。其实，风景再美不在眼前，也是枉然；感情再深不属于你，也是空谈。走远的人不必追，做人要有尊严；离散的情无须悔，对情要有底线。时间，是最好的过滤器。带走了短暂的温柔，留下了长久的相守；剔除了虚幻的拥有，筛选了真正的朋友。眼里看见，谁走谁在；心里知道，谁好谁坏。因为：真爱你的舍不得离开你；对你好的不忍心伤害你。

（一百四十）

在生活面前有三件事不能做：第一，不能用小聪明，会辜负很多善意；第二，不能用小心眼，将会错过许多幸福；第三，不能用小固执，会让烦恼占了心窝。很多时候，事情本身不会伤害我们，伤害我们的是自己对事情的想法和看法！遇到事情，给别人一个理由，也给自己一份宽慰，用心接纳生命中遇到的所有问题！

（一百四十一）

巴菲特说：评价一个人时，应重点考察三项特征——正直、智慧、活力。如果不具备第一项，那后面两项会害了你。很多人选错恋人或合作伙伴，都与忽视“正直”这一关键项有关。里根也曾说过：如果你正直，这比什么都重要；如果你不正直，什么也都无关紧要。

（一百四十二）

让我们换个视角看世界，换个角度看人生，让生活更理性，让思路更清晰，让我们离成功更进一步！人活到老了，就学会了看人。看人是一种本事，是累积下来的经验。相貌也不单是外表，是配合了眼神和谈吐，以及许多细小的动作而成。综合分析，看人更加准确。

（一百四十三）

人，最不能忘记的，是在你困难时拉你一把的人；最不能结交的，是在你失败时藐视你的人；最不能相信的，是在你成功时吹捧你的人；最不能抛弃的，是和你同创业共患难的人！

（一百四十四）

与人相处，要追求一个淡字，就如水一样，无形却能演变五彩缤纷，无味却能演绎万味俱佳。因为淡，淡久生香，所以绵长，既不累心，又可悦人。因为淡，远离了功利，跳出了诱惑，赋情感以本真，予生活以原味，在尘世中浮沉不变色，在众生中穿梭不迷失。

（一百四十五）

人生一世，草木一秋。世间就是这样，谁也逃不过两样东西：一是因果，二是无常！心量越大，烦恼越轻；心量越小，烦恼越重。静者生慧，智者无忧。计较是疼，淡然是福。不以物喜，不以己悲。尽人事而顺天意，意志坚而诸事成。请相信，走过流年的山高水长，总有一处风景，会因为我们而美丽；请相信，历经岁月的沧桑变化，总有一个笑脸，是为我们而绽放。月是故乡明，景是家乡美。踏遍青山人未老，风景这边独好！

（一百四十六）

有一种经年叫历尽沧桑，有一种远眺叫含泪微笑，有一种追求叫浅行静思，有一种美丽叫淡到极致。给生命一个微笑的理由吧，别让自己的心承载太多的负重；给自己一个取暖的方式吧，以风的执念求索，以莲的姿态恬淡，盈一抹微笑，将岁月打磨成人生枝头最美的风景。

（一百四十七）

永远不要去揣测别人的想法，一千个人有一千个想法，你也不知道今天你面对的那个人为什么开心，明天他又为什么突然愤怒，很多事情其实与你无关，关键是你自己能否活得自在快乐，不要靠揣测别人的想法活着，也不要用别人的行为干扰自己，因为，生活始终是你一个人的，开心或是悲伤，你都得自己承受。美好的生活从活出自己开始。

（一百四十八）

世界上对别人最深的伤害永远是语言，我们对别人出言不逊，也就是把钉子钉进了别人的心中，而且这样的伤害是永远无法弥补的。

（一百四十九）

静静地过自己生活，不埋怨谁，不嘲笑谁，也不羡慕谁；阳光下灿烂，风雨中奔跑，做自己的梦，走自己的路；用心甘情愿的态度，过随遇而安的生活；遗憾随风散去，美好留在心底，给心灵一缕阳光，温暖安放。心若向阳，幸福安康！

（一百五十）

不要悔恨过去，既是创伤，也是财富；不要钟情名利，既是鲜花，也是枷锁；不要感叹多变，既是风雨，也是彩虹；不要埋怨人生，既有花开，也有花落。通常我们会为自己没有的东西而苦恼，却看不到自己拥有的，如健康，可以听、可以看，可以爱与被爱，每天都有食物供我们享用等。让我们走出哀怨，生活的每一天对于我们来说都是一份珍贵的礼物。

（一百五十一）

记住这四句话受益匪浅：健康是最大的利益。满足是最好的财富。信赖是最佳的缘分。心安是最大的幸福。

（一百五十二）

生活是一件艺术品，每个人都有自己认为最美的一笔，也有认为不尽如人意的一笔，关键在于自己怎样看待。凡事当有度，做人应知足。用纯净的眼光看世界，世界就是精彩的；用淡然的方式去生活，生活就是美好的。

（一百五十三）

天地有大美，于简单处得；生活中常有大情趣，日子一定很简单；生命的大愉悦，是心灵纯净而不复杂。人，一简单就快乐，但快乐的人寥寥无几；一复杂就痛苦，可痛苦的人却熙熙攘攘。很多的人，要活出简单来不容易，要活出复杂来却很简单。

（一百五十四）

人生在世：

可以缺钱，但不能缺德；

可以失言，但不能失信；

可以倒下，但不能跪下；

可以低落，但不能堕落；

可以虚荣，但不能虚伪；

可以平凡，但不能平庸；

可以浪漫，但不能浪荡；

可以生气，但不能生事。

（一百五十五）

时间改变着一切，一切改变着我们。原先看不惯的，如今习惯了；曾经很想要的，现在不需要了；开始很执着的，后来很洒脱了。失去产生了痛苦，也铸就了坚强；经历付出了代价，也锤炼了成长。没流泪，不代表没眼泪；无所谓，不代表无所累。当你知道什么是欲哭无泪、欲诉无语、欲笑无声的时候，你就成熟了。累了没人疼，你要学会休息；哭了没人哄，你要知道自立；痛了没人懂，你要扛起压力，抱怨的话不要说。

（一百五十六）

人活着，圈子不要太大，容得下自己和一部分人就好；朋友不在于多少，自然随意就好。有些人，只可远观不可近瞧；有些话，只可慢言不可说尽。朋友，淡淡交，慢慢处，才能长久；感情，浅浅尝，细细品，才有回味。朋友如茶，需品；相交如水，须淡。

（一百五十七）

如果你到医院就诊，请耐心些，不要轻易投诉。没有人会故意做错事，没有人故意去慢待谁。人非圣贤，孰能无过？

（一百五十八）

人生二字经：

1. 守时：做人的信誉；
2. 进取：早起早到，不消极不懒惰；
3. 诚信：恪守公信力；
4. 换位：考虑对方感受；
5. 负责：敢于担当，错误面前负起责任；
6. 务实：找方法，不找借口；
7. 微笑：让你友好而自信；

8. 自省：每天进步一点点；

9. 控制：善于调节自我；

10. 助人：经常做“分外事”。

（一百五十九）

人生需要积累，更需要沉淀，在积累沉淀过程中，要常回头看一看，不断对自己进行反思。有许多事，如果当初经常回头看看，就会做得更好；不知有多少人不能常回头看看，如果能常回头看看，就能减少很多遗憾！

（一百六十）

什么是朋友？不管男女，能懂你，理解你，珍惜你，尊重你，在乎你，才可称朋友。交一个有情的朋友，是一种荣幸；交一个真诚的朋友，是一种财富；交一个知心的朋友，是你一生的幸运；和一个你能聊得来的人说说心里话，是一种减压；和一个懂你的人聊一聊，是一种享受；和一个你喜欢的人聊聊天，是一种快乐；和一个喜欢你的人说说话，是一种幸福！朋友，见面不重要，心里有才最重要！

（一百六十一）

不摔一跤，不知道谁会扶你；不摊一事，不知道谁会帮你。珍惜该珍惜的人，做自己该做的事，别在乎其他太多！人生，人心换人心！因缘而聚，因情而暖，因不珍惜而散！

（一百六十二）

最大的财富，不在于自己所拥有的，而在于能够克制自己的欲望。如果你不能对现有的一切感到满足，那么纵使让你拥有全世界，你也不会幸福。所谓“知足者常乐”，就是要懂得取舍，舍得放弃，知道适可而止。“知足”，是一种恬淡平和的境界；“常乐”，是一种乐观豁达的人生态度。同样莫贬低或伤害任何人。这一次你强，谨记时间比你更强。你瞧不起别人的时候，别人可能更瞧不起你，只不过别人不暴露出来，不和你计较！花，姹紫嫣红，却只是昙花一现；树，朴素寻常，却可以百岁常青。活着，低调做人，踏实做事。

（一百六十三）

抱怨是一种毒药。

它摧毁你的意志，消减你的热情。

抱怨命运不如改变命运，

抱怨生活不如改善生活。

凡事多找方法，少找借口，

强者不是没有眼泪，

而是含着眼泪在奔跑！

（一百六十四）

人这一生，遇见什么样的人，与什么人交往，都无疑影响着生命的色彩和质量。不同层次的人群，很难走入对方的圈子。不同人群看待和对待事物的态度差距太大，人与人之间所发生的悲欢离合，实际上也都反映出思想文化能力的差异。

（一百六十五）

随和不是没有原则，而是一种素养。随和，是以睿智的目光看懂了世界；是明白“尺有所短，寸有所长”的道理；是在坚持原则的基础上待人处世的谦和态度。

（一百六十六）

一个人的强大，就是能与不堪的人和事周旋！我们总是先认识了身边的人，才认识了这个世界。一个人，身边有多少人，就有多大的世界，有什么样的人，就有什么样的世界。这些人素养的高低，决定了你的高雅与低俗、辽远与浅狭、明媚与卑琐。

（一百六十七）

修德以布施为贵；

行善以孝顺为贵。

富裕以质朴为贵；

贫穷以志节为贵。

（一百六十八）

每一个强大的人，都有咬着牙度过的一段没人帮忙、没人支持、没人嘘寒问暖的日子。过去了，这就是你的成人礼，过不去，求饶了，这就是你的无底洞。如果你靠别人的鼓励才能发光，你最多算个电灯泡。我们必须成为发动机，去影响他人发光！有时候，人需要的不是物质的富有，而是心灵的慰藉；不是甜言蜜语的陪伴，而是心灵相通的懂得。

（一百六十九）

关乎于情，因为动心；感动于心，因为认真。一段话入心，只因触碰心灵；一行泪流下，只因瓦解脆弱。人生中有朋友是幸福，有知己是难得，有知心是难求难得。

（一百七十）

任何事物都是对立的统一体，有正反两方面，都不能孤立存在，只有相对，没有绝对。水与火，火为阳、水为阴，水火相辅相克；昼与夜，昼为阳、夜为阴，构成一天二十四小时。认识到过犹不及，我们内心才会有所畏惧与敬畏，为人做事才不容易走极端。谦和、善良、谨慎地为人处世，才会沉着冷静，才能用心安理得的心境过随遇而安的生活。

（一百七十一）

孔子有天外出，天要下雨，可是他没有雨伞，有人建议说：子夏有，跟子夏借。孔子一听就说：不可以，子夏这个人比较吝啬，我借的话，他不给我，别人会觉得他不尊重师长；给我，他肯定要心疼。

和人交往，要知道别人的短处和长处，不要用别人的短处来相处和考验，否则就会友谊不长久。

（一百七十二）

买再大的水桶都不如挖一口井，说明渠道很重要！小驴问老驴：为啥咱们天天吃草，而奶牛顿顿有精饲料？老驴叹道：咱爷俩靠腿吃饭，人家靠胸脯吃饭。说明：心态很重要！鸭子与螃蟹赛跑难分胜负，划拳确定吧！鸭子大怒：我出的全是布，他总是剪刀。说明：先天很重要！狗对熊说：嫁给我吧，你会幸福的。熊说：嫁你生狗熊，我要嫁熊猫，生熊猫才尊贵。说明：选择很重要！

（一百七十三）

人生如茶，苦如生命，淡如清风。茶要沸水才能泡出浓香，人要历经沉浮磨炼才能坦然，世间的煎熬对人生是一种成全。人生这盏茶，或浓烈或清淡，都要细细去品味，成与败、得与失，都是人生的滋味。人生是一场马拉松，最重要的是跑完，而不是刚开始时，你跑得有多快。人越往上走，心应该越能往下沉，心里踏实了之后，脚下的路才走得安稳。顺其自然，不代表我们可以不努力，而是努力之后有勇气接受成败。属于自己的不要放弃；已经失去的留作回忆；想要得到的一定要努力。累了把心靠岸，选择了就不要后悔；苦了才懂得满足。任何事，任何人，都会成为过去，不要跟其过不去。如果心中没有了渴望，胸中失去了希望，再美的峰顶，不愿欣赏，再好的水景，不愿观赏。不是路限制了前进的脚步，而是心拒绝了前进的速度。现在过的每一天，都是人生命中最年轻的一天。请不要老得太快，却明白得太迟。

（一百七十四）

感情再深、恩义再浓的朋友，天涯远隔，终将化为云烟，逐渐忘却。惜缘你我，携手人生，彼此挂念，鸿雁传情。处理好与别人的关系，重要的是做到三点：

看人长处，帮人难处，记人好处。当然，完善人格还包括其他很多方面的内容。最基本的前提是要做一个好人。我们可以做不成伟人，那是极少数人才能做到的，但每个人都可以做一个好人。

（一百七十五）

交一个朋友往往需要几年或几十年；而得罪一个朋友可能只需几分钟或一件事。俗世浮华，人心的复杂及对一些细微小事的敏感，都会阻碍友情的发展。或许只因是朋友，彼此少了一些顾虑，少了一份尊重，才会如此。朋友间有时走得太近，关系会变得复杂，离得太远，又会失去联系。不刻意强求友情，只用心呵护友情。纵使不会天长地久，至少曾经拥有。

（一百七十六）

人生遇到的每个人，出场顺序真的很重要，很多人如果换一个时间认识，就会有不同的结局。缘分让彼此相遇，所以要珍惜当下。“邀千百人之欢，不如释一人之怨；希千百事之荣，不如免一事之丑。”无论我们遇到的人是谁，都要尽可能地善待他。善待别人，会让人与人之间多一些谅解，多一些温暖，多一些快乐，也会为自己带来方便和好运。可以孤单，但不许孤独。可以寂寞，但不许空虚。可以消沉，但不许堕落。可以失望，但不许放弃。过分忧虑，就是浪费时间，它不会改变任何事，只能搅乱你的思绪，偷走你的快乐。水静能鉴物，人静能观心。

（一百七十七）

人之所以活得累，往往是因为放不下面子与虚荣，而这蒙蔽了真实的自我，分不清什么是真正的需要和欲望，把别人的眼光当作自己行为的标准，把别人的恭维当成人生的自我荣耀，总在世俗的泥潭里跌撞迷失。把面子拿下来揣在衣兜里吧，素面朝天，你就会发现原来生活没有那么沉重，脚步也会变得洒脱、轻盈……有句话这么说，做人做事要有度，失度必失误。做人、做事、为人、处世，这是一个不断递进的过程，我们要先学会做人，培养自己的品格，再去认真做事。人活在世上，要俯下身子，踏踏实实、一步一个脚印地往前走。努力协调好各种人际关系，尽可能地用自己的真诚与自信，赢得他人的理解和信任。

（一百七十八）

不在别人遇到苦难时袖手旁观，无动于衷；不在别人落难时不闻不问，落井下石。肯为别人打伞，才是一生最大的财富。人生在世，并不总是充满竞争和掠夺，更多的是共赢。有了这种人格，人生定会收获物质和精神的双重财富。财富不是一辈子的朋友，朋友却是一辈子的财富。

（一百七十九）

金无足赤，人无完人；善待别人，温暖自己。缘分，不是偶然，要心向心；朋友，不是随性，要诚对诚；感情，不是儿戏，要惜对惜；相识，不是新鲜，要真对真；懂得，不是随便，要忠对忠。真情本无语，尽在真心。岁月如水，走过才知深浅；时光如歌，唱过方品心音。

（一百八十）

帮助人是一种崇高，理解人是一种豁达，原谅人是一种美德，服务人是一种快乐。天外有天，人外有人。言多必失，沉默是金。倾听是尊重，平静是心态。识不足则多虑，威不足则多怒，信不足则多言，气不足则多喘！一见钟情，是个传说；日久生情，才是真情。没有天生适合的两个人，只有后来磨合的两颗心；没有一世不变的激情，只有一生不悔的深情。知道让步不是认输，而是在乎；懂得原谅不是没生气，而是放不下。时间在走，人心在变，不变的才是朋友；缘分在换，感情在换，不换的才是爱人！

（一百八十一）

人，一点一点接触，当你回忆的时候，觉得一切都生了；情，一丝一丝积累，当你挽回的时候，觉得一切都迟了。深不过真情，凉不过人心，美不过回忆，伤不过别离。有时，一次伤害，就是一生；一次错过，便是永远。对待人心，需要真心；对待感情，需要用心。有的人用尽全力珍惜你，你却不在意；有颗心一直为你等待，你却视而不见。有多少情，不被重视，所以走开；有多少身影，不被珍惜，变成背影。不要把一个对你好的人弄丢了，一辈子碰到一个这样的人不容易。

（一百八十二）

一份好的缘分，是随缘；一份好的感情，是随性。相交莫强求，强求不香；相伴莫若惜，珍惜才久。

（一百八十三）

能看到别人的错误，是清；

能看到自己的错误，是醒；

能承认自己的错误，是坦；

能改正自己的错误，是诚。

能发现自己的优点，是聪；

能发现别人的优点，是明；

能学习别人的优点，是智；

能利用别人的优点，是慧！

清醒坦诚是做人之必须，

聪明智慧是做事之必须。

（一百八十四）

最使人疲惫的往往不是道路的遥远，而是你心中的郁闷；最使人颓废的往往不是前途的坎坷，而是你自信的丧失；最使人痛苦的往往不是生活的不幸，而是你希望的破灭；最使人绝望的往往不是挫折的打击，而是你心灵的死亡。所以我们凡事要满怀希望，达观向前。把心放开一点，一切都会慢慢变好。

（一百八十五）

人生中，观众向来比朋友多。观众只会让人从视觉上舒服，朋友却会让你内心感动。朋友不是吃喝玩乐，相互吹捧；而是懂你，在精神上，支持你，鼓励你，帮助你，指正你。肤浅的人，交的是观众；上进的人，交的是朋友。不要拒绝真诚的话，更不要拒绝一颗真诚的心。人与人，一场缘；心与心，一段情。一生中的朋友有很多，懂你的无须多言，不懂你的说再多都是白费。真正的朋友，不是只给你掌声和赞美，更多的是鼓励和建议；不只是锦上添花，更多的是雪中送炭。人要低头做事，更要睁眼看人，择真善人而交，择真君子而处。

（一百八十六）

任何时候，情分不能践踏。主动吃亏，是为以后合作创造机会。若一个人处处想占便宜，必将骄心日盛，难免侵害别人的利益，纷争不断，陷在四面楚歌之中。为对手叫好是一种智慧，是我们处世的资本。能放低姿态为对手叫好的人，定有广泛的人脉，做人做事定会顺畅，成功就成了必然。

（一百八十七）

诺不轻许，故我不负人。诺不轻信，故人不负我。人，不要轻言永远，也不要轻许诺言。失足，你可以马上恢复站立；失信，你也许永难挽回。当我们许诺的时候，我们应该冷静思考，我们要想清楚自己的理想和梦想是不是痴心妄想，自己的誓言和诺言是不是笑言和谎言。

（一百八十八）

一个人太强势，不管出发点是不是好的，定会受到伤害，这种伤害几乎无法挽回，所以很多人遍体鳞伤，因为不懂得示弱。示弱其实很简单，在关键时听从别人的意见，关注感受，情商管理得体，让人合作有安全感。示弱不是妥协，而是为了更快达到目标，是伟大的。学会示弱，做熟透的稻谷！

（一百八十九）

一个男人的成熟，并不表现在获得了多少成就上，而是面对那些厌恶的人和事，不迎合也不抵触，只淡然一笑对之。成熟不是看你的年龄有多大，而是看你的肩膀能挑起多重的责任。一个成熟的人，往往发觉可以责怪的人越来越少，他知道人人都有自己的难处。一个人的成熟，不是出口成章，说出许多深刻的道理，或者是思想境界达到很高，而是待人接物让人舒适，并且不卑不亢；不是用很多大道理去开导别人，而是说服自己去理解身边的人和事。

（一百九十）

要追求人生的幸福，就要保持一颗平常心，淡泊明志，于利不趋，于色不近，于失不馁，于得不骄，“达亦不足贵，穷亦不足悲”，永远不做欲望的奴隶。生活最大的苦恼，是想要的太多，欲望越小，人生就越幸福。人心向善，光明无限。良心是一个人的做人底线，丢什么也不能丢了良心。否则，丢掉了这根“底线”，就必然会把自己送入失败的人生“黑洞”，为天下人所不齿。孟子说：“仰不愧于天，俯不怍于地。”就是告诉我们，为人处世不能愧对天地，不能愧对自己的良心，做人必须光明磊落，问心无愧。

（一百九十一）

我不愿送人，亦不愿人送我。对于自己真正舍不得离开的人，离别的一刹那像是在心上扎刀。“你走，我不送你；你来，无论多大风多大雨，我要去接你。”我最赏识那种心情。春雨喜降临，润物细入根。

（一百九十二）

生活是旋律，不论快慢，
只要是适合的节奏，就是最好的。
生活是季节，不论春夏秋冬，
只要适合心情，就是最好的。
生活，是实实在在的一种生存。
不甘寂寞也好，甘于寂寞也罢，
都要学会享受生活，只要适合自己，就是幸福。

（一百九十三）

有几个真正的朋友，在心底种下关爱、关心、关注，在一定意义上成就生活的质量、生命的厚度。我们的心里，一辈子真正接纳的，只是有限的几个人，更多的都成了生命中的匆匆过客。人生中，有几个真正的朋友，在时光的流年中，倾注欢乐、泪水、笑颜、悲伤，会描绘一段关于岁月如歌的故事，会谱写一曲友谊的音韵。朋友，越久越真，越平淡越纯，越真诚越久。真正的朋友，只比爱人差一步，只比父母低一级，真正的朋友可以陪你度过一生直到永久。真正的朋友不分年龄，不分男女，不分级别关系，也不分贵贱贫富，只要你够真诚。真正的朋友之间，不远，也不近；不疏，也不密。是一颗心对另一颗心的欣赏，是一段情对另一段情的仰望。

（一百九十四）

始终相信，平和之人，纵使经历沧海桑田，也能安然无恙。锋芒之人，遭遇一点风声，也会百孔千疮。命运给了每个人同等的安排，而选择如何经营自己的生活，酿造自己的心性，则在于个人的修养。让一步，退一着，当下心安！面对刁难自己的人，刁难自己的事，最好的办法，就是一笑而过。然后，轻松地告诉自己：被刁难，也是生活的一部分。你会发现，因为与自己讲和，任何刁难，都会被化解得不那么锋利。

（一百九十五）

做得越对，背后说你的人越多；过得越好，背后讥讽你的人越多；你变得越强，背后打击你的人越多。但又有什么关系呢？只要和家人爱人每天都能幸福下去，就足够了。发生在背后的事情，就算我都清楚地知道，也会清楚得“听不到”。如果你讨厌我，我一点也不介意，活着并不是为了取悦他人。

（一百九十六）

在一起舒服不累，才是一个知己的人格魅力。能与你的灵魂平等对话，能唤醒你沉睡的心灵。只是，知音难寻，知己难觅。二三莫逆友，三五知心人，已是一生福分。相濡以沫也好，相忘于江湖也罢，所有的相逢都会有结局的，而所有的结局都是相逢的一部分。不要用结局去质疑开始，成全人的，是生活；捉弄人的，也是生活。无论如何，都得好好活！

（一百九十七）

山高路远心有依，茫茫人海知相遇！我们交往的层面是由自身的素质决定的。你从来不读书，自然结交的大部分是肤浅和物质的人，聊的无非是鸡毛蒜皮。即使遇到更好的人，也会被你吓跑，话不投机半句多。提升品位和层次是结交朋友、交流学习的目的。人生最大的幸福莫过于：白天有个知己有说有笑，晚上回家思考睡个好觉！

（一百九十八）

好友之间的最佳状态：有事联系，没事各忙各的，得闲了，可以一见，说说话，聊聊天。也许，彼此之间无需太多的话语，因为真正的好朋友，并非永远都有聊不完的话题，而是在一起即使不说话，也会觉得挺好的。

（一百九十九）

每个人都在追求幸福，但我们常常在追求“像别人那样的”幸福，而不是“自己的”幸福。追求自己的幸福，就不能追随别人的目光去寻找，而应当仔细倾听自己内心的声音，按照心灵的指引去过属于自己的生活。不要把欲望等同于需要，也不要把虚荣当作自慰用品。做真实的自己，才能找到真正的幸福。

（二百）

聪明之人，在欣赏别人之时，也在提高着自己；愚昧的人，常常只看到别人的不足之处，永远也瞧不见别人的长处和优点。“每滴水里都藏着一个太阳。”欣赏是一剂良药。欣赏别人，不仅能给人以抚慰、温馨，还能给人以鞭策，使人的潜能被充分地激发出来。

（二百零一）

学会付出，因为只有付出才能得到应有的回报；

学会知足，因为只有知足才会觉得生活多美好；

学会倾听，因为这是对别人的尊重，也是对自己的尊重；

学会快乐，因为只有快乐度过每一天，活得才精彩。

（二百零二）

物以类聚，人以群分，去的终将去，不必懊悔；来的总会来，不必自喜。因缘而聚，无缘而散，是你的不求自来，不是你的强求也无用！人性本如此，历史长河，不过云烟，把时间不妨留给懂得且走且珍惜的人，足够！

（二百零三）

不要背后说人，不要在意被说。一无是处的人没得可说，越是出色的人越会被人说。世间没有不被评论的事，也没有不被评说的人。有些事，需忍，勿怒；有些人，需让，勿究。嘴上吃些亏又何妨，让他三分又如何。水深不语，人稳不言。学会淡下性子，学会忍住怒气面对不满。

（二百零四）

不要因为情面而去做一些违心的事，给自己添堵。坚持自己的喜好，及时调整自己的情绪，学会面带微笑，做一个温暖的人。人的一生真的不长，没有必要苛求自己和埋怨他人。你温柔对待周围的人，那么回馈给你的，一定会是金色阳光温柔普照。

（二百零五）

一个幸福的人，首先要学会和过去的感伤说再见，伤感是人生里不可避免的一种情怀。如果无法和昨天告别，就没办法开启对幸福的觉知，对未来的向往和追求。很多时候，我们不妨睁一只眼闭一只眼做人。要做到糊涂确实不易，这不需要我们有一定的修养，还需要我们有一定的雅量。用睁开的眼睛逡视世界的美丽，用闭着的眼睛抹去世间的无奈，能够做到这一点的人，可谓活出了极致。“睁一只眼，闭一只眼”是一种新的人生哲学。

（二百零六）

不论何时何地，要特别珍惜缘分，不论是你生命的过客，还是长久的知己，都是一生精彩的回忆。人海中难得有几个真正的朋友，这份情请你不要不在乎！别等到无能为力的时候，才翻起终生的遗憾和悔恨的记忆。感情，没有取悦，只有真心实意的不离；人心，没有践踏，只有相伴相依的温情。一段情，始于心动，无言也欢；一份爱，止于心冷，无语也多。爱可以守望但不奢望，情可以包容但不纵容。心灵共鸣，才能继续；心无旁骛，才能长久。

（二百零七）

友不在多，贵在风雨同行；
情不论久，重在有求必应。
所谓义真，就是：
只要你要，只要我有；
只要你需，只要我能。
你忧心忡忡，谁总安慰心疼；
你丢盔弃甲，谁却不离左右。
懂你的人，是你心安的理由，
爱你的人，是你归航的港口。

（二百零八）

人要学会装傻。有时候知道得多了，未必是件好事，发现了真相，疼的是心；戳穿了谎言，冷的是情。以为牢不可破的关系，其实不堪一击。装糊涂，是一种难得的智慧，也许会更豁达，也许会更快乐。人生不必活得太清醒，事情不必看得太透明，难为了别人，困扰了自己。顺其自然，知足常乐，足矣。傻傻的挺好，其实世界上最可怕的是人心。

（二百零九）

面对别人的指责，不要轻易动怒，这既是做人的修养，也是高明的处世智慧。不生气，你就赢了！

（二百一十）

或淡或雅，花总在绽放；或盈或缺，月总在天上；或高兴或痛苦，日子总是在过；或期盼或失望，希望总在眼前；或见或不见，朋友永在心间。茶——苦而生甘，令人回味；酒——绵而后劲，叫人道爽；泉——清而味淡，却用一生来品出甜。一个知音，如茶、如酒、如泉，让人受益一生。

（二百一十一）

世上最难断的是感情，最难求的是爱情，最难还的是人情，最难得的是友情，最难分的是亲情，最难找的是真情，最难受的是无情，最可爱的是你微笑的表情！哭非人生，笑非人生，哭笑不得乃人生；生很容易，活很容易，生活不是很容易。平生只为两件事，半为生活半做人。该吃吃该喝喝，有事别往心里搁；泡着澡看着表，舒服一秒算一秒。

（二百一十二）

有的人表面风光，暗地里却不知流了多少眼泪；有的人看似生活窘迫，实际上却过得潇洒快活。幸福没有标准答案，快乐也不止一条道路；收回羡慕别人的目光，反观自己的内心。自己喜欢的日子，就是最好的日子；自己喜欢的活法，就是最好的活法。

（二百一十三）

低质量的社交不如高质量的独处，与其浪费时间精力，去做一些无用的社交，倒不如学会如何与自己相处。时刻保持阳光心态，开心地去做你的事。你可以把独处当作一条靠近梦想的必经之路，专注自己正在做的事，保持乐观的心态，这样你就可以过得幸福。

（二百一十四）

很多人一直在拼命地赶路，却没有办法好好地过好当下，在追赶的过程中，不断陷入迷茫，失去了方向。所以，不要把最美好的时光，拿来杞人忧天。踏踏实实走好当下的每一步，才是最要紧的。

（二百一十五）

一定要学会认识自己，千万不要把自己看得太重。在这个世界上，每个人都很重要，但是离了谁地球都照样转。一个人可以自信，但不要自大；可以狂放，但不能狂妄。

（二百一十六）

当你遇到一个人，他能理解你的处境，尊重你的观点和信仰，和你打成一片，让你觉得很舒服；但当你想进一步和他深入交往的时候，会发现他总是和你保持一定的距离，让你觉得你们总是隔着一层，这人八成比你聪明很多。聪明人和同级别的聪明人深交，和智识不如自己的人保持友好。求人用人，切不可太随意了，如果又不懂得感恩，那你的朋友将会越来越少。

（二百一十七）

生活中要学会，远离那些充满负能量的“垃圾人”，人生短暂，交必良友，居则择邻，遇善者而从之。绝对不要浪费心思和精力在一些无聊的人和事上，生活中遇到这样的人一笑而过！生命如此脆弱，又如此短暂。听从内心，走自己应该走的路！最好的境界——平淡平安地生活！

（二百一十八）

要记得，尽己力，听天命。无愧于心，不惑于情。顺势而为，随遇而安。知错就改，迷途知返。在喜欢自己的人身上用心，在不喜欢自己的人身上健忘；对无诚信的人远离，不要轻信于人。不把太多的人请进生命里。如此一生，甚好。

（二百一十九）

得到需要的，是福；贪求过多的，是累。人生的需求如同吃饭，只能吃两碗的饭量，如果贪图饭菜的香味多吃两碗，不但不能正常享受多吃的好处，而且会因为胃承受不了而带来痛苦。可见，得到未必就是享受。不要和别人攀比，学会不贪婪，不奢求，平和宁静，知足常乐。

大度看世界，从容过生活！

（二百二十）

你若想被爱，就要先去爱人；你期望被人关心，就要先去关心别人；你要想别人对你好，就要先对别人好。如果你希望交到真心的朋友，你就必须先对朋友真心，然后你会发现朋友也开始对你真心；如果你希望快乐，那就去带给别人快乐，不久你就会发现自己越来越快乐。

（二百二十一）

有趣的人，一定是个幽默的人。他有能力把败兴的生活，修饰成阳光和煦的灿烂，一段悲伤，一次风雨，会化腐朽为神奇。一杯烈酒可饮风霜，也可温喉怀想。不是贫嘴和滑稽，是一种内在的智慧，以及对生活豁达的理解后的淡定和看开；是如沐春风的明艳，是素心包容的豁达；是山清水秀的情怀，是清澈如镜的明事理。有趣的人，总会让生活换个角度变成情义和唯美。

（二百二十二）

不要争吵，其实人一晃就老。不要斤斤计较，你的时光会越来越少。不要过多抱怨，相遇本来是最美好。不要互相蔑视，说不定哪天就永远分开。不要老与人比，只需超越昨天的自己。不要忧虑太多，顺其自然是最好的生活。不要羡慕别人会过，不要评判别人的对错，不要计较自己的付出与收获。生活不简单，尽量简单过。人生不完美，最好快乐活！

（二百二十三）

人性的弱点：不愿为朋友的成功鼓掌，却愿为陌生人的悲惨捐助；不愿为强者的坚持援手，却愿为弱者的妥协流泪；不愿执行既定的规则，却愿为适应潜规则受罪；不愿为共同的利益奋斗，却愿为社会的不幸怒骂；不愿为长远的发展谋福，却愿为眼前的小利冒险；不愿反思自己，却喜欢批判别人。

（二百二十四）

不喜欢的事情，尽量不做；不喜欢的应酬，尽量不去。生命中的每一分钟，都值得你去活出该有的价值和喜悦，不要碍于面子，而随意委屈了自己的心理需求，毕竟，强扭的瓜不甜。如果你不能拿出最好的状态，就算勉强答应了对方，估计最后双方，都会对结果感到不满。应酬多了，麻烦事就多了，时间就没了，身体让烟酒给毁了。学会了独处和安静，你就会享福了。

（二百二十五）

时光转换，体会到缘分善变；平淡无语，感受了人情冷暖。有心的人，不管你在与不在，都会惦念；无心的情，无论你好与不好，只是漠然。不离不弃的，才是真朋友；不见不散的，才是真守候。

（二百二十六）

听着那些音乐，忽然体会到了这个季节到底有多美，真该用片片落叶的优雅引领内心的淡定，用缕缕菊花香轻柔抚慰自己的心情，用一席烟雨略去仅剩的点点忧愁，用无须修饰的轻松心态重新认识以后的每个秋天，舍去跟随已久的特不喜欢的薄凉，要像夕阳般温暖。

（二百二十七）

关心，不需要甜言蜜语，真诚就好；友谊，不需要朝朝暮暮，记得就好；问候，不需要语句优美，真心就好；爱护，不需要某种形式，温暖就好。真正的朋友不是不离左右，而是默默关注，一句贴心的问候，一句有力的鼓励。友不友情，要看相处；永不永恒，要看时间。日子久了，与你无缘的自会走远，与你有缘的自会留下。

（二百二十八）

没有知识可以被宽容，没有良知不可以被宽容。涉及良知判断、是非判断、善恶美丑判断，如果出了问题，那就是你人品的问题。知识就是力量，但我要告诉大家，良知才是方向！

（二百二十九）

当你感觉被欺骗、被敷衍而束手无策的时候，学会淡然一笑，该来的总会来；看淡得失，倘若认真你就输了！

（二百三十）

你在意什么，什么就会折磨你；你计较什么，什么就会困扰你！当你用顺其自然的心态去面对时，就会发现其实没什么，只是自己想得太复杂而已！人要学会豁达，学会洒脱。看淡了，是非曲直也就无所谓了，人生真的很短暂，一定要快乐每一天，用一杯茶水的单纯，去面对一辈子的复杂。不要在不喜欢你的人那里丢掉了快乐，不要在飘忽而逝的生命过客那里留恋，也不必为朵朵过眼烟云烦扰。为自己活，不论生活给予什么，都坦然地接受，这才是生活最好的态度。别为难自己，与其效仿最精彩的别人，不如做最真实的自己，走好自己选择的路，做好自己分内的事，过自己想要的生活。

（二百三十一）

人生沧桑无常，甘苦杂糅，太多的为什么，没有答案；太多的答案，没有为什么。每个人的一生，都是苦乐交织，悲欢共存。人生难得糊涂。

（二百三十二）

历经千山万水，跋涉之后，将终于明白，原来生活并不复杂，很多时候，只是我们的心在骚动而已。如果我们一直以最为简单的心活着，一切终究会变得很纯粹。唯有简单快乐地过好每一天，才是我们生命的本真，也是我们努力的期盼。

（二百三十三）

生命中的许多东西可遇不可求，刻意强求的得不到，而不曾被期待的往往会不期而至。因此，要拥有一颗安闲自在的心，不以物喜，不以己悲。随缘不是听天由命，而是以豁达的心态面对生活。

（二百三十四）

尊重他人，是一种修养，是一种品格，是对他人不卑不亢的以礼相待。任何人都不能尽善尽美，完美无缺。没有理由以居高临下的目光去审视他人，不能用傲慢去伤害他人。学会了尊重他人，也就掌握了人生的要义。人最大的修养，是知人不评人，以礼待人。

（二百三十五）

子曰："小不忍则乱大谋。"忍耐是远离灾祸的法宝。面对命运，忍是走向成功的不二法门。成大事者必有远志，而忍正是一种大智慧，是一种理智地谋求长远目标的体现，忍者无敌、忍者无疆。人不要随意发脾气，谁都不欠你的。人一辈子都在修行，短的是旅行，长的是人生。如果你觉得不爽，你就抬眼望窗外，世界很大，风景很美，机会很多，人生很短，不要蜷缩在一小块阴影里。如果你的生活已处于低谷，那就大胆走，因为你怎样走都是在向上。人生如同一场旅程，有山穷水复的困顿，亦有柳暗花明的惊奇。负面情绪是对生命的伤害，得意时淡然，失意时坦然，这才是真实的生活态度。所以，懂得及时清空心灵，才能享受人生的每一处风景。

（二百三十六）

人生总有一些无法预料的意外。有的人，在不经意间就走进了你的生命，无论春夏秋冬，昼夜交替，都会是你心里最贴心的暖。最美的相逢在灵魂，最真的相守在心灵。唯愿岁月静好，苍天不老，心心相融。

（二百三十七）

生活中，人要保持距离，远了生出不满，近了又生出矛盾。熟悉的地方没有风景，距离产生美，彼此尊重，退一步海阔天空。不是不交心，而是给对方的心留下一小片空间。不是不热情，而是给自己留一点缓和的余地。你终究不是别人，别人也不是你。花果清秋红，美在人心中。

（二百三十八）

人这一辈子，最开心的事，就是得到了陌生人的信任，久而久之成为朋友，并且一直信任你，支持你，选择你；这是用钱都买不到的人格魅力！穷死不要撒谎，难死不要骗人！永远相信：诚信可赢天下，守信方得人心！感恩一直信任我们的朋友们。

（二百三十九）

人和人的感情，有时候好像毛衣，织的时候一针一线，小心谨慎，拆的时候只要轻轻一拉，也许只是一句玩笑话，也许是无意间的一个小误会，所有的情感再也不见！友不在多，贵在风雨同行；情不论久，重在有求必应。

（二百四十）

一个人比你优秀，你尽可以放心交往，因为优秀的人散发正能量！一个人比你有德行，你尽量与他组成一个团队，因为厚德载物！一个人比你有智慧，你尽可安心与他同行，相信智慧能照亮未来！一个人活得比你有质量，你可用心与他成为知己，生命才有高度与宽度！让我们与智者同行，与善者共频。

（二百四十一）

生命是一种回声：你播种什么就收获什么；给予什么就得到什么。你怎样对待人们，取决于你怎样看待他们。这是普遍的真理，爱别人就是爱自己。生活的道理，教育别人很容易，自己实践起来才发现那么难。

（二百四十二）

生活不可能像你想象的那么好，但也不会像你想象的那么糟。人的脆弱和坚强都超乎自己的想象。随着岁月如溪水般自然地流淌，到一处，看一处风景。不需要太多渴望，心若向往，就前行；感觉疲惫，就小憩。心灵走过的地方，无怨，无悔，无彷徨。对错得失，都是一种独特的美丽。

（二百四十三）

宁可孤独，也不违心。宁可抱憾，也不将就。

（二百四十四）

在这个世界上，随缘是一种进取，是智者的行为。随不是跟随，是顺其自然，不怨恨，不躁进，不过度，不强求；随不是随便，是把握机缘，不悲观，不刻板，不慌乱，不忘形。随缘，是一种达观，是一种洒脱；是一份人生的成熟，是一份人情的练达。

（二百四十五）

很多故事不必说给每个人听，有时一段记忆，伤感却也美丽。人，总是要醒来的，能聊一下午而不倦的，是知己，也算神交。而真正聪明的人，往往很难深泛交友，他们和多数人保持友好，却只和少数同等的人往来。

（二百四十六）

生命的过程，就是时间消费的过程。在时间面前，最伟大的人也无逆转之力。我们无法买进，也无法售出；我们只有选择、利用。所以，我选择一种轻松的生活方式，这并非纯粹的游戏人生和享乐，而是追求心灵的轻松和自由，过自我安静的日子。

（二百四十七）

自律是对自我的控制，自信是对事情的控制。先学会克制自己，严格要求自己，从点滴做好，才能在这种自律中不断磨炼出自信。放纵如山倒，自律如抽丝。不要放纵自己，不要给自己找借口。对自己严格一点，时间长了，自律会成为一种习惯、一种生活方式，未来的你会感谢现在的自己。

（二百四十八）

世上珍贵的不是财富，
而是一份真挚的情谊，
因为财富并不能永久，
而知己一生却很难得。
友情是鲜花，令人流连；
友情是美酒，使人陶醉；
友情是希望，让人奋发；
友情是动力，催人前进。

（二百四十九）

有利时，不要不让人；有理时，不要不饶人；有能时，不要嘲笑人。太精明的人，遭人厌；太挑剔的人，遭人嫌；太骄傲的人，遭人弃。人在世间走，本是一场空，何必处处计较，步步不让。话多了伤人，计较多了伤神，与其伤人又伤神，不如不烦神。一辈子就图个无愧于心，自在悠然。

（二百五十）

人生如逆旅，时常经风雨。如果你胆怯，没人替你勇敢；如果你软弱，没人替你坚强。路漫漫其修远兮，路总要一个人走，谁也不能永远伴你左右。既然选择了远方，便为自己撑起一把伞，风雨兼程。

（二百五十一）

心若阳光，人生才能斑斓；人若简单，人生才能清澈。不求人生所有的日子都泛着光，只愿每天都承载着健康，浸润着温暖。人生像碗一样，要盛得下山珍海味，也要装得下粗茶淡饭；能倒进美酒和甘露，也能放进汤汤水水。

（二百五十二）

真正的强者，从来不会高谈阔论，吹嘘自己，而是在低调中不断完善自身。

才大不气粗，居功不自傲，低调做人，高调做事，才是做人的根本。莎士比亚说：“你的舌头就像一匹快马，它奔得太快，会把力气都奔完了。”少说多做好。人前不恭维，人后不指点；人言不轻信，人心不猜测。茶，几经翻滚香味溢出；人，几番往来方见真心。事，看透了伤神；人，看穿了伤心。究人过不如念人恩，念人错不如想人好。人生岂能多如意，万事只求半称心。

（二百五十三）

人生的真谛应最终归结于，自我价值的实现和幸福的归属感。这样才能生于物而又超然物外。把工作当事业，即使老板也是打工；把工作当功课，即使打工也是老板。追求成功最终都是一场空，追求成长终将功成不归零！每个人都应活好自己，不要和别人比。世事如落花，心境自空明。真正能击垮你的，从来不是别人的非议，而是你自己的怀疑。活在平淡的日子中，而非评价里；活在自信中，而非别人的眼睛里。

（二百五十四）

曾国藩说：“谦卑含容是贵相。”虚心竹有低头叶，傲骨梅无仰面花。一切真正的和伟大的东西，都是纯朴而谦逊的。低调，贵而不显，华而不炫，是远见，是成功之道，更是一个人骨子里的魅力。

（二百五十五）

人与人之间，都存在一个能量场。凡是差的关系，都在彼此消耗；凡是好的关系，都在彼此滋养。择善而交，远离消耗你的人，多靠近滋养你的人。同时，提升自己，也去滋养别人，相互成就，双向奔赴，顶峰相见。

（二百五十六）

丰子恺说：“有些动物主要是皮值钱，譬如狐狸；有些动物主要是肉值钱，譬如牛；有些动物主要是骨头值钱，譬如人。”真正有风骨的人，做事有原则，心中有底线，永远懂得遵从本心而活。活出自己的风骨，才是一个人顶级的智慧。

（二百五十七）

做人，让人信服的是人品；让人放心的是彼此的尊重和珍惜。人与人之间，最大的吸引力，不是你的容颜、财富和才华，而是你传递给对方的信赖和踏实、真诚和善良。人生，并不全是竞争和利益，更多的是相互成就，彼此温暖！

（二百五十八）

岁月太深，多少繁华成烟；时光太浅，多少守望已物是人非。回眸处，红尘烟火之中，擦去世间百态万象，最终也都要归于柴米油盐的平静。轻剪时光忆流年，浅酌旧事笑谈间，只愿天遂人愿！

（二百五十九）

人生难得看透。看透，是一种领悟，是一种放下，让人清醒，让心无忧。你看透了财富，就不会拼命追逐；你看透了离别，就不会满脸泪流；你看透了人心，就不会伤心难过。人生在世，为人一场，永远不要，和别人解释你自己。向嫉妒你的人解释，适得其反；向讨厌你的人解释，自讨没趣；向不信你的人解释，浪费口舌。

（二百六十）

生活，没有模板，只需心灯一盏。别奢望人人都懂你，别要求事事都如意。烦时，找找乐，别丢了幸福；忙时，偷偷闲，别丢了健康；累时，停停手，别丢了快乐。有些人来了去了，有些人近了远了。岁月不堪数，故人不如初。不过是在这人间暂坐，却要历经万千沧桑。挫折是一种散步，只要内心坚定有方向，都是向前。

（二百六十一）

生活要学会坚强，学会自信，无论怎样美好的前程，都要走过一个认真的现在。好好休息，好好吃饭，不将就，不依赖。时间如流水，逝去了岁月，领略了人生。一切皆非莫名，一切皆是注定，别留，别怨，别遗憾。世间一切，皆是注定，别问天意，一切随缘，感恩遇见，人生不负不欠！

（二百六十二）

生活，悲喜交集，时间的渡口，我们都是过客，用心微笑，用心行走，总会收获自己的阳光和温暖。人生的路，难与易都得走；世间的情，冷与暖总会有。唯有经历，才能懂得。生活逼着我们长大，任何事情，总有答案；与其烦恼，不如顺其自然。

（二百六十三）

德厚必有邻，仁慈福满门。心诚交良友，人好遇知音。世间诸事在证明一个道理：人太狂，必有祸；事太过，必有灾。人到逆境要放平心态，处于盛时应保持谨慎，埋头苦干，才能走得长远。不掩己拙，不揭人短；不失童趣，不露媚颜；不笑人穷，不欠人钱；不求人喜，不招人烦。敏感却不执着，固执而又变通；稳重但又热烈，成熟而又年轻。

（二百六十四）

任何让你不舒服的关系都要适可而止，香烟到头终是灰，故事到头终是悲，无话不说是曾经，无话可说是结局！一位作家曾说：“你可以永远不喜欢别人喜欢的东西，但请允许它的存在；你可以继续讨厌自己讨厌的东西，但请允许别人对它的喜欢。”人生从没有所谓的标准答案，每个人都有权利选择自己的生活。

（二百六十五）

曾国藩说：“一生成败，皆关乎朋友之贤否，不可不慎也。”朋友的质量，往往决定了人生的质量；舍弃了虚情假意的朋友，才能收获真心相待的知己。交友，不必追求高山流水的契合，能坦诚相处，互相帮助提携，便是最舒服的良朋。

（二百六十六）

花开花落，月满月亏，是一首诗；潮起潮落，雁去雁来，是一幅画。自然界中处处是风景。当我们驻足一花一草时，我们就会领略到大自然的至善至美。珍惜时光的一分一秒，就是快乐的；珍重生活的点点滴滴，就是知足的；珍视周围的一草一木，就是美好的。你能珍爱身边的人和事，你就是幸福的人啊！静守时光，以待流年。一朵花，就是一个世界。像花般绽放，享受生活，享受美丽；像花般凋零，感知洒脱，历练沧桑。花无语，芬芳于心；心无言，挚爱无悔。看轻别人很容易，摆平自己却很困难，努力做一个像花一样的人，见了让人心生喜欢。

（二百六十七）

新的一天，用随缘的心态面对过往，用坚定的脚步奔赴前程，用不老的心情品味人生。心若琉璃，岁月静好，眼中永远有美，心中永远有梦，前路永远有风景。把身体照顾好，把喜欢的事情做好，把重要的人待好，你要的一切都在路上。人贵有三品：沉得住气，弯得下腰，抬得起头。处理好与人的关系，贵在三句话：看人长处，帮人难处，记人好处。

（二百六十八）

余生宝贵，静而不争；清空自己，往事随风。前半生折腾自己，当繁华落尽，激情退去，把剩下的时间还给自己，不争芬芳，自带清香，会品好茶，就是清福。余生，不惧岁月，不畏风霜，平淡如水，静静老去。知我者，谓我心忧，不知我者，谓我何求。几多寒暑催白发，一抹红晕幸有存。许是浮生还有梦，愿做世外桃源人。

（二百六十九）

人，往往在贪欲中失去幸福，在忙碌中失去健康，在怀疑中失去信任，在计较中失去友情。人不争，一身轻松；事不比，一路畅通；心不求，一生平静。水至清无鱼，山至高无树，人至察无徒。适度，不是中庸，而是一种明智的生活态度。人活的是命，也是心情，开心过好每一天，就是生活的智慧。不求全责备、十全十美，只要过得去，一切会风轻云淡，海阔天空。

（二百七十）

岁月静好是片刻，一地鸡毛是日常，即使世界偶尔薄凉，内心也要繁花似锦，浅浅喜，静静爱，深深懂得，淡淡释怀，唯愿此生，岁月无恙，只言温暖，不语悲伤。有些人似荷，只能远观；有些人如茶，可以细品；有些人像风，来去随便；有些人是树，安心依靠。人生其实是一场修行：心柔顺了，一切也就安定了；心清静了，生活也就美好了；心快乐了，幸福也就到来了。

（二百七十一）

有工夫读书，谓之福；有力量济人，谓之福；有学问著述，谓之福；无是非到耳，谓之福；有多闻、直、谅之友，谓之福。

（二百七十二）

人当知福，惜福，谓之有福。快乐不在繁华热闹中，而在内心宁静里；烦恼不在谨言慎行中，而在人我是非里。微笑和沉默是两把利器，微笑解决很多问题，沉默避免许多问题。点亮心中的智慧之光，来照亮自己的人生之路。

（二百七十三）

人不必靠得太近，也不要离得太远，要有一个转身的距离。遇见就好，不问彼此从哪里来又到哪里去。如果路不同，那么就擦肩而过，又慢慢地走远，依旧带着美好的回忆。很多时候，沉默并不代表懦弱与妥协，而是隐忍之下的大度与从容。看淡是非而不争，悟透人生而沉着。懂得保持沉默，才是一个人难能可贵的修养。

（二百七十四）

学会拒绝，越简单越好，本来是别人需求自己帮忙，解释半天变成自己亏欠了别人，帮得上，想帮就帮，帮不上，就拒绝。人际交往，简单明了最恰当，懂得拒绝，活得不纠结！

（二百七十五）

人活在世上，有人帮助你，就有人欺骗你；有人对你好，必然有人对你不好。伤害，能摧毁一个人，也能成就一个人；坎坷，能绊倒一个人，也能扶起一个人。伤你的人，其实也是度你的人。时间从来不语，却回答了所有问题，帮你看清了许多人和事。世界上最稳定的关系，就是没关系。不经一事，难长一智。人总是痛过了，便坚强了；熬过了，便成熟了；傻过了，便懂得了珍惜与放弃。

（二百七十六）

生命只有奋斗出来的精彩，没有等待出来的辉煌；努力，才是人生的态度；坚持就是胜利！好东西不是说出来的，而是用着放心，看着开心！幸福，从没捷径，也没有完美无瑕，只有经营，只靠真心。

（二百七十七）

生命里喜欢你的，永远讲情义；不喜欢的，再热烈也要远离。只想和每个人都相安静好，简单、自然，保持一种长久舒适的关系；亲近、疏离，都不生缠绕，都不落怨尤。

（二百七十八）

人终其一生，人间事，家中事，营营扰扰，无人能免俗。陪伴你走出困境迷茫的或许是一颗坚定的心、一双明亮的眼，也或许是一句箴言。相信总有一条能让你瞬间豁然开朗。人们往往把欲望的满足看成幸福。其实不然，欲望和幸福最大的不同点是：欲望总是无穷无尽的，满足了无聊，满足不了痛苦；而幸福应是一种平淡安然的境界。是是非非看不透，得到失去难把握。与其纠缠，不如随缘；与其争执，不如笑对。

（二百七十九）

人有时极力去追求的，并不一定是别人渴望的；你迫切要得到的，也并不一定是别人想要的。所以，不要过度去干涉和强迫别人，也不要把你的人生蓝图和想法强加在别人身上。有一句话说：“最好的关系，不是不分你我，而是熟不逾矩。”

（二百八十）

人生独处是清欢。在生活中，总会赶赴一场又一场热闹，一次又一次聚会，在觥筹交错间，慢慢失去自我。世界是自己的，与他人毫无关系。学会孤独，享受独处，才能看清生命的真相，不为浮名所迷，不被虚利所惑。远离混沌，心无挂碍，不囿于得失，不困于成败。心清静了，人生自然澄澈如水。

（二百八十一）

人到了一个阶段，生活开始给你做减法。拿走你的一些朋友，让你知道谁是真正的朋友；拿走你的一些梦想，让你认清现实是什么。当灵魂升起，看着疲于奔波的自己逐渐放慢节奏，成为生活的旁观者，你才能找到自己新的感受。时光，浓淡相宜；人心，远近相安。亲情之外的感情，懒于维护就会渐行渐远。哪里有人喜欢孤独，只不过不乱交朋友罢了。最好的幸福，是你给的在乎；最美的时光，是有你的陪伴。

（二百八十二）

古训：多与高人来往，勤与能人共事，乐与众人分享，常与亲人相伴！与智者同行，会不同凡响；与高人为伍，能登上巅峰。和缺乏积极进取的人、缺少远见卓识的人一起，生活会变得平庸，人生将黯然失色；和聪明的人、优秀的人在一起，才会更加睿智，才会出类拔萃。这个世界并不在乎你的自尊，只在乎你做出来的成绩，然后再去强调你的感受。

（二百八十三）

人字的结构，就是相互支撑。不要得意于别人的落魄，不要嘲笑别人的不足，不要漠视身陷困难的人。生命，只有互相敬畏着才显神圣，只有互相扶持着才能走得更远。和别人的优点相处，是一种本事、一种境界，是“用人之长，天下无不用之人；用人之短，天下无可用之人”的大智慧。

（二百八十四）

尊重别人，就是尊重自己，不尊重别人的人，永远也得不到别人的尊重。尊重不是客套，不是礼仪，更不是虚伪。尊重是一种温暖的距离，没有伤害，只有感动；尊重是一种平等，不俯望不仰望，不卑也不亢；尊重是一种修养，知性而优雅，将人格魅力升华，把大爱无声挥洒。

（二百八十五）

红尘滚滚多烦忧，庙堂之显贵、村野之农夫、都市之商贾，每个人都面临很多烦忧之事，内心都或多或少有些说不出的苦。茫茫人海中，如果有那么一位或几位懂你的发小、红颜、蓝颜、忘年交，能及时分享你的幸福，及时分担你的痛苦，人生就会因为知己而精彩，一定要心怀感恩，倍加珍惜。

（二百八十六）

茶越喝越淡，砂壶里的茶香，却会越来越浓。所以当一切都淡去以后，留在我们心底的印记是越来越深。茶如人生，懂得记忆是智者，善于忘记是大智者，“事去而心止”则是人生的大智慧。茶是一个人的狂欢，酒是一群人的孤单。

（二百八十七）

低调做人，为人沉敛，胸襟开阔，有一颗感恩的心，懂得欣赏别人，待人谦和有礼，不恃才傲物。低调是一种智慧，是为人处世的黄金法则，懂得低调的人，将得到人的尊重。低调的人，往往是人群中的不凡之人，也是最后的强者。唯有低调的人，才能够在现如今的世态纷扰之中保持淡定从容的志趣，以平和乐观的心态来面对风云莫测的人生。

（二百八十八）

凡事豁达，总能心定气闲，与人计较，难免两败俱伤，自己也心烦意乱。人，其实不需要太多的东西，只要健康活着，真诚爱着，也不失为一种富有。对生命而言，接纳才是最好的温柔，包容别人，就是解放自己。生活的累，一小半源于生存，一大半源于攀比和计较。经历改变的不是世事，而是抹平曾经心上的伤痛；岁月沧桑的不是容颜，而是浇灌了一颗曾经火热的心。修己，以清心为要；涉世，以慎言为先。不自重者，取辱；不自畏者，招祸。恶，莫大于纵己之欲；祸，莫大于言人之非。

（二百八十九）

人生，有一种快乐，叫不计较。行走红尘，哪能不沾染；活在人群，哪能不磕碰。这世界不是你一个人的，你有你的想法，他有他的意志，计较了，就是僵局；不计较，才有活棋。看似跟别人计较，实际你跟自己计较，主要是你还没放下。善良的人不傻，只是习惯了把品行放在第一位，也许你的善良会被人利用，但是上天看在眼里，社会一定会还你一个福报。就像一杯好茶，会喝的人总会知道它的好。其实，做人无愧于心就好！

（二百九十）

人生就是一边拥有，一边失去；一边选择，一边放弃。今天陌生的，是昨天的熟悉；现在记住的，是以后的淡忘。不是人生选择了你，而是你选择了人生。

（二百九十一）

内心强大一点，就不会听风就是雨。理性多思考一点，就不会人云亦云。永远不要让别人的风吹草动，变成自己心里的波涛汹涌。不要太在意某些人说的话，人的一生首先要学会两件事：控制好自己的情绪，以及不轻易被他人的情绪影响。微笑是一朵开在脸上的花，是最为迷人而幽香的花。当你微笑时，心中便盛满了绿色的春天，满眼都是一片柔柔的绿意，让人暖意融融！请记得每天都要带着微笑，因为，你的微笑一直很美，很美。

（二百九十二）

活得有趣，才是生命的正能量，在有趣的事情上多浪费一些时光，不要让忙碌淹没了生命中的美好，毕竟人活一辈子，不过是“开心”二字，心之所向，无问西东。

（二百九十三）

人生苦短，世态炎凉，人情冷暖，只要，痛的时候，有人疼；伤的时候，有人懂；委屈时，有个怀抱；落魄失意时，不离不弃。生活不简单，尽量简单过；人生不完美，尽量快乐活。真正吸引人的，不是你的外表、你的财富、你的才华，而是你传递给对方的信赖、踏实真诚的正能量。人生在世，只有诚心诚意地去帮助别人，才能成就自己！

（二百九十四）

寂寞是万物的根本，在寂寞中，才能更好地认识自己、沉淀自己、成为自己。耐得住寂寞之人，能够专注于自己的理想，他们不会半途而废，更不会怨天尤人。他们会坚持走下去，直至走到鲜花盛开的地方！

（二百九十五）

人，去指责别人最容易，而认识自己最难，无私奉献，爱别人的人最伟大。要学会感恩给你机会的人，感恩给你智慧的人，感恩一路上陪伴你的人。不生气，你就赢了！再大的事，放宽心，就会变成往事；再坏的事，不介意，就会慢慢忘记；再痛的事，不生气，就会渐渐淡去。

（二百九十六）

生命如席，有酸有甜；人情如风，有冷有暖。如果高兴，就笑一笑；如果疲惫，就歇一歇。走得太急，脚累；想得太多，心累。要求太高，难免会失落；追求太多，难免不知所措。生活，总会有得失；人生，总会有苦乐。一生很短，不必追求太多；心房很小，不必装得太满。在平淡中，感受真实；在牵挂中，体会温暖。幸福其实很简单，只要能知足；快乐其实很容易，只要心态好。

（二百九十七）

人生就像白驹过隙，逡巡间便走完一遭；人生犹如在白纸上画画，成败都会留下生活的笔迹。没有故事的人生是直线，故事少得就像素描，而精彩的人生，就像《清明上河图》一般，是一首精美的乐章。人生不需要特别出色的画技，贵在细节，贵在烦琐，贵在坚持。

（二百九十八）

人，慧极必伤，情深不寿，强极则辱。事，过犹不及，适可而止。聪明中难得糊涂，深情中恰到好处，得意时不亢不卑。

（二百九十九）

朋友，是相逢一笑的惬意，是彼此扶持的依靠，是剪烛长谈的悠闲，是奔波忙碌的充实，是从未忘记的牵挂，是忍不住想拨的号码，更是内心深处的依恋。

（三百）

真正的耳聪是能听到心声，真正的目明是能透视心灵。生活中，无论是亲情、友情还是爱情，自然而然留在身边的，才最真，才最久！祸从口出，言多必失，语言能伤人。不管是做人还是待人，都要小心谨慎，三思而行。别说怨话、闲话、狂话、气话，谨言慎行。

（三百零一）

人越成熟，就越懂得尊重他人。当读的书、走的路、见的人、经的事越多时，才越发觉自己知道得太少，才能从骨子里谦和起来，不再孤芳自赏，不再咄咄逼人，不再恃才傲物，越活越平和，这就是成长。让人舒服，是顶级的人格魅力，和这样的人在一起，就像听一曲舒缓的音乐，品一杯醇厚的热茶，看一朵花静静开放，让时光如流水般恬淡素净。少跟让你生气的人、事多的人在一起，活着就要找舒服。

（三百零二）

活得有趣是人性的最高境界。有趣的生活是一种人生态度，这需要聪明、乐观、幽默，并且感性。有趣的人懂得生命真谛，懂得享受人生，有趣的人越多，我们的幸福指数就越高。人心本无染，心静自然清。生活不简单，尽量简单过，与其多心，不如少根筋。有钱，把事做好，没钱，把人做好。人生有三样东西是无法挽留的：生命、时间和爱，所以我们能做的就是去珍惜、感恩和奉献。

（三百零三）

不争不辩，无语无言，是非对错，过眼云烟。止语是一种修行，无言是一种境界；生活的最高境界是痛而不言，笑而不语。无论有多少委屈，一笑泯恩仇。

（三百零四）

聪明的人，总是在寻找好心情；成功的人，总是在保持好心情；幸福的人，总在享受好心情！学会控制情绪，才能看见斑斓的世界；学会对待心情，才能迎来好运和福气。有了好心情，每天都是好日子。

（三百零五）

我们都是时间的过客。人生，空手而来，必然空手而归。在你我的时间尽头，一切都将化成云烟。因此，在拥有时，要好好珍惜；失去之后，要舍得放开。只有懂得珍惜、舍得放手的人，才能越来越自在。

（三百零六）

以清净心看世界，以欢喜心过生活。岁月里，我们走过了许多春夏秋冬；人生中，我们经过了许多冷暖炎凉。时间，给了生活的过程；命运，给了生存的机遇。学会用加法的方式去爱人、用减法的方式去怨恨、用乘法的方式去感恩。你能活好，就是水平；你会生活，就是艺术！管好自己的嘴，讲话不要图一时痛快，信口开河。谨言慎行，话多无益，不扬人恶，就能化敌为友。没有爱的生活就像一片荒漠，赠人玫瑰，手有余香，爱别人其实就是爱自己。让爱如同午后阳光，温暖每个人的心房；像仲春之雨，滋润万物！

（三百零七）

凡事都讲究个度，误在失度，坏在过度，好在适度。小聪明撑不起大智慧，小算计也称不上精明。但凡有大智慧的人，大都在世人眼里有点傻，像个不谙世俗的稚童。笨的极致是精明，拙到极点能出巧。虽然平凡的我们，不至于太精明，但也要做一个顺从天性、傻三分的厚道人。最重要的是，千万不要做伤天害理的事，让自己夜晚不敢安心睡觉！

（三百零八）

白天的景是常见的景，晚上的床还是那张床；日子是又普通的一天，心还是昨天的那一颗心。平平淡淡，安安稳稳，别无他求，心静如水，温饱健康，日复一日地活着，就是幸福的生活。

（三百零九）

放下压力，获得轻松；放下烦恼，获得快乐；放下自卑，获得自信；放下懒惰，获得充实；放下消极，获得进取；放下抱怨，获得舒坦；放下犹豫，获得潇洒；放下狭隘，获得自在。

（三百一十）

《荀子》中说，蓬生麻中，不扶而直。常常与高人往来，你会发觉自己的学识和境界在不断提升，自己会变得越来越好，敢于担当，与人同乐。

（三百一十一）

人生三重境界：敢于承认、敢于面对、敢于担当。人生三变：乐极生悲、无事生非、绝处逢生。人生三幸：衣食无忧、身心健康、亲情无限。人生三有：真心爱人、知心朋友、自己。

（三百一十二）

刚者易折，柔则长存，老子云：柔弱胜刚强。做人，不炫耀，别招摇，莫嘚瑟。功名利禄，不能养你一辈子，也不能炫耀一辈子。“慎终如始，则无败事。”“行百里者半九十。”如果做人处世能始终如一，持之以恒，一贯严格要求自己，自律自强，就没有败事可言，善始善终。慎行是一种风度，也是一种潇洒和坦荡。

（三百一十三）

水的清澈，并非因为它不含杂质，而是在于懂得沉淀；心的通透，不是因为没有杂念，而是在于明白取舍。眼宽能容天下景，心宽能容天下事。做人有“分寸”，是人生的最高智慧；做事有尺度，是人生的最大学问。大千世界，古往今来，人生的成败兴衰、浓淡缓急，无不体现在对分寸的把握之中。懂分寸，是人生的关键。把握做人的分寸，掌管做事的尺度，日积月累，把自我融入工作和大自然当中，才能在分寸间求得人生的高度。

（三百一十四）

无论年届花甲，抑或二八芳龄，心中皆有生命之欢乐，奇迹之诱惑，孩童般天真久盛不衰。人人心中皆有一台天线，只要你从天上人间接受美好、希望、欢乐、勇气和力量的信号，你就青春永驻，风华常存。心态不同，人生的境遇便会天差地别。快乐，就是在平淡中窥见了神奇；幸福，就是于平淡中尝出了真味。快乐不是生活的赐予，而是心的领悟；幸福，不是别人的馈赠，而是心的淡然。只有甘于平淡，不争，不执着，不计较，才能感受到更多幸福。

（三百一十五）

生活中，很多人不分场合畅所欲言。语言本非戏说，言多必失，甚至伤人，所以要学会止语。止语并非语言的止息，而是内心止，因为心里想啥，嘴上就会自然说出。因此，止语是一种修行，无言则是一种境界。大喜易失言，大怒易失礼，大惊易失态，大乐易失察，大惧易失节，大话易失信，大欲易失命。一个能控制自己情绪的人，是无比强大、战无不胜的人。

（三百一十六）

《吕氏春秋》有言：“谦谦君子，自强而示弱，示弱而有终，有终而劳谦。”不盲目自负，懂得示弱，善于审时度势，为大局思考，才是坚强之人的举动。在不慌不忙中示弱，总好过在强颜欢笑中逞强。认清自己的脆弱和坚定，随后勇敢地往未来，迈进新的一步。

（三百一十七）

做事先做人。凡在利益冲突面前，不为所动、保持初心的人，往往内心豁达、品行优良，做事肯为对方考虑，从不计较个人得失。这种人身上带着光，走到哪都是温暖。人品的熠熠生辉，让他们无论做什么事情都特别顺，即使暂时碰到困难，也会有贵人相助，最终走向成功。诚实是做人的一种美德。人之无诚，不可为交。“欲当大任，须是笃实。”做人只有实实在在、老老实实，才能赢得别人的尊重，才能在社会上站稳脚跟。

（三百一十八）

把时间分给靠谱的人和事。时常把周围的人过滤一遍，远离那些充满负能量的人。把时间留给，真正关心你的人、感情真诚的人、做事实在的人、能对你有所教益的人。

（三百一十九）

让人成熟的，是经历；让人成长的，是磨难；让人充实的，是忙碌；让人幸福的，是简单；让人享受的，是博爱；让人踏实的，是生活的追求。生活的本真是平淡；生活的意义是美好。用一颗平常心，平凡地活着，梦自己所梦，想自己所想，爱自己所爱。珍惜身边的幸福，欣赏自己的拥有。背不动的，就放下；伤不起的，就看淡；想不通的，就丢开；恨不过的，就抚平。

（三百二十）

世间的理争不完，争赢了失去了人心；世上的利赚不尽，多了也没什么用，够吃穿就行。活着，难得知足，不去攀比；人比人气死人，货比货该扔掉。他人如何生活与你无关，自己好赖只要你自己情愿。心幸福，日子才会轻松；人自在，一生才活得潇洒。修行要修的就是一颗平常心，平平淡淡才是真。

（三百二十一）

人生的路，深一脚，浅一脚，悲伤在路上，希望也在路上；疲惫在路上，欢喜也在路上。优雅的人生，在于拥有一颗平静的心，风景是相同的，看风景的心情永不重复。人活着是一种责任，不必太美，只要有人深爱；不必太富，只要过得幸福；不必太强，只要活得有尊严。人生之苦，在得失间。心静的人，拿得起，放得下，无意于得失，澄然无事。面对万丈红尘，宠辱不惊，看庭前花开花落；去留无意，望天空云卷云舒。自然多了一些祥和，少了一些纷争；多了一些幸福，少了一些灾祸。花谢芳不败，心静人自在。心有多静，福有多深。

（三百二十二）

近朱者赤，近墨者黑。不要在充满负能量的人身上浪费时间，充满负能量的人总在鞭挞别人的不好、责骂社会的不公；而充满正能量的人告诉你，即使再苦，依旧可以通过努力去改变，实现理想。为此，我们应该知道：跟着苍蝇去厕所，跟着蝴蝶找花朵。就看你如何选择！

（三百二十三）

多言之人，生祸。不必说而说，这是多说，多说要招怨；不当说而说，这是瞎说，瞎说要惹祸。多门之室生风，多言之人生祸。交浅言深，君子所戒。君子话简而实，小人话杂而虚。不计较别人的过，不传播他人的错。懂珍惜，才会被人珍惜；知满足，才更容易幸福。什么是释怀？就是放下。对过去的，不再怀念；对离开的，不再纠缠；对做不到的，不再自责；对得不到的，不再留恋。释怀，不仅是对自己负责，也是对他人尊重，更是对万事看透。

（三百二十四）

敬人不必卑尽，卑尽则少骨；让人不必退尽，退尽则路艰。人生的弓，拉得太满人会疲惫，拉得不满人会掉队。把人生当旅程的人，遇到的永远是风景，淡而远；而把人生当战场的人，遇到的永远是争斗，激而烈。人生就是这样，选择什么你就会遇到什么，没有对错之分，只有承受与否。在方中做人，在圆中归真！事业无须惊天动地，有成就行；情意无须甜言蜜语，真诚就行；金钱无须取之不尽，够用就行；身体无须长命百岁，健康就行；朋友无须以数而论，有知己就行！

（三百二十五）

时间就像个筛子，不停地过滤着你身边的人，只有相处时间长了，经历的事情多了，才知道哪些人可以留在生命里，哪些人是渐行渐远的！人生可贵，珍惜筛子上面永远掉不下来的那些人，和同频靠谱的人一起成就生命和生活之美。

（三百二十六）

山有山的高度，水有水的深度，没必要攀比，每个人都有自己的长处。风有风的自由，云有云的温柔，没必要模仿，每个人都有自己的个性。你认为快乐的，就去寻找；你认为值得的，就去守候；你认为幸福的，就去珍惜。依心而行，无憾今生。

（三百二十七）

尊重别人，不是一种本能，也不靠后天自然而得。尊重，是来源于内心深处对生命的敬畏，是做人做事正确的选择。善待他人，就是善待自己；尊重他人，就是尊重自己。

（三百二十八）

人这一生，不忘三种人：教你知识和道理的良师，陪你走过风风和雨雨的益友，与你走过甜和苦的爱人。要做好两件事：一是踏踏实实做事，二是坦坦荡荡做人。

（三百二十九）

做人要像花一样，不管有没有人欣赏，你都要绽放，为自己绽放。不做别人的赏物，只做最绚丽的自己！这世上，有些人把你当童话，有些人把你当神话，有些人把你当笑话。没关系，他们都是外人，做好你自己！花若盛开，蝶自飞来，你若精彩，幸福开怀。人生太短，不求耀眼，只求平安；心容太小，不求浪漫，只求简单。要让心情灿烂，事过去就翻篇；要让自己随缘，静嗅安然；学会笑对纷扰，随遇而安。心多大，世界多大；梦多远，脚步多远。人和人相遇靠缘分，心和心相惜靠真诚。牵挂别人是温馨，被人牵挂是幸福。

（三百三十）

道德常常能弥补智慧的缺陷，然而，聪明却永远填补不了道德的空白。凡事不要抱侥幸之心，一切从小事做起，先做人再做事。走得远需要厚道，走得快需要智慧。

（三百三十一）

人和人的相处，是一门学问，要做好一点，真的不容易。离得太远了，关系就淡了；可靠得太近了，恩恩怨怨就来了。俗话说“距离产生美”，所以，人与人之间最好的关系就是四个字：保持距离。

（三百三十二）

人生是一场旅行，不是所有人都会去同一个地方。路途的邂逅，总是美丽；分手的驿站，总是凄凉。不管喜与愁，该走的还是要走，该来的终究会来。人生的旅程，大半是孤单。懂得珍惜，来的俱是美丽；舍得放手，走的则成过去。

（三百三十三）

岁月沉淀，多少艰辛，才历练几分世事洞明；多少打磨，才可以情怀豁达。做自己该做的，顺应内心的光明磊落，所有人和事，问心无愧就好。不是你的切莫强求，离去的都是风景，留下的才是人生。用简单的心境，对待复杂的人生。淡看得失，潇洒自如，拨开迷雾，才能拥抱晴天。心变得简单了，世界也就简单了。“简单”两个字，渗着智慧，透着静好，是清水涤心的纯净，是心素如简的恬淡，是随遇而安的人生态度。

（三百三十四）

有信仰的人最富贵，有道德的人最安乐，有修行的人最安心，有智慧的人最可敬。诚实才是道德的核心。心好处处好，心坏处处坏。有同情心，才能利人；有谅解心，才能容人；有忍耐心，才能做人。人是社会性动物，人际交往是无法避开的话题。但我们有选择的权利。史学家范晔说过：善人同处，则日闻嘉训；恶人从游，则日生邪情。愿受高人指点，有贵人相助，与智者同行，跟勇者努力。化压力为动力，克难题创奇迹！

（三百三十五）

天空将自己分享给了雪，雪将安宁分享给了大地，大地则又以风和雪为天空送去自己最真挚的问候。它们的默契，超脱万物。真正的心境，在于放弃后的无悔坦然，在于放下后的轻松淡泊。拥有一个良好的心态，生活就是一片艳阳天。

修得平常心，淡看人间事。

雪后赏美景，天地处处新。

（三百三十六）

事能知足，心常乐；人到无求，品自高。保持一颗平常心，凡事看淡些，生活就会更潇洒。做个简单的人，感觉累了，就停一停，健康重要；心情闷了，就静一静，顺其自然；苦了倦了，就放一放，松松心情；走得急了，就缓一缓，看看风景。

（三百三十七）

人这一辈子，最是知己不可求。在这个光怪陆离的红尘中，能与之相匹配的灵魂万里难觅一，千百年难相遇。

（三百三十八）

我有一壶酒，足以醉逍遥；我有一知己，足以诉衷肠；我有一佳人，足以慰风尘。人生得一知己足矣，斯世当以同怀视之。

（三百三十九）

庄子说："朴素而天下莫能与之争美。"朴素，最有力量，最本质，最持久。人活到极致，一定是素与简。活得越朴素越简单，越能听见内心的声音，人生越是绚烂多彩。一个人越是炫耀什么，往往内心就越缺少什么。内心真正富足的人，从不炫耀拥有的一切，而是简朴过生活。

（三百四十）

别盲目承诺，言必信行必果，种下行动就会收获习惯；种下习惯便会收获性格；种下性格便会收获命运！别轻易求人，自己能解决的问题，就别企求别人。

（三百四十一）

自信而不自傲，求强而不逞强，是成功者必备之素质。人和人之间必须留有一定的空间，避免产生大的摩擦。知进退，知取舍，知先后，知大小，懂得留一些空间和方便于人，自己才可进退有余，从容过生活。你永远不知道，在别人嘴中的你会有多少版本，更无法阻止那些闲话。而你能做的就是置之不理，更没必要去解释澄清。做人静默，做好自己。不求深刻，只求简单。

（三百四十二）

能走进你内心深处的人，是最懂你的人。感知的是潜藏的心事，解读的是心底的忧伤。心语有了聆听，倾诉毫不设防；心灵有了栖息，情感有了释放。知心有声，是将心比心的真诚；动心有情，是以心换心的真情；懂心有暖，是倾心倾情的回应。

（三百四十三）

一个人能容言、容人、容事，容他人所不能容，方能为他人所不能为。胸中天地宽，常有渡人船！人活一辈子，凭借良心做人，凭借人品做事，为人正直，不怕阴谋诡计；心地善良，哪都是阳光！人活着，千万别缺德！有德行，有人品，才能在这个世界上立足，才能被他人接受。

（三百四十四）

人世间，来来往往，纷纷扰扰，有人的地方就是江湖。岁月考验了耐心，磨灭了张狂，消除了脾气。做人，只需要："忍一句，息一怒；饶一着，退一步"。层次越高的人，越喜欢独处。因为，独处可以让一个人的精神得到减负，让心灵和自我重新回归，更能让灵魂得到升华。人只有在独处之时，方能拨开迷雾，心灵游于物外，与天地精神往来，看清生命的本质。

（三百四十五）

人生如尺，要有度。感情如面，别越界。人和人相处，一定要把握度，关系再好，也不要走得太近，否则最后也只能渐行渐远了。

（三百四十六）

衣食住行，皆是欲望，没有欲望，就没有人生。但是，欲壑难填，索求太多，却是人一生悲剧的开始。在物质极大丰富的今天，放下贪念，懂得知足，才是善身之道。只要心情舒畅，山水就会漂亮。只要身体健康，风景总在前方。晨光带来清爽，阳光给你吉祥，我真诚祝福，希望亲人，天天快乐安康！

（三百四十七）

心存敬畏，行有所止，宅家清闲多日，平生少有。让忧伤远离自己，可以静思，可以随心所欲；给生活加一点糖，放飞心情，豁达的人更快乐。生活不需要太多的包袱，坦然接受自己，享受生活，享受快乐，让自己微笑如花灿烂。

（三百四十八）

才不足则多谋，识不足则多虑，威不足则多怒，信不足则多言，勇不足则多劳，明不足则多察，理不足则多辩，情不足则多仪。人生如行路，一路艰辛，一路风景。真诚是人际的桥梁，宽容是处世的境界。守信是一张名片，乐观是一种态度，担当是一种责任，坚韧是一种精神。

（三百四十九）

己所不欲，勿施于人。你想要别人怎样待你，你就要怎样待别人。凡事站在别人的角度去想一想，这是做人的最高境界，也是人世间最高级的善良。换位思考，就是为了互相理解。

（三百五十）

人生最难觅的是知音。真正的知音，不是表面的微笑，而是心灵的陪伴；不是因外貌而产生好感，而是因缘分而生情；不是日日夜夜陪伴在身边，而是淡淡共鸣和懂得，是心有灵犀。若有，请认真善待，请用心珍惜！

（三百五十一）

人与人之间的区别就在于以下几点。

信息不对称——“你知道的，他不知道”；

资源不对称——“你有的，他没有”；

能力不对称——“你会的，他不会”；

理解不对称——“你懂的，他不懂”。

甚至还笑你。孔子曰：道不同不相为谋。信夫！

（三百五十二）

曾国藩识人之术：

斜正看鼻眼，真假看嘴唇，功名看器宇，事业看精神，注意看脚跟，若要看条理，全在言语中。

（三百五十三）

有一种大智若愚，叫知人不评人。知人，是一种眼光；评人，是一种多余；议论就更加愚蠢。多欣赏别人，多去结善缘，化敌为友，人生将会风生水起。

（三百五十四）

信任一个人，就是一场赌博，信任别人等于卸下了防备。看对了人，收获的是温暖；看错了人，得到的是伤心。遇见一个愿意信任你的人，是一种缘分，也是一种幸运，信任开始于真诚，立足于人品。切记，别人帮你，你要感激；别人不帮你，你也要感激。多一次逆境，就多一分成熟；多一次绝境，就多一次机遇。

（三百五十五）

人与人之间，开始让人舒服的也许是你的言语，但后来让人信服的一定是你的人品。做人，就要做一个让人放心的人。